Mathematische Methoden in der Technik 9

H. Antes

Anwendungen der Methode der Randelemente in der Elastodynamik und der Fluiddynamik

Mathematische Methoden in der Technik

Herausgegeben von

Prof. Dr. rer. nat. Jürgen Lehn, Technische Hochschule Darmstadt
Prof. Dr. rer. nat. Helmut Neunzert, Universität Kaiserslautern
o. Univ.Prof. Dr. rer. nat. Hansjörg Wacker, Universität Linz

Band 9

Die Texte dieser Reihe sollen die Anwender der Mathematik — insbesondere die Ingenieure und Naturwissenschaftler in den Forschungs- und Entwicklungsabteilungen und die Wirtschaftswissenschaftler in den Planungsabteilungen der Industrie — über die für sie relevanten Methoden und Modelle der modernen Mathematik informieren. Es ist nicht beabsichtigt, geschlossene Theorien vollständig darzustellen. Ziel ist vielmehr die Aufbereitung mathematischer Forschungsergebnisse und darauf aufbauender Methoden in einer für den Anwender geeigneten Form: Erläuterung der Begriffe und Ergebnisse mit möglichst elementaren Mitteln; Beweise mathematischer Sätze, die bei der Herleitung und Begründung von Methoden benötigt werden, nur dann, wenn sie zum Verständnis unbedingt notwendig sind; ausführliche Literaturhinweise; typische und praxisnahe Anwendungsbeispiele; Hinweise auf verschiedene Anwendungsbereiche; übersichtliche Gliederung, die ein „Springen in den Text" erleichtert. Die Texte sollen Brücken schlagen von der mathematischen Forschung an den Hochschulen zur mathematischen Arbeit in der Wirtschaft und durch geeignete Interpretationen den Transfer mathematischer Forschungsergebnisse in der Praxis erleichtern. Es soll auch versucht werden, den in der Hochschulforschung Tätigen die Wahrnehmung und Würdigung mathematischer Leistungen der Praxis zu ermöglichen.

Anwendungen der Methode der Randelemente in der Elastodynamik und der Fluiddynamik

Von Prof. Dr. rer. nat. Heinz Antes
Technische Universität Braunschweig

B. G. Teubner Stuttgart 1988

Prof. Dr. rer. nat. Heinz Antes

Von 1960 bis 1966 Studium der Mathematik (technisch-naturwissenschaftliche Richtung) an der TH München, 1966 Diplom. 1966/72 wissenschaftlicher Mitarbeiter bzw. Assistent, 1971 Promotion an der RWTH Aachen, Institut für Technische Mechanik. 1973 Oberingenieur, 1979 Habilitation und 1981 Professur für Mechanik an der Ruhr-Universität Bochum. 1987 Berufung an die Technische Universität Braunschweig, Institut für Angewandte Mechanik.

CIP-Titelaufnahme der Deutschen Bibliothek

Antes, Heinz:
Anwendungen der Methode der Randelemente in der Elastodynamik
und der Fluiddynamik / von Heinz Antes. –
Stuttgart : Teubner, 1988
(Mathematische Methoden in der Technik ; Bd. 9
ISBN 978-3-519-02626-6 ISBN 978-3-322-91212-1 (eBook)
DOI 10.1007/978-3-322-91212-1

NE: GT

Gesamtherstellung: Präzis-Druck GmbH, Karlsruhe
Umschlaggestaltung: M. Koch, Reutlingen

VORWORT

Das vorliegende Buch entstand aus Forschungsergebnissen, die der Verfasser größtenteils im Rahmen des Teilprojekts "Das Schwingungsverhalten von Bauwerken bei Berücksichtigung von Kopplungen mit der Umgebung" des Sonderforschungsbereichs "Tragwerksdynamik" (SFB 151) erarbeitet hat, und die teilweise in Zeitschriften veröffentlicht oder auf internationalen Tagungen vorgetragen wurden. Es beschreibt Anwendungsmöglichkeiten der Randelementmethode auf dynamische Probleme, die im wesentlichen im Bereich des Erdbebeningenieurwesens auftreten. Es ist also in erster Linie für Ingenieure gedacht, aber auch für Mathematiker und Naturwissenschaftler in der Praxis und an Hochschulen interessant.

In der ersten Hälfte des Buches werden die physikalischen Grundlagen, die analytischen Transformationen und numerischen Approximationen erläutert, die schließlich die Randelementprozeduren ergeben, mit deren Hilfe Anfangs-Randwertprobleme der Elasto- bzw. der Fluiddynamik gelöst werden können.

Die zweite Hälfte enthält Anwendungsbeispiele, vorwiegend zur Wellenausbreitung im Boden und in kompressiblen Flüssigkeiten. Es wird die Reaktion masseloser, flexibler und starrer Streifenfundamente bei beliebigen dynamischen Lasteinwirkungen, z.B. bei einlaufenden Wellen, untersucht. Ein weiteres Gebiet ist das der Druckwellenausbreitung in Staubecken oder der Schallausbreitung in Luft. Schließlich wird unter Berücksichtigung der dynamischen Kopplung von elastischen und akustischen Medien die dynamische Interaktion, z.B. am System Staudamm - Staubecken - Beckenboden behandelt.

Durch die vorgestellten Beispiele wird deutlich, welche Vorteile die Anwendung der Methode der Randelemente gerade bei Problemstellungen der Dynamik hat. Neben der weit geringeren Zahl von finiten Gleichungen, die für eine bestimmte Genauigkeit der Ergebnisse notwendig sind, der sehr leicht möglichen Erfassung beliebiger Geometrien, auch halbunendlicher oder unendlicher Gebiete, ist dies vor allem die implizite, exakte Berücksichtigung der Abstrahlungsdämpfung, d.h. des Verlusts von Schwingungsenergie durch Abstrahlung.

Ich danke Herrn Dr.-Ing. O. von Estorff, Herrn Dipl.-Math. Th. Meise und Herrn Dipl.-Ing. B. Steinfeld für die Überlassung von Ergebnissen ihrer Arbeiten, und meiner Tochter Birgit für ihre Mithilfe bei der Erstellung der Druckfassung.

Bochum, im März 1988 Heinz Antes

INHALTSVERZEICHNIS

1. EINLEITUNG

Die Methode, Randwert- oder Anfangs-Randwertprobleme als Randintegralgleichungen zu formulieren, also im Unterschied zu den finiten Gebietsverfahren, z.B. der Methode der finiten Elemente, Probleme allein durch Gleichungen mit bekannten und unbekannten Randgrößen zu beschreiben, reduziert die Dimension eines Problems um Eins, so daß ein wesentlich geringerer Diskretisierungsaufwand notwendig ist. Besonders gut geeignet ist die Methode bei Problemen mit unendlich oder halbunendlich ausgedehnten Gebieten, z.B. zur Lösung von Außenraumproblemen. Es ist nur der Rand des (unendlichen) Gebiets zu diskretisieren, und man kann doch aus den Randdaten für jeden beliebigen Punkt des (unendlichen) Gebiets die Lösung angeben. Dabei liefern i.a. bereits grobe Diskretisierungen des Randes gute Ergebnisse im Innern.
Außerdem ist mit dieser Methode das Verhalten gesuchter Zustandsgrößen auch bei unendlichen Problemgebieten ohne Schwierigkeiten bestimmbar. Dies ist bei den hier vorgestellten dynamischen Problemen besonders wichtig, da damit der häufig bedeutende Einfluß der Abstrahlung von Energie ins 'Unendliche', die Abstrahldämpfung richtig erfaßt wird.
Änderungen der Berandung des Problemgebietes, z.B. für eine Optimierung, sind ebenfalls leicht und ohne besonderen Diskretisierungsaufwand möglich.

Dieser Aufzählung von Vorteilen, die die Verwendung der Methode der Randelemente hat, steht leider auch eine Reihe von Nachteilen gegenüber. Diese Nachteile liegen vor allem in der eingeschränkten Anwendbarkeit. So wird vorausgesetzt, daß charakteristische Problemeigenschaften innerhalb des betrachteten Gebiets gleich sind. Außerdem ist die Kenntnis sogenannter Fundamentallösungen der jeweiligen Differentialgleichungen notwendig. Dies schränkt praktisch die Anwendung auf Probleme ein, deren Grundgleichungen ortsunabhängige, konstante Koeffizienten besitzen. Zeitliche Änderungen der Koeffizienten, z.B. von Materialdaten, sind jedoch bei Verwendung der Zeitschritt-Randelement Methode möglich.

Die Methode der Randelemente hat ebenso viele Varianten wie die Gebietsmethoden. Im Wesentlichen sind zwei Techniken zu unterscheiden: die sogenannten 'indirekten' Methoden und die 'direkten' Formulierungen.
Bei den indirekten Methoden benutzt man verschiedene, geeignete Fundamentallösungen mit unbekannten Belegungsdichten ohne konkrete physikalische Bedeutung. Deren Intensität wird dann so bestimmt, daß entlang des Randes vorgeschriebene Werte angenommen werden.

Im Gegensatz dazu basieren die direkten Formulierungen auf Reziprozitätsbeziehungen und verwenden die realen physikalischen Randwerte als Zustandsgrößen und Systemunbekannte.

Obwohl die Methode der Randelemente in den letzten Jahren eine schnelle Entwicklung erfahren hat, und bereits auf vielen Gebieten des Ingenieurwesens erfolgreich angewandt wird, existieren für Problemstellungen der Dynamik, der Elasto- wie auch der Fluid-Dynamik, relativ wenige Arbeiten. Überdies wurden die meisten dieser Untersuchungen im Frequenzbereich durchgeführt: nach einer Fourier- oder Laplace-Transformation wird das Problem für eine hinreichende Zahl von Parameterwerten gelöst und anschließend numerisch in den Zeitbereich zurücktransformiert.
Randelement-Verfahren mit einer direkten Zeitschritt-Technik, die z. Zt. noch kaum eingesetzt werden, haben den Vorteil, daß mit ihnen zeitliche Veränderungen sowohl der Eingangsdaten wie auch der Zustandsgrößen unmittelbar berücksichtigt und laufend kontrolliert werden können.

Das Hauptziel dieses Buches besteht darin, die Methode der Randelemente, ihre Vorzüge und vor allem ihre Anwendung sowohl im Frequenzbereich wie auch direkt im Zeitbereich bei möglichst praxisnahen Problemstellungen der Dynamik vorzustellen.

2. GRUNDGLEICHUNGEN DER ELASTO- UND FLUID-DYNAMIK

Das Verhalten eines elastischen Körpers unter der Einwirkung äußerer Kräfte und das einer kompressiblen Flüssigkeit bei Druckänderungen ist in mancher Hinsicht, z.B. hinsichtlich der Wellenausbreitung ähnlich, wenn bestimmte Voraussetzungen erfüllt sind. Die hier vorgestellten Untersuchungen beschränken sich auf diese einfachsten Theorien, für die Folgendes angenommen wird:

- das elastische Material sei isotrop und homogen verteilt
- die kompressible Flüssigkeit sei ohne innere Reibung
- die Bewegungen der Teilchen des elastischen Körpers seien ebenso wie die in der Flüssigkeit auf kleine Amplituden beschränkt.

Für die Darstellung der Zustandsgrößen wird entweder die kürzere Matrix- bzw. Vektor-Notation oder die Index-Schreibweise der Tensoranalysis gewählt; also z.B. für einen Vektor **u** oder u_i. Bei Verwendung von Indizes ist wie üblich über doppelt vorkommende Indizes zu summieren.
Zur Kennzeichnung der partiellen Differentiation nach den Ortskoordinaten x_j bzw. nach der Zeit t wird $u_{i,j} := \partial u_i/\partial x_j$ bzw. $\dot{u}_i := \partial u_i/\partial t$ benutzt.

2.1 BEWEGUNGSGLEICHUNGEN DES ELASTISCHEN KONTINUUMS

Nach dem zweiten Newton'schen Grundgesetz müssen die Trägheitskräfte $\int_\Omega \rho\ddot{u}_i d\Omega$ (ρ ist die Materialdichte) den auf der Oberfläche Γ des Volumens Ω wirkenden Kräften $\int_\Gamma T_i d\Gamma$ und den inneren Volumenkräften $\int_\Omega b_i d\Omega$ das Gleichgewicht halten:

(2.1.-1)
$$\int_\Omega \rho\ddot{u}_i d\Omega = \int_\Gamma T_i d\Gamma + \int_\Omega b_i d\Omega \quad .$$

Mit der Beziehung (n_k ist der Vektor der Außennormalen auf Γ)

(2.1.-2)
$$T_i = \sigma_{ik} n_k \big|_\Gamma$$

zwischen der Verteilungsdichte T_i der äußeren Kräfte auf Γ und den Komponenten des symmetrischen Spannungstensors σ_{ik} ergibt sich die Möglichkeit, den Gaußschen Integralsatz auf das Oberflächenintegral anzuwenden. Als Resultat erhält man die zu (2.1.-1) gleichwertigen Darstellungen, entweder global

$$\int_\Omega [\ \rho\ddot{u}_i - \sigma_{ik,k} - b_i\ ] d\Omega = 0 \ ,$$

oder, da diese Beziehung für beliebige Teilvolumina gelten muß, punktweise

(2.1.-3) $$\sigma_{ik,k} - \rho\ddot{u}_i = -b_i \quad \text{in } \Omega.$$

Diese gemischte Darstellung der Bewegungsgleichung kann über das verallgemeinerte Hooke'sche Gesetz, die materialabhängigen Beziehungen zwischen den Spannungskomponenten σ_{ik} und den Verzerrungskomponenten ε_{ik}, für isotropes Material mit den Lame'schen Konstanten λ und μ

(2.1.-4) $$\sigma_{ik} = \lambda\varepsilon_{jj}\delta_{ik} + 2\mu\varepsilon_{ik} ,$$

und über die in der linearen Theorie geltenden differentiellen Beziehungen zwischen den Verschiebungen und den Verzerrungen

(2.1.-5) $$\varepsilon_{ij} = 0.5(u_{i,j} + u_{j,i})$$

in eine nur durch Verschiebungsableitungen ausgedrückte Form der Bewegungsgleichungen überführt werden:

(2.1.-6) $$(\lambda+\mu)u_{j,ji} + \mu u_{i,jj} - \rho\ddot{u}_i = -b_i \quad \text{in } \Omega.$$

Anstelle der Lame'schen Konstanten λ und μ werden in der Dynamik meist

(2.1.-7) $$c_1 = \sqrt{(\lambda+2\mu)/\rho} \;, \quad c_2 = \sqrt{\mu/\rho} \;,$$

die Ausbreitungsgeschwindigkeiten der Kompressions- oder Longitudinal-Wellen c_1 ($=c_p$) bzw. der Scher- oder Transversal-Wellen c_2 ($=c_s$) benutzt, so daß die Gleichungen (2.1.-6) in

(2.1.-8) $$(c_1^2-c_2^2)u_{j,ji} + c_2^2 u_{i,jj} - \ddot{u}_i = -b_i/\rho$$

übergehen. Diese Gleichungen beschreiben die Bewegung $u_i(\mathbf{x},t)$ von Teilchen des Körpers bei gleichzeitiger Ausbreitung von zwei Wellentypen, die sich additiv überlagern ("$\cdot$" bzw. "$*$" bezeichnet das Skalar- bzw. Vektorprodukt)

(2.1.-9) $$\mathbf{u} = \mathbf{u}^p + \mathbf{u}^s = \nabla\varphi^p + \nabla*\boldsymbol{\phi}^s ,$$

wobei diese Anteile aus einem skalaren bzw. vektoriellen Potential φ^p bzw. $\boldsymbol{\phi}^s$ herleitbar vorausgesetzt werden [23]. Nimmt man eine entsprechende Darstellung auch für den Volumenkraftvektor an [21]

(2.1.-10) $$\mathbf{b} = \nabla f + \nabla * \mathbf{F} \quad ,$$

kann das Gleichungssystem (2.1.-8) in die zwei entkoppelten Systeme

(2.1.-11) $$c_p^2 u_{i,jj}^p - \ddot{u}_i^p = f_{,i}/\rho$$

(2.1.-12) $$c_s^2 u_{i,jj}^s - \ddot{u}_i^s = -F_i/\rho$$

aufgespalten werden. Da mit (2.1.-9) $\nabla * \mathbf{u}^p = \mathbf{0}$ und $\nabla \cdot \mathbf{u}^s = 0$ gilt, läßt sich auch zeigen [23], daß die Front einer P-Welle sich parallel, die einer S-Welle jedoch quer zur Ausbreitungsrichtung bewegt. Es erfolgt unter der Wirkung einer P-Welle eine Volumen- und Formänderung ohne Rotation der Teilchen, während eine S-Welle eine reine Scherverformung ohne Volumenänderung bewirkt [44].

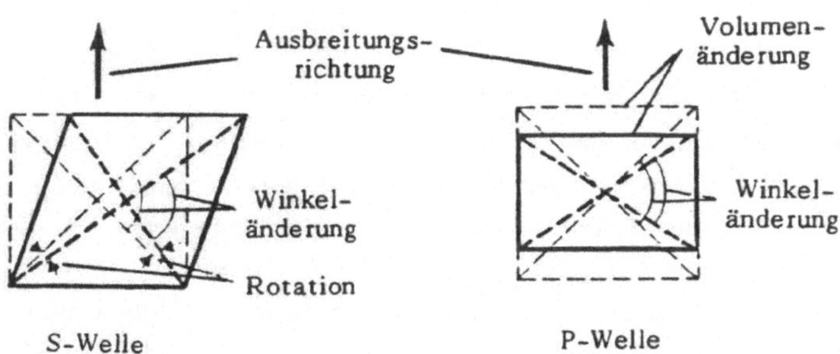

Bild 2.1: Verformung eines infinitesimal kleinen Teilchens beim Durchgang einer S- bzw. P-Welle

Also liegt bei einer P-Welle die allein auftretende Verschiebungs-Komponente in Ausbreitungsrichtung, d.h. sie ist longitudinal ausgerichtet, während bei einer S-Welle Verschiebungen senkrecht, d.h. transversal dazu auftreten [44].

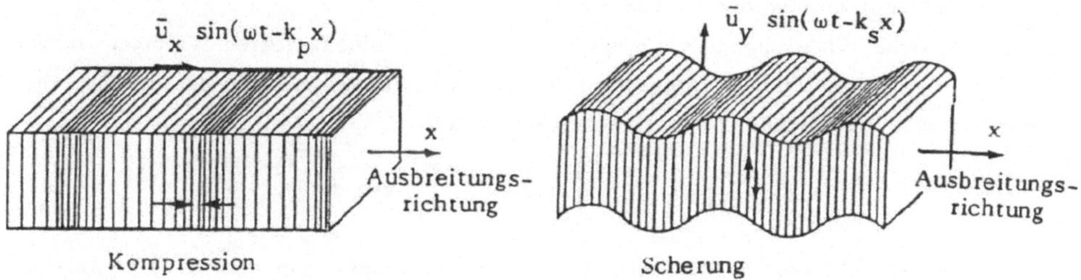

Bild 2.2: Verschiebungen bei einer Kompressions- bzw. Scherwelle

2.2 WELLENGLEICHUNG EINES KOMPRESSIBLEN FLUIDS

Wie in elastischen Medien haben auch Wellen in Flüssigkeiten die charakteristische Eigenschaft, Energie über beträchtliche Entfernungen weiterzuleiten, ohne dabei Massen mitzutransportieren. Dabei erzeugen die verschiedenen Kräfte, die auf ein Flüssigkeitsteilchen wirken entsprechend verschiedene Wellentypen; so erzeugt z.B. die Gravitationskraft Oberflächenwellen.

Auch für Flüssigkeiten ergibt sich die Bewegungsgleichung aus dem zweiten Newton'schen Grundgesetz:
die zeitliche Änderung des Impulses eines Flüssigkeitsvolumens ist gleich der Resultierenden der auf dieses Volumen einwirkenden Kräfte

(2.2.-1) $$\frac{d}{dt}\int_{\Omega} \rho \mathbf{v} \, d\Omega = \int_{\Omega} \rho \mathbf{b} \, d\Omega - \int_{\Gamma} p \, \mathbf{n} \, d\Gamma \, .$$

Dabei ist $\rho(\mathbf{x},t)$ die Dichte der Flüssigkeit und $\mathbf{v}(\mathbf{x},t)$ gibt die Geschwindigkeit der Flüssigkeitsteilchen an; mit $p(\mathbf{x},t)$ ist die Verteilung des Drucks und mit $\rho\mathbf{b}(\mathbf{x},t)$ die der Volumenkräfte der Flüssigkeit bezeichnet. Beispiele für mögliche Volumenkräfte sind die Gravitationskraft, die Anziehungskraft von Mond und Sonne, oder auch die Zentrifugalkraft infolge der Erddrehung.
Nach Anwendung des Gaußschen Satzes ergibt sich daraus für alle Punkte in Ω die nichtlineare Bewegungsgleichung

(2.2.-2) $$\frac{d(\rho \mathbf{v})}{dt} + \rho \mathbf{v}(\nabla \cdot \mathbf{v}) = \rho \mathbf{b} - \nabla p \quad .$$

Diese drei Differentialgleichungen verknüpfen fünf unbekannte Zustandsgrößen, die Geschwindigkeitskomponenten v_i, den Druck p und die Dichte ρ. Es sind also noch zwei weitere Beziehungen notwendig. Eine vierte Grundgleichung erhält man aus folgender sehr anschaulichen Aussage:
Die zeitliche Änderung einer Flüssigkeitsmasse in einem festen Volumen Ω ist gleich der durch Quellen $a(\mathbf{x},t)$ im Innern zugeführten und der daraus über die begrenzende Oberfläche Γ austretenden Flüssigkeit

(2.2.-3) $$\frac{\partial}{\partial t}\int_{\Omega} \rho \, d\Omega = \int_{\Omega} \rho a \, d\Omega - \int_{\Gamma} \rho \mathbf{v} \cdot \mathbf{n} \, d\Gamma .$$

Mit dem auch hierauf anwendbaren Gaußschen Satz kann man dies zu der globalen Aussage

(2.2.-4) $$\int_{\Omega} [\, \frac{\partial \rho}{\partial t} + \nabla \cdot (\rho \mathbf{v}) - \rho a \,] \, d\Omega = 0$$

zusammenfassen. Aus ihr folgt dann die punktweise geltende **K o n t i n u i t ä t s - g l e i c h u n g**

(2.2.-5) $$\frac{d\rho}{dt} + \rho v_{i,i} = \rho a \quad .$$

Das System von Grundgleichungen wird unter der Annahme $p = p(\rho)$ mit der Einführung der Schallgeschwindigkeit $c = c(p,\rho)$ durch

(2.2.-6) $$c^2 := \partial p/\partial \rho \quad ,$$

vervollständigt. Also ist die zeitliche Änderung des Drucks p mit der der Dichte ρ verknüpft

(2.2.-7) $$\frac{dp}{dt} = \partial p/\partial \rho \, \frac{d\rho}{dt} = c^2 \frac{d\rho}{dt} \quad .$$

Damit kann die Kontinuitätsgleichung (2.2.-5) anders geschrieben werden,

(2.2.-8) $$c^{-2} \frac{dp}{dt} + \rho v_{i,i} = \rho a \quad .$$

In der linearen Theorie, d.h. bei Annahme 'kleiner' Verschiebungen der Flüssigkeitsteilchen, und nur geringer, durch den Wellenausbreitungsvorgang bewirkter Dichteschwankungen gegenüber der (statischen) Dichte des Medium, ist

$$d\mathbf{v}/dt = \partial \mathbf{v}/\partial t + (\mathbf{v} \cdot \nabla)\mathbf{v} \approx \partial \mathbf{v}/\partial t \quad \text{und} \quad \rho \approx \rho(\mathbf{x}) \; .$$

Damit ergeben sich zum einen aus (2.2.-2) die linearisierten **B e w e g u n g s - g l e i c h u n g e n**

(2.2.-9) $$\partial v_i/\partial t = -p_{,i}/\rho + b_i \quad ,$$

zum anderen ist es nun möglich, aus dieser Bewegungsgleichung (2.2.-9) und der Kontinuitätsgleichung (2.2.-8) entkoppelte Gleichungen zur Bestimmung des Drucks p und der Geschwindigkeitskomponenten v_i zu formulieren. Man erhält die bekannte **s k a l a r e   W e l l e n g l e i c h u n g** zur Bestimmung der Druckverteilung

(2.2.-10) $$p_{,ii} - \frac{\ddot{p}}{c^2} = \rho(b_{i,i} - \dot{a}) \quad ,$$

und ein ähnliches Differentialgleichungssystem für den Geschwindigkeitsvektor

(2.2.-11) $$v_{i,ij} - \frac{\ddot{v}_j}{c^2} = a_{,j} - \frac{\dot{b}_j}{c^2} \quad .$$

Da nach der Bestimmung der Druckverteilung $p(\mathbf{x},t)$ aus (2.2.-10) das Geschwindigkeitsfeld $\mathbf{v}(\mathbf{x},t)$ auch durch direkte Integration der Bewegungsgleichung (2.2.-9)

gefunden werden kann

$$\mathbf{v}(\mathbf{x},t) = \mathbf{v}(\mathbf{x},t_o) + \int_{t_o}^{t} [\mathbf{b}(\mathbf{x},\tau) - \nabla p(\mathbf{x},\tau)/\rho] \, d\tau \,, \tag{2.2.-12}$$

ist es unnötig aufwendig, dafür das Differentialgleichungssystem (2.2.-11) zu lösen.

Es ist möglich [61], den für die Wellenausbreitung wesentlichen rotationsfreien Teil des Geschwindigkeitsfeldes $\mathbf{v}(\mathbf{x},t)$ als Gradient eines Geschwindigkeitspotentials $\Phi(\mathbf{x},t)$ darzustellen

$$v_i = \Phi_{,i} \quad . \tag{2.2.-13}$$

Nimmt man an, daß auch die Volumenkräfte b_i mit $b_i = f_{,i}$ aus einem Potential f herleitbar sind, kann folgende äquivalente Darstellung der Bewegungsgleichung (2.2.-9) gegeben werden:

$$\frac{\partial \Phi}{\partial t} = -p/\rho + f \quad . \tag{2.2.-14}$$

Damit und mit (2.2.-13) ergibt die Kontinuitätsgleichung (2.2.-8)

$$\Phi_{,ii} - \frac{\ddot{\Phi}}{c^2} = a - \frac{f}{c^2} \,, \tag{2.2.-15}$$

wiederum eine skalare Wellengleichung, nun jedoch für das Potential Φ. Die Verwendung des Geschwindigkeitspotential Φ stellt eine wesentliche Vereinfachung dar, da sowohl die Geschwindigkeitskomponenten v_i als auch der Druck p daraus durch einfache Differentiation, nach (2.2.-13) und (2.2.-14), bestimmt werden können.

Diese Wellengleichungen, (2.2.-10) und (2.2.-15), sind charakteristisch für alle Phänomene, die sich, unter Erhaltung der Energie und unabhängig von Wellenform und Richtung, mit konstanter Geschwindigkeit c in einem homogenen Medium ausbreiten.

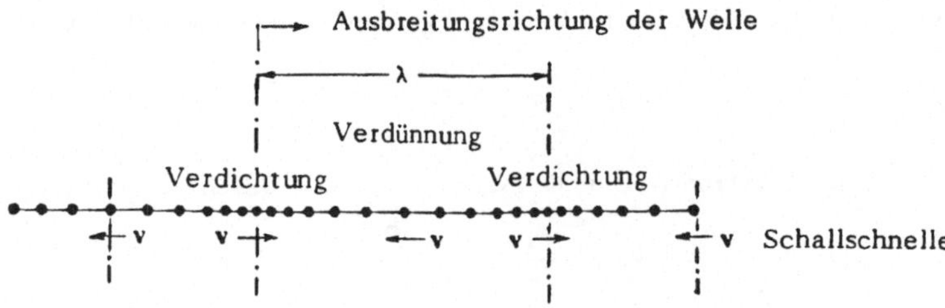

Bild 2.3: Druck p und Schnelle **v** der fortschreitenden Welle

Solche Wellen breiten sich longitudinal aus, d.h. der Geschwindigkeitsvektor $\mathbf{v}$ ist stets parallel zur Ausbreitungsrichtung. Die Bewegungen der Masseteilchen ergeben im Abstand der Wellenlänge λ Verdünnungen und Verdichtungen, die hintereinander herlaufen; sie bilden also eine Kompressionswelle.

Die Form der Ausbreitung einer Welle hängt u.a. von der Art der Anregung ab. Ist die 'Störungsstelle', die die Welle im Medium verursacht, klein gegen die Wellenlänge, also eine 'Punkt'-Quelle, so breiten sich die Druckwellen kugelsymmetrisch aus. In größerer Entfernung werden daraus dann 'ebene' Wellen.

2.3 GLEICHUNGEN IM FREQUENZRAUM

Lineare zeitharmonische Probleme werden zweckmäßigerweise im sogenannten Frequenzraum untersucht. Eine harmonische Anregung mit der Frequenz ω, z.B. $b_i(\mathbf{x},t) = \hat{b}_i(\mathbf{x})e^{i\omega t}$ verursacht harmonische Reaktionen. Also ist für das Verschiebungsfeld der Ansatz

$$u_i(\mathbf{x},t) = \hat{u}_i(\mathbf{x})e^{i\omega t} \tag{2.3.-1}$$

sinnvoll. Damit wird in der Bewegungsgleichung (2.1.-8) die Zeitabhängigkeit durch eine Abhängigkeit von der Anregungsfrequenz ω ersetzt:

$$(c_1^2-c_2^2)\,\hat{u}_{j,ji} + c_2^2\,\hat{u}_{i,jj} + \omega^2\,\hat{u}_i = -\hat{b}_i/\rho\ . \tag{2.3.-2}$$

Entsprechend gehen die skalaren Wellengleichungen (2.2.-10) bzw. (2.2.-15) in sogenannte Helmholtz-Gleichungen

$$\hat{p}_{,jj} + (\tfrac{\omega}{c})^2\,\hat{p} = \rho(\hat{b}_{j,j} - i\omega\hat{a})\ , \tag{2.3.-3}$$

$$\hat{\Phi}_{,jj} + (\tfrac{\omega}{c})^2\,\hat{\Phi} = \hat{a} - i\omega\hat{f}/c^2\ , \tag{2.3.-4}$$

über, wenn harmonische Anregungen - harmonisch sich ändernde Volumenkräfte ρb_j und/oder Quellen a - die Ursache für die dann harmonischen Druck- bzw. Potential-Schwankungen

$$p(\mathbf{x},t) = \hat{p}(\mathbf{x})e^{i\omega t} \quad \text{bzw.} \quad \Phi(\mathbf{x},t) = \hat{\Phi}(\mathbf{x})e^{i\omega t} \tag{2.3.-5}$$

sind. Für solche Fälle ist mit der Bestimmung der Lösung, z.B. von $\hat{u}_i(\mathbf{x})$, im Frequenzraum gleichzeitig der Zeitverlauf bekannt.

Es ist jedoch auch für beliebige transiente Anregungen möglich, den Zeitverlauf der Antwort über Lösungen im Frequenzraum zu ermitteln. Dazu ist das im Zeitbereich formulierte Problem z.B.

- mittels Laplace- oder Fourier-Transformation in den Bildraum, den Frequenzraum zu überführen
- dort für eine hinreichend große Zahl von Transformationsparametern (Frequenzen) zu lösen
- der Zeitverlauf durch Rücktransformation zu ermitteln.

Die Laplace-Transformation einer Zustandsgröße, z.B. von $u_i(\mathbf{x},t)$ ist definiert als

(2.3.-6) $$\hat{\mathbf{u}}(\mathbf{x},s) := L[\mathbf{u}] := \int_0^\infty \mathbf{u}(\mathbf{x},t)e^{-st}dt$$

mit $s = \delta+i\omega$, $i=\sqrt{-1}$. Dabei ist angenommen, daß $\mathbf{u}(\mathbf{x},t)$ für $t < 0$ gleich Null, bezüglich t stückweise stetig, und beschränkt, d.h. $|\mathbf{u}(\mathbf{x},t)| \leq |M(\mathbf{x})| e^{\alpha t}$ mit $\alpha>0$ und $|M(\mathbf{x})|<\infty$, ist. Außerdem gilt bekanntlich

(2.3.-7) $$L[\dot{\mathbf{u}}] = s\hat{\mathbf{u}}(\mathbf{x},s) - \mathbf{u}(\mathbf{x},0) \quad ,$$

(2.3.-8) $$L[\ddot{\mathbf{u}}] = s^2\hat{\mathbf{u}}(\mathbf{x},s) - s\mathbf{u}(\mathbf{x},0) - \dot{\mathbf{u}}(\mathbf{x},0) \; .$$

Mit dieser Transformation wird aus der Bewegungsgleichung für elastische Medien (2.1.-8) und den zugehörigen Anfangsbedingungen

(2.3.-9) $$\mathbf{u}(\mathbf{x},0) = \mathbf{u}_o(\mathbf{x}) \quad \text{und} \quad \dot{\mathbf{u}}(\mathbf{x},0) = \mathbf{v}_o(\mathbf{x}) \; ,$$

die auch die Anfangsbedingungen enthaltende, transformierte Gleichung

(2.3.-10) $$(c_1^2-c_2^2)\, \hat{u}_{j,ji} + c_2^2\, \hat{u}_{i,jj} - s^2\, \hat{u}_i = -\hat{b}_i/\rho - s u_{io} - v_{io} \; .$$

Entsprechend werden die Wellengleichungen für kompressible Flüssigkeiten (2.2.-10) bzw. (2.2.-15) mit den zugehörigen Anfangsbedingungen

(2.3.-11) $$p(\mathbf{x},0) = p_o(\mathbf{x}) \quad \text{und} \quad \dot{p}(\mathbf{x},0) = \rho c^2[a(\mathbf{x},0) - \nabla\cdot\mathbf{v}_o(\mathbf{x})]$$

bzw.

(2.3.-12) $$\begin{aligned} \Phi(\mathbf{x},0) &= \Phi_o(\mathbf{x}) \qquad \text{mit } \nabla\Phi_o(\mathbf{x}) = \mathbf{v}_o(\mathbf{x}) \\ \dot{\Phi}(\mathbf{x},0) &= -p_o(\mathbf{x})/\rho + f(\mathbf{x},0) \end{aligned}$$

durch diese Transformation in

(2.3.-13) $$\hat{p}_{,jj} - \left(\frac{s}{c}\right)^2 \hat{p} = \rho(\hat{b}_{j,j} - s\hat{a}) - s p_o/c^2 - \rho(a_o - v_{io,i})$$

$$\hat{\Phi}_{,jj} - \left(\frac{s}{c}\right)^2 \hat{\Phi} = \hat{a} - (s\hat{f} - s\Phi_o + p_o/\rho)/c^2 \tag{2.3.-14}$$

überführt.

Um eine Näherungslösung des ursprünglichen zeitabhängigen Problems zu erhalten, müssen die für eine Reihe von Parameterwerten s im Frequenzraum bestimmten Lösungen in den Zeitbereich zurücktransformiert werden. Diese Rück-Transformation, z.B. von $\hat{\mathbf{u}}(\mathbf{x},s)$ erfolgt mit dem Integral

$$\mathbf{u}(\mathbf{x},t) = \frac{1}{2\pi i} \int_{\beta - i\infty}^{\beta + i\infty} \hat{\mathbf{u}}(\mathbf{x},s) e^{st} ds \tag{2.3.-15}$$

analytisch oder numerisch, wobei $\beta>0$ größer als der Realteil aller Singularitäten von $\hat{\mathbf{u}}(\mathbf{x},s)$ sein muß.

Es ist auch die Anwendung der Fourier-Transformation möglich. Sie stellt den Spezialfall $\delta=0$ der gerade geschilderten Laplace-Transformation mit dem dann rein imaginären Parameter $s=i\omega$ dar; bei der Rück-Transformation (2.3.-15) entfällt dementsprechend der Realteil β der Integrationsgrenzen und der Vorfaktor $1/2\pi$.

Bei homogenen Anfangsbedingungen und mit $s = i\omega$ gehen die mit der Laplace-Transformation (2.3.-6) erhaltenen Gleichungen (2.3.-10) und (2.3.-13/14) in die für harmonische Probleme geltenden Gleichungen (2.3.-2) und (2.3.-3/4) über.

2.4 RAND- UND KOPPELUNGSBEDINGUNGEN

Die Lösung von partiellen Differentialgleichungen ist nur dann eindeutig möglich, wenn geeignete Nebenbedingungen gestellt werden.

Bei den hier behandelten zeitabhängigen, hyperbolischen Differentialgleichungen sind außer den bereits angegebenen *Anfangsbedingungen* (2.3.-9) für die Bewegungsgleichungen (2.1.-8) des elastischen Mediums, und (2.3.-11) bzw. (2.3.-12) für die Wellengleichungen (2.2.-10) bzw. (2.2.-15) einer kompressiblen Flüssigkeit folgende *Randbedingungen* vorgeschrieben:

für die *Bewegungsgleichung*

(2.4.-1) Verschiebungen auf dem Randbereich Γ_1: $u_i(\mathbf{x},t) = \bar{u}_i(\mathbf{x},t)$ für $t>0$

(2.4.-2) Randkräfte auf dem Randbereich Γ_2: $T_i(\mathbf{x},t) = \bar{T}_i(\mathbf{x},t)$ für $t>0$.

Die Randkraftkomponenten können wie folgt durch Verschiebungsableitungen ausgedrückt werden

(2.4.-3) $$T_i = \rho[\delta_{ik}(c_1^2-2c_2^2)u_{j,j} + c_2^2(u_{i,k}+u_{k,i})]n_k .$$

Dabei sind n_k die Richtungs-Cosinus der Außennormalen auf dem Rand des elastischen Gebiets Ω_E.

für die skalare Wellengleichung, entweder in der Formulierung (2.2.-10)

(2.4.-4) der Druck auf dem Randbereich Γ_1: $p(\mathbf{x},t) = \bar{p}(\mathbf{x},t)$ für $t>0$

(2.4.-5) der Fluß über den Randbereich Γ_2: $q(\mathbf{x},t) = \bar{q}(\mathbf{x},t)$ für $t>0$

oder bei Verwendung des Geschwindigkeitspotentials, für die Gleichung (2.2.-15)

(2.4.-6) das Potential auf dem Randbereich Γ_1: $\Phi(\mathbf{x},t) = \bar{\Phi}(\mathbf{x},t)$ für $t>0$

(2.4.-7) der Potentialfluß über den Rand Γ_2: $\phi(\mathbf{x},t) = \bar{\phi}(\mathbf{x},t)$ für $t>0$.

Dabei ist der Fluß sowohl des Drucks p wie des Potentials Φ durch die Normalableitungen

(2.4.-8) $$q := p_{,i}n_i \quad \text{bzw.} \quad \phi := \Phi_{,i}n_i \quad (=v_in_i)$$

definiert.

Für die durch Transformation in den Frequenzbereich elliptischen Differentialgleichungen sind die entsprechenden transformierten Randbedingungen zu verwenden, z.B. für die Helmholtzgleichung (2.3.-14)

$\hat{\Phi}(\mathbf{x},s) = \hat{\bar{\Phi}}(\mathbf{x},s)$ auf dem Rand Γ_1 und $\hat{\phi}(\mathbf{x},s) = \hat{\bar{\phi}}(\mathbf{x},s)$ auf dem Rand Γ_2.

Anmerkung:

Bei Berücksichtigung der Schwerkraft $\mathbf{b}(\mathbf{x},t) = \mathbf{g}(\mathbf{x})$ (der Erdbeschleunigung in Richtung auf den Erdmittelpunkt, $g = 9.81\ m/s^2$) mit dem Potential $f = -gx_3$ (x_3 sei aufwärts gerichtet) können sich bei Flüssigkeiten an der Oberfläche Schwerewellen bilden. An solchen freien Oberflächen (x_3 = konstant) gilt die Randbedingung [23]

(2.4.-9) $$p = g\rho\, u_3$$

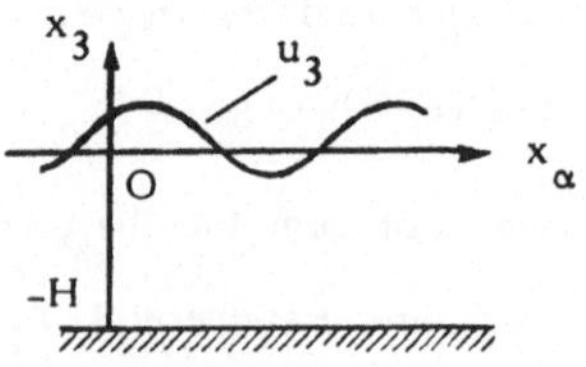

Bei Verwendung des Geschwindigkeitspotentials Φ, d.h. $\dot{u}_3 = \Phi_{,3}$, läßt sich mit

(2.2.-14) daraus $\dot{\Phi} = -g\ u_3$, und sodann die Forderung

(2.4.-10) $\ddot{\Phi} = -g\ \Phi_{,3} = -g\ \phi$

herleiten, die die Randgrößen Φ und ϕ miteinander verknüpft. Gleichwertig dazu ist die Verknüpfung zwischen p und q

(2.4.-11) $\ddot{p} = -g\ p_{,3} = -g\ q$.

Zur Untersuchung dynamischer Antworten von gekoppelten Systemen müssen die jeweiligen Grundgleichungen gleichzeitig gelöst werden. Dabei sind entlang gemeinsamer Ränder geeignete K o p p e l b e d i n g u n g e n zu beachten.

Bei der Untersuchung von dynamischen Wechselwirkungen zwischen Flüssigkeit und elastischem Gebiet wird angenommen, daß Flüssigkeitsteilchen ungehindert an der Berandung des elastischen Gebiets abgleiten, d.h. Haft- und auch Gleitreibung vernachlässigt wird.
Es sind dann bei der Koppelung F l ü s s i g k e i t - e l a s t i s c h e s G e b i e t folgende Bedingungen zu erfüllen:

(1) die Tangentialkomponente der auf das elastische Gebiet wirkenden Randkraft sei Null,
(2) die Normalkomponente dieser Randkraft stehe zum hydrodynamischen Druck der Flüssigkeit im Gleichgewicht,
(3) die Normalkomponente der Beschleunigung jedes Flüssigkeitsteilchens stimme mit der des benachbarten Teilchens des elastischen Mediums überein.

Die Festlegung bzw. die Verknüpfungen der Zustandsgrößen in den Punkten eines solchen Koppelrandes lauten danach

im Z e i t b e r e i c h , d.h. für jeden Zeitpunkt $t>0$

(2.4.-11) $T_i(\mathbf{x},t)s_i(\mathbf{x}) = 0$,

(2.4.-12a) $T_i(\mathbf{x},t)n_i(\mathbf{x}) = -p(\mathbf{x},t)$,
(2.4.-12b) $= -\rho_F\dot{\Phi}(\mathbf{x},t)$,

(2.4.-13a) $\ddot{u}_i(\mathbf{x},t)n_i(\mathbf{x}) = q(\mathbf{x},t)/\rho_F + b_i^F(\mathbf{x},t)n_i(\mathbf{x})$
(2.4.-13b) $= -\dot{\phi}(\mathbf{x},t) \rightarrow \dot{u}_i(\mathbf{x},t)n_i(\mathbf{x}) = -\phi(\mathbf{x},t)$.

im Frequenzbereich, d.h. für alle Parameter s (z.B. =iω)

(2.4.-14) $\hat{T}_i(\mathbf{x},s)s_i(\mathbf{x}) = 0$,

(2.4.-15a) $-\hat{T}_i(\mathbf{x},s)n_i(\mathbf{x}) = \hat{p}(\mathbf{x},s)$

(2.4.-15b) $= \rho_F\ s\ \hat{\Phi}(\mathbf{x},s)$

(2.4.-16a) $s^2\ \hat{u}_i(\mathbf{x},s)n_i(\mathbf{x}) = \hat{q}(\mathbf{x},s)/\rho_F + \hat{b}_i^F(\mathbf{x},s)n_i(\mathbf{x})$

(2.4.-16b) $s\ \hat{u}_i(\mathbf{x},s)n_i(\mathbf{x}) = -\ \hat{\phi}(\mathbf{x},s)$.

Bei diesen Randbedingungen bezeichnet $n_i(\mathbf{x})$ bzw. $s_i(\mathbf{x})$ die Einheitsvektoren normal und tangential zum Rand des elastischen Gebiets (siehe Bild 2.4).

Die Varianten (a) und (b) dieser Koppelbedingungen unterscheiden sich in den für die Beschreibung der Flüssigkeit verwendeten Zustandsgrößen:
in Variante (a) sind der Druck p und der Druckfluß q, in der Variante (b) das Geschwindigkeitspotential Φ und der Potentialfluß ϕ zugrunde gelegt.
Wenn die (Φ,ϕ)-Formulierung (b) für die Flüssigkeit benützt wird, ist es bei der Verifikation dieser Koppelungsbedingungen möglich, mit bzgl. der Zeitvariablen stückweise linearen Ansatzfunktionen zur Approximation der Verschiebungen $u_i(\mathbf{x},t)$ der elastischen Teilchen auszukommen; im anderen Fall (a) muß $u_i(\mathbf{x},t)$ mindestens stückweise quadratisch in der Zeit approximiert werden, damit die Bedingung (2.4.-13a) realisiert werden kann.

Bei der Interaktion zweier elastischer Gebiete, z.B. eines elastischen Bauwerks mit dem elastischen Baugrund, wird angenommen, daß dauernd und in jedem Punkt des gemeinsamen Randes fester Kontakt herrscht.

Damit gelten für die Koppelung elastischer Gebiete $\Omega_E^I - \Omega_E^{II}$ folgende Bedingungen:

(1) die Randkräfte beider elastischer Gebiete seien im Gleichgewicht,
(2) die Randverschiebungen beider elastischer Gebiete seien gleich.

Die Verknüpfungen in den Punkten eines Koppelrandes lauten danach

im Zeitbereich, d.h. für jeden Zeitpunkt t>0

(2.4.-17) $T_i^I(\mathbf{x},t) + T_i^{II}(\mathbf{x},t) = 0$,

(2.4.-18) $u_i^I(\mathbf{x},t) - u_i^{II}(\mathbf{x},t) = 0$;

im Frequenzbereich gelten die gleichen Bedingungen für die transformierten

Größen.

Die Koppelung zweier Flüssigkeitsgebiete Ω_F^I - Ω_F^{II} fordert, daß

(1) der Fluß zwischen den beiden Gebieten im Gleichgewicht stehe,

(2) der Druck bzw. das Potential am Zwischenrand gleich sei.

Die Verknüpfung erfolgt demnach mit den Bedingungen

im Zeitbereich, d.h. für jeden Zeitpunkt t>0

(2.4.-19a) $q^I(\mathbf{x},t) + q^{II}(\mathbf{x},t) = 0$,

(2.4.-19b) $\psi^I(\mathbf{x},t) + \psi^{II}(\mathbf{x},t) = 0$,

(2.4.-20a) $p^I(\mathbf{x},t) - p^{II}(\mathbf{x},t) = 0$,

(2.4.-20b) $\Phi^I(\mathbf{x},t) - \Phi^{II}(\mathbf{x},t) = 0$;

im Frequenzbereich gelten wiederum die gleichen Bedingungen für die transformierten Größen.

Anmerkung:

Die Koppelung zweier Flüssigkeitsgebiete oder elastischer Gebiete ist notwendig, wenn diese Teilgebiete unterschiedliche Materialdaten haben. Jedoch kann auch zur Erfüllung der Kausalitätsbedingung (siehe Kapitel 7) die Aufteilung in konvexe Teilgebiete, die dann gekoppelt werden müssen, erforderlich werden [9,10].

Beispiel 2.1

Ein elastischer Damm Ω_E^I auf elastischem Baugrund Ω_E^{II} staut in einem Becken Wasser Ω_F auf.

Die Bedingungen zur Koppelung zwischen Flüssigkeit und dem Damm bzw. dem Boden, d.h. entlang der Ränder $\Gamma_{EF}^I = \Gamma_{FE}^I$ bzw. $\Gamma_{EF}^{II} = \Gamma_{FE}^{II}$, sowie zwischen Damm und Boden, also entlang des Randes $\Gamma_{EE}^I = \Gamma_{EE}^{II}$, sind wie gerade beschrieben zu erfüllen (siehe Bild 2.4).

An den freien Oberflächen Γ_E^I bzw. Γ_E^{II} von Damm bzw. Boden sowie auf der Wasseroberfläche Γ_F (ohne Schwerewellen) gilt

$$T_i(\mathbf{x},t)n_i(\mathbf{x}) = 0 \quad \text{und} \quad T_i(\mathbf{x},t)s_i(\mathbf{x}) = 0 \;,$$

sowie

$$p(\mathbf{x},t) = 0 \qquad \text{oder} \qquad \Phi(\mathbf{x},t) = 0 \ .$$

Ist die Begrenzung eines elastischen Gebiets bzw. der Flüssigkeit starr, z.B. Fels wie auf Γ_{SE} bzw. Γ_{SF}, gelten dort die Randbedingungen

$$u_i(\mathbf{x},t) = 0 \qquad \text{bzw.} \qquad q(\mathbf{x},t) = 0 \quad \text{oder} \quad \phi(\mathbf{x},t) = 0 \ .$$

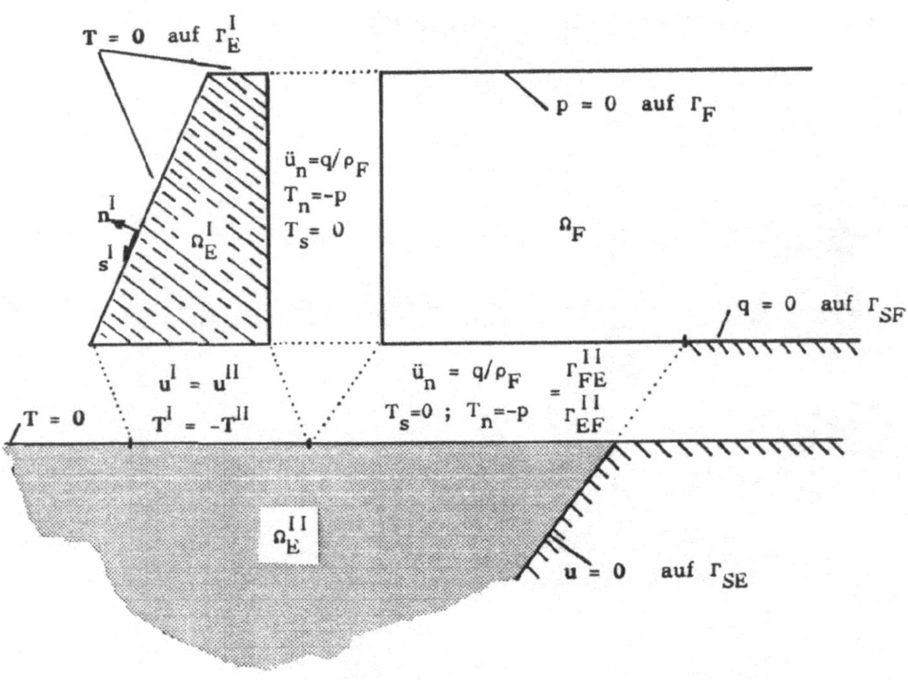

Bild 2.4: Rand- und Koppelungsbedingungen bei einem Staudammproblem

3. INTEGRALGLEICHUNGEN IM FREQUENZRAUM

In physikalischen Theorien, den mathematischen Modellen zur Erfassung von Naturvorgängen, werden meist die gesuchten Zustandsgrößen durch in jedem Punkt eines Gebietes Ω geltende partielle Differentialgleichungen mit auf dem Rand Γ zu erfüllenden Nebenbedingungen beschrieben. Alternativ dazu ist es - unter bestimmten Voraussetzungen - auch möglich, diese sogenannten Randwertprobleme mehr global als Rand-Integralgleichungen zu formulieren.

Diese Voraussetzungen fordern im Wesentlichen, daß das physikalische Problem

(a) in einem Gebiet mit überall gleichen Eigenschaften definiert ist,
(b) bekannte Fundamentallösungen hat.

Die erste Forderung ist eine nicht zu umgehende physikalische Einschränkung, die zweite gegebenenfalls eine mathematische Herausforderung.

Die Formulierung solcher Rand-Integralgleichungen ist nicht eindeutig:
erstens können verschiedene Herleitungen, zweitens verschiedene Fundamentallösungen verwandt werden.

In Folgendem sollen sowohl zwei unterschiedliche Wege zur Formulierung von Rand-Integralgleichungen vorgeführt werden, als auch mehrere Fundamentallösungen für die hier behandelten Differentialgleichungen angegeben werden.

3.1 FUNDAMENTALLÖSUNGEN UND EINFLUSSFUNKTIONEN

Lösungen einer partiellen Differentialgleichung, die man als Grund- oder Fundamentallösung bezeichnet, haben folgende wesentlichen Eigenschaften

(i) sie erfüllen in allen Punkten $\mathbf{x}$ außer in einem, dem sogenannten Quellpunkt $\boldsymbol{\xi}$, die homogene Form dieser Gleichung,

(ii) sie weisen im Quellpunkt, d.h. für $r = | \mathbf{x}-\boldsymbol{\xi} | = 0$, eine charakteristische Singularität auf.

Für die in elastischen Medien geltende transformierte Bewegungsgleichung (2.3.-2) lauten diese beiden Forderungen

$$(3.1.-1) \qquad (c_1^2-c_2^2)\, \overset{*}{u}{}^{(k)}_{j,ji} + c_2^2\, \overset{*}{u}{}^{(k)}_{i,jj} + \omega^2\, \overset{*}{u}{}^{(k)}_{i} = 0 \qquad \text{für } \mathbf{x} \neq \boldsymbol{\xi}$$

$$(3.1.-2) \quad \rho\int_\Omega [(c_1^2-c_2^2)\,\overset{*}{u}{}^{(k)}_{j,ji} + c_2^2\,\overset{*}{u}{}^{(k)}_{i,jj} + \omega^2\,\overset{*}{u}{}^{(k)}_i]\; u_i\; d\Omega_{\mathbf{x}} =$$

$$= \int_\Omega [\overset{*}{\sigma}{}^{(k)}_{ij,j}(\mathbf{x},\boldsymbol{\xi}) + \rho\omega^2\,\overset{*}{u}{}^{(k)}_i(\mathbf{x},\boldsymbol{\xi})]\; u_i(\mathbf{x})\; d\Omega_{\mathbf{x}} = u_k(\boldsymbol{\xi}) \quad \text{für } \boldsymbol{\xi}\in\Omega \,.$$

Mathematisch sind diese Eigenschaften durch eine als Dirac-Distribution $\delta(\mathbf{x}-\boldsymbol{\xi})\mathbf{e}^{(k)}(\boldsymbol{\xi})$ in Richtung x_k ($\mathbf{e}^{(k)}$ ist der Einheitsvektor in diese Richtung) definierte Volumenkraft $\mathbf{b}(\mathbf{x})$ beschrieben, so daß diese Fundamentallösung auch als Lösung von

$$(3.1.-3) \quad (c_1^2-c_2^2)\,\overset{*}{u}{}^{(k)}_{j,ji} + c_2^2\,\overset{*}{u}{}^{(k)}_{i,jj} + \omega^2\,\overset{*}{u}{}^{(k)}_i = \delta(\mathbf{x}-\boldsymbol{\xi})\; e_i^{(k)}(\boldsymbol{\xi})/\rho$$

verstanden werden kann.

Physikalisch werden diese Eigenschaften sehr anschaulich, wenn anstelle der Volumenkraftdichte $\mathbf{b}(\mathbf{x})$ eine Einzelkraft $\overset{*}{\mathbf{P}}{}^{(k)}$ an der Stelle $\boldsymbol{\xi}$ in Richtung der Koordinatenachse x_k betrachtet wird.
Die Fundamentallösung $\overset{*}{u}{}^{(k)}_i(\mathbf{x},\boldsymbol{\xi})$ ist dann das Verschiebungsfeld dieser Einzelkraft, und die die Singularität dieser Lösung charakterisierende Forderung (3.1.-2) gibt die Arbeit dieser Einzelkraft am Verschiebungsfeld $u_i(\mathbf{x})$ an.
Die aus $\overset{*}{u}{}^{(k)}_i(\mathbf{x},\boldsymbol{\xi})$ mit (2.4.-3) ableitbaren Randkraftkomponenten $\overset{*}{T}{}^{(k)}_i(\mathbf{x},\boldsymbol{\xi}) = T_i(\overset{*}{\mathbf{u}}{}^{(k)})$ halten dieser Einzelkraft das Gleichgewicht, bzw. wirken als zur Einzelkraft äquivalente Lasten auf Ω_ε (Ω_ε ist das Gebiet Ω ohne eine ε-Umgebung des singulären Punktes $\boldsymbol{\xi}$, siehe Bild 3.1).

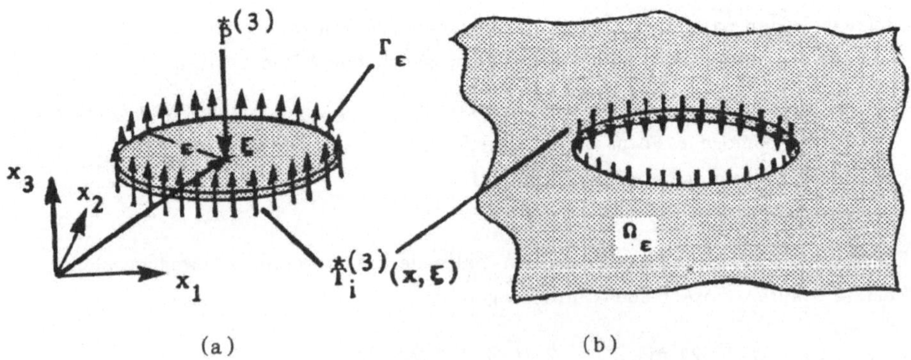

Bild 3.1: Singuläre Randkräfte $\overset{*}{T}{}^{(k)}_i(\mathbf{x},\boldsymbol{\xi})$: (a) im Gleichgewicht mit der (b) äquivalent zu der Einzelkraft $\overset{*}{P}_i(\boldsymbol{\xi}) = \delta_i^3$

Gleichwertig zur Aussage (3.1.-2) gilt also auch

$$\lim_{\varepsilon\to 0} \int_{\Gamma_\varepsilon} \overset{*}{T}{}_i^{(k)}(\mathbf{x},\boldsymbol{\xi})\; u_i(\mathbf{x})\; d\Gamma_{\mathbf{x}} = u_k(\boldsymbol{\xi})\,. \tag{3.1.-4}$$

Zur eindeutigeren Kennzeichnung der Zusammenhänge zwischen Zustandsgrößen und den sie verursachenden Singularitäten ist es sinnvoll, sogenannte Einflußfunktionen einzuführen. Es ist

$$u_i(\mathbf{x}) = (uF)_{i.k}(\mathbf{x},\boldsymbol{\xi})\; F_k(\boldsymbol{\xi})$$

das Verschiebungsfeld u_i an der Stelle $\mathbf{x}$, das durch Einzelkräfte verursacht wird, die an der Stelle $\boldsymbol{\xi}$ mit der Intensität F_k in Richtung x_k wirken. Die Verknüpfung zwischen beiden wird durch die Einflußfunktion $(uF)_{i.k}(\mathbf{x},\boldsymbol{\xi})$ gegeben. In dem bisher betrachteten Fall ist diese mit der den Einzelkräften $\overset{*}{P}{}_j^{(k)} = \delta(\mathbf{x}-\boldsymbol{\xi})\delta_j^k$ zuzuordnenden Fundamentallösung $\overset{*}{u}{}_i^{(k)}$ identisch.
Entsprechend werden die singulären Randkräfte $\overset{*}{T}{}_i^{(k)}(\mathbf{x},\boldsymbol{\xi})$ genauer als 'Einflußfunktionen $(TF)_{i.k}(\mathbf{x},\boldsymbol{\xi})$' bezeichnet.

Anmerkung:
Die mit "*" markierten Größen werden weiterhin, aber nur für eindeutig einer bestimmten Singularität (meist einer Einzelkraft) zuzuordnenden Fundamentallösung und die daraus abgeleiteten Zustände verwendet.

Für die mit der transformierten Bewegungsgleichung (2.3.-2) beschreibbaren Probleme, d.h. die Wirkung harmonischer Anregungen mit der Frequenz ω auf drei-dimensionale Körper und bei ebenen Spannungs- bzw. Verzerrungszuständen sind die Fundamentallösungen zu Einzelkraft-Singularitäten mit den geschilderten Eigenschaften bekannt. So sind das singuläre Verschiebungsfeld und die zugehörigen Randkräfte

bei drei-dimensionalen Problemen [29] ($s=i\omega$)

$$\begin{aligned}\overset{*}{u}{}_i^{(k)}(\mathbf{x},\boldsymbol{\xi}) &= (uF)_{i.k}(\mathbf{x},\boldsymbol{\xi}) = \\ &= \frac{1}{4\pi\rho r}\Big\{ c_2^{-2}\, e^{-\frac{sr}{c_2}} \Big(\delta_{ik}\Big[1+\Big(\frac{c_2}{sr}\Big)^2+\frac{c_2}{sr}\Big] - r_{,i}r_{,k}\Big[3\Big(\frac{c_2}{sr}\Big)^2+3\,\frac{c_2}{sr}+1\Big]\Big) \\ &\quad - c_1^{-2}\, e^{-\frac{sr}{c_1}} \Big(\delta_{ik}\Big[\Big(\frac{c_1}{sr}\Big)^2+\frac{c_1}{sr}\Big] - r_{,i}r_{,k}\Big[3\Big(\frac{c_1}{sr}\Big)^2+3\,\frac{c_1}{sr}+1\Big]\Big)\Big\}\,,\end{aligned} \tag{3.1.-5}$$

(3.1.-6) $\overset{*}{T}{}_i^{(k)}(\mathbf{x},\boldsymbol{\xi}) = (TF)_{i.k}(\mathbf{x},\boldsymbol{\xi}) =$

$$= \frac{1}{4\pi r^2}\{(2(\frac{c_2}{c_1})^2-1)(1+\frac{sr}{c_1})e^{-\frac{sr}{c_1}}[n_i r_{,k}] - (1+\frac{sr}{c_2})e^{-\frac{sr}{c_2}}[\delta_{ik}r_{,n}+n_k r_{,i}]$$

$$+ 2r_{,i}r_{,k}r_{,n}[(1+\frac{sr}{c_2})e^{-\frac{sr}{c_2}} - (1+\frac{sr}{c_1})(\frac{c_2}{c_1})^2 e^{-\frac{sr}{c_1}}]$$

$$-2(n_i r_{,k}+n_k r_{,i}+\delta_{ik}r_{,n}-5r_{,i}r_{,k}r_{,n})[\quad(1+3(\frac{c_2}{sr})^2+3\frac{c_2}{sr})e^{-\frac{sr}{c_2}}$$

$$-(\frac{c_2}{c_1})^2(1+3(\frac{c_1}{sr})^2+3\frac{c_1}{sr})e^{-\frac{sr}{c_1}}]\}\,,$$

bei zwei-dimensionalen Problemen [29]

(3.1.-7) $\overset{*}{u}{}_i^{(k)}(\mathbf{x},\boldsymbol{\xi}) = (uF)_{i.k}(\mathbf{x},\boldsymbol{\xi}) =$

$$= \frac{1}{2\pi\rho}\{c_2^{-2}(\delta_{ik}[K_o(\frac{sr}{c_2}) + \frac{c_2}{sr}K_1(\frac{sr}{c_2})] - r_{,i}r_{,k}K_2(\frac{sr}{c_2}))$$

$$- c_1^{-2}(\delta_{ik}\frac{c_1}{sr}K_1(\frac{sr}{c_1}) - r_{,i}r_{,k}K_2(\frac{sr}{c_1}))\}\,,$$

(3.1.-8) $\overset{*}{T}{}_i^{(k)}(\mathbf{x},\boldsymbol{\xi}) = (TF)_{i.k}(\mathbf{x},\boldsymbol{\xi}) =$

$$= \frac{1}{2\pi}\{\frac{s}{c_1}[(2(\frac{c_2}{c_1})^2-1)r_{,k}n_i-2(\frac{c_2}{c_1})^2 r_{,i}r_{,k}r_{,n}]K_1(\frac{sr}{c_1})$$

$$+\frac{s}{c_2}[2r_{,i}r_{,k}r_{,n}-\delta_{ik}r_{,n}-r_{,i}n_k]K_1(\frac{sr}{c_2})$$

$$-\frac{2}{r}[K_2(\frac{sr}{c_2}) - (\frac{c_2}{c_1})^2 K_2(\frac{sr}{c_1})][r_{,i}n_k+r_{,k}n_i+\delta_{ik}r_{,n}-4r_{,i}r_{,k}r_{,n}]\}\,.$$

Dabei sind $K_o(z)$ bzw. $K_1(z)$ die modifizierten Besselfunktionen zweiter Art und nullter bzw. erster Ordnung; die Besselfunktion $K_2(z)$ ist über die Formel $K_2(z) = K_o(z)+2K_1(z)/z$ definiert.

Die zwei-dimensionalen Fundamentallösungen gelten sowohl für ebene Verzerrungszustände wie für ebene Spannungszustände. Es ist nur zu beachten, daß die Ausbreitungsgeschwindigkeit der Kompressions- bzw. der Scherwellen in elastischen Medien

bei ebenen Verzerrungszuständen wie bei drei-dimensionalen Problemen über

(3.1.-9) $c_1 = \sqrt{E(1-\nu)/\rho(1+\nu)(1-2\nu)}$ bzw. $c_2 = \sqrt{E/2\rho(1+\nu)}$, bei ebenen Spannungszuständen dagegen über

(3.1.-10) $$c_1 = \sqrt{E/\rho(1+\nu)(1-\nu)} \quad \text{bzw.} \quad c_2 = \sqrt{E/2\rho(1+\nu)}$$

mit dem Elastizitätsmodul E und der Querdehnungszahl ν verbunden ist.

Die Fundamentallösung der für kompressible Flüssigkeiten geltenden Gleichungen (2.3.-13) bzw. (2.3.-14), also die Lösung von

(3.1.-11) $$\overset{*}{p}_{,jj} + \left(\frac{\omega}{c}\right)^2 \overset{*}{p} = \delta(\mathbf{x}-\boldsymbol{\xi}) \quad ,$$

bzw. der entsprechenden skalaren Gleichung für Φ, läßt sich sofort aus der für elastische Medien herleiten.
Es ist offensichtlich, daß die Gleichung (3.1.-3) für $c_1 = c_2 = c$ (diese Gleichheit ist physikalisch nicht möglich) formal der Gleichung (3.1.-11) entspricht; also entsprechen sich auch deren Fundamentallösung mit

$$\rho\, c^2 \overset{*}{u}{}_i^{(k)} \mathrel{\hat{=}} \overset{*}{p} \; .$$

Damit ergibt sich $\overset{*}{p}(\mathbf{x},\boldsymbol{\xi})$ und $\overset{*}{q}(\mathbf{x},\boldsymbol{\xi})$, bzw. genauso $\overset{*}{\Phi}(\mathbf{x},\boldsymbol{\xi})$ und $\overset{*}{\phi}(\mathbf{x},\boldsymbol{\xi})$

für drei-dimensionale Probleme zu

(3.1.-12) $$\overset{*}{p}(\mathbf{x},\boldsymbol{\xi}) = \overset{*}{\Phi}(\mathbf{x},\boldsymbol{\xi}) = (pF)(\mathbf{x},\boldsymbol{\xi}) = \frac{1}{4\pi}\,\frac{1}{r}\, e^{-\frac{sr}{c}} \quad ,$$

(3.1.-13) $$\overset{*}{q}(\mathbf{x},\boldsymbol{\xi}) = \overset{*}{\phi}(\mathbf{x},\boldsymbol{\xi}) = (qF)(\mathbf{x},\boldsymbol{\xi}) = -\frac{1}{4\pi}\,\frac{r_{,n}}{r^2}\, e^{-\frac{sr}{c}} \left(1+\frac{sr}{c}\right) \quad ,$$

und für zwei-dimensionale Probleme zu

(3.1.-14) $$\overset{*}{p}(\mathbf{x},\boldsymbol{\xi}) = \overset{*}{\Phi}(\mathbf{x},\boldsymbol{\xi}) = (pF)(\mathbf{x},\boldsymbol{\xi}) = \frac{1}{2\pi}\, K_0\!\left(\frac{sr}{c}\right) \quad ,$$

(3.1.-15) $$q^*(\mathbf{x},\boldsymbol{\xi}) = \overset{*}{\phi}(\mathbf{x},\boldsymbol{\xi}) = (qF)(\mathbf{x},\boldsymbol{\xi}) = -\frac{1}{2\pi}\,\frac{s}{c}\, r_{,n}\, K_1\!\left(\frac{sr}{c}\right) \; .$$

Anmerkung:
Häufig wird anstelle von $K_0(sr/c)/2\pi$ die Fundamentallösung $\frac{i}{4}\, H_0^2(\omega r/c)$, mit der Hankelfunktion nullter Ordnung und zweiter Art, angegeben. Beide sind über die Formel $2K_\nu(z) = -\, i\pi \exp(-\nu\pi i/2)\, H_\nu^2(z\cdot\exp(-\pi i/2))$ miteinander verbunden, also identisch.

Wie in der Elastostatik (z.B. bei isotropen und orthotropen Scheiben und Platten [siehe u.a. 4,86]) sind auch in der Elastodynamik außer der gerade betrachteten Einzelkraft-Singularität andere Ursachen von Singularitäten, wie z.B. Kraftdipole $m_{kl}(\boldsymbol{\xi})$ (siehe Bild 3.2), aber auch Versetzungen $c_l(\boldsymbol{\xi})$ denkbar.

Die Einflußfunktion des Kraftdipols ergibt sich in der Elastostatik durch Differenzieren der Einflußfunktion der Einzelkraft nach der Quellpunktskoordinate ξ_k [46]; so ist z.B.

$$u_i(\mathbf{x}) = (um)_{i.kj}(\mathbf{x},\boldsymbol{\xi})\; m_{kj}(\boldsymbol{\xi})$$

mit

$$(um)_{i.kj} = \frac{\partial}{\partial \xi_k}\,(uF)_{i.j}\;\;.$$

Dementsprechend sind aus (3.1.-5) bzw. (3.1.-7) als neue Fundamentallösungen der Elastodynamik folgende Einflußfunktionen eines Kraftdipols $m_{kl}(\boldsymbol{\xi})$ bestimmbar,

für drei-dimensionale Probleme

(3.1.-16) $(um)_{i.kj}(\mathbf{x},\boldsymbol{\xi}) =$

$$= \frac{1}{4\pi\rho}\left(\frac{1}{c_2 r}\right)^2 \Big\{ (r_{,k}\delta_{ij} - r_{,i}r_{,j}r_{,k})\left(1+\frac{sr}{c_2}\right)e^{-\frac{sr}{c_2}} + r_{,i}r_{,j}r_{,k}\left(\frac{c_2}{c_1}\right)^2\left(1+\frac{sr}{c_1}\right)e^{-\frac{sr}{c_1}}$$

$$+ (\delta_{ij}r_{,k} + \delta_{ik}r_{,j} + \delta_{jk}r_{,i} - 5r_{,i}r_{,j}r_{,k})\Big[\left(1+3\frac{c_2}{sr} + 3\left(\frac{c_2}{sr}\right)^2\right) e^{-\frac{sr}{c_2}}$$

$$- \left(1+3\frac{c_1}{sr} + 3\left(\frac{c_1}{sr}\right)^2\right)\left(\frac{c_2}{c_1}\right)^2 e^{-\frac{sr}{c_1}}\Big] \Big\}\;,$$

für zwei-dimensionale Probleme

(3.1.-17) $(um)_{i.kj}(\mathbf{x},\boldsymbol{\xi}) =$

$$= \frac{1}{2\pi\rho}\, c_2^{-2} \Big\{ (r_{,k}\delta_{ij} - r_{,i}r_{,j}r_{,k})\frac{s}{c_2}\, K_1\!\left(\frac{sr}{c_2}\right) + r_{,i}r_{,j}r_{,k}\,\frac{s}{c_1}\left(\frac{c_2}{c_1}\right)^2 K_1\!\left(\frac{sr}{c_1}\right)$$

$$+ \frac{1}{r}\Big[K_2\!\left(\frac{sr}{c_2}\right) - \left(\frac{c_2}{c_1}\right)^2 K_2\!\left(\frac{sr}{c_1}\right)\Big]\Big[\delta_{ij}r_{,k} + \delta_{ik}r_{,j} + \delta_{jk}r_{,i} - 4r_{,i}r_{,j}r_{,k}\Big]\Big\}.$$

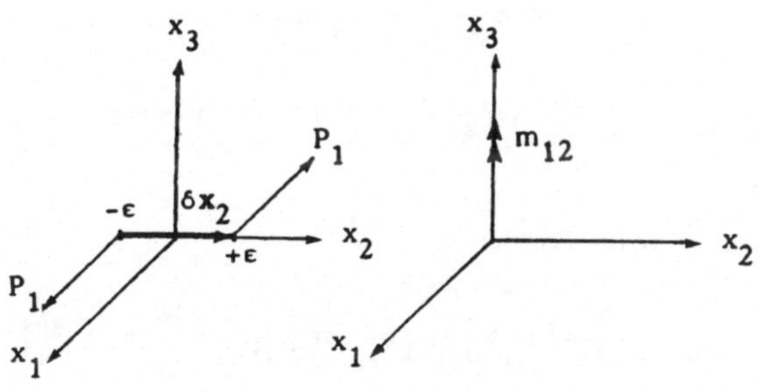

a) $|\delta \mathbf{x}_2| = 2\varepsilon$ b) $m_{12} = \lim\limits_{\varepsilon \to 0} \delta \mathbf{x}_2 \; P_1$ mit $|\delta \mathbf{x}_2 P_1|$=konst.

Bild 3.2: a) Kräftepaar P_1 mit Distanzvektor $\delta \mathbf{x}_2$ b) Kräftedipol m_{12}

Entsprechende Einflußfunktionen zur Quellwirbel-Singularität in kompressiblen Flüssigkeiten ergeben sich daraus, wie bereits dargestellt, formal mit $c_1 = c_2 = c$ und Multiplikation mit ρc^2,

im Zwei-Dimensionalen

(3.1.-18) $$(\Phi m)_{.k}(\mathbf{x},\boldsymbol{\xi}) = \frac{1}{2\pi} \; \frac{s}{c} \; r_{,k} \; K_1(\frac{sr}{c})$$

im Drei-Dimensionalen

(3.1.-19) $$(\Phi m)_{.k}(\mathbf{x},\boldsymbol{\xi}) = \frac{1}{4\pi} \; \frac{1}{r^2} \; r_{,k} \; e^{-\frac{sr}{c}} .$$

Aus den Einflußfunktionen der Kräftedipole m_{jk} lassen sich [46] mit

(3.1.-20) $$(ud)_{i.jk} = \rho[c_2^2(\delta_{jv}\delta_{kw}+\delta_{kv}\delta_{jw}) + (c_1^2-2c_2^2)\delta_{vw}\delta_{jk}] \; (um)_{i.vw}$$

die Einflußfunktionen von Versetzungsdipolen d_{jk} bestimmen. Es ergibt sich für drei-dimensionale Probleme

(3.1.-21) $$(ud)_{i.jk} = \frac{1}{4\pi r^2}\{[r_{,j}\delta_{ik}+r_{,k}\delta_{ij}-2r_{,i}r_{,j}r_{,k}](1+\frac{sr}{c_2}) \; e^{-\frac{sr}{c_2}}$$
$$-[(2(\frac{c_2}{c_1})^2-1)r_{,i}\delta_{jk}-2(\frac{c_2}{c_1})^2 r_{,i}r_{,j}r_{,k}](1+\frac{sr}{c_1}) \; e^{-\frac{sr}{c_1}}$$

$$+2[\delta_{ik}r_{,j}+\delta_{ij}r_{,k}+\delta_{jk}r_{,i}-5r_{,i}r_{,k}r_{,j}]\cdot$$
$$[(1+3\frac{c_2}{sr}+3(\frac{c_2}{sr})^2)e^{-\frac{sr}{c_2}}-(1+3\frac{c_1}{sr}+3(\frac{c_1}{sr})^2)(\frac{c_2}{c_1})^2 e^{-\frac{sr}{c_1}}]\}$$

für zwei-dimensionale Probleme

$$(3.1.-22)\quad (ud)_{i.jk} = \frac{1}{2\pi r}\{[r_{,j}\delta_{ik}+r_{,k}\delta_{ij}-2r_{,i}r_{,j}r_{,k}]\frac{sr}{c_2}K_1(\frac{sr}{c_2})$$
$$-(\frac{c_2}{c_1})^2[(2-(\frac{c_1}{c_2})^2)r_{,i}\delta_{jk}-2r_{,i}r_{,j}r_{,k}]\frac{sr}{c_1}K_1(\frac{sr}{c_1})$$
$$+2[\delta_{ik}r_{,j}+\delta_{ij}r_{,k}+\delta_{jk}r_{,i}-4r_{,i}r_{,j}r_{,k}][K_2(\frac{sr}{c_2})-(\frac{c_2}{c_1})^2K_2(\frac{sr}{c_1})]\}$$

Anmerkung:

An Oberflächen (auf Rändern) sind von tensoriellen Zustandsgrößen nur bestimmte Komponenten, die sogenannten [45] Rumpf-Zustandsgrößen wesentlich. Die bekannteste ist der Vektor der Randkräfte T_i; er ergibt sich aus dem Spannungstensor σ_{ij} durch Multiplikation mit dem Normalen-Einheitsvektor n_j. Die gleiche Vorschrift wird auch bei anderen tensoriellen Zuständen angewandt. So ergibt sich der Vektor der Randversetzungen D_j aus dem Versetzungs-Dipoltensor d_{jk} mit $D_j = n_k d_{jk}$. Die Einflußfunktionen von Versetzungen D_j entlang eines Randes, also einer Rumpf-Singularität sind demnach aus denen der Versetzungs-Dipole d_{jk} nach

$$(3.1.-23)\qquad (uD)_{i.j}(x,\xi) = (ud)_{i.jk}(x,\xi)\, n_k(\xi)$$

zu berechnen.

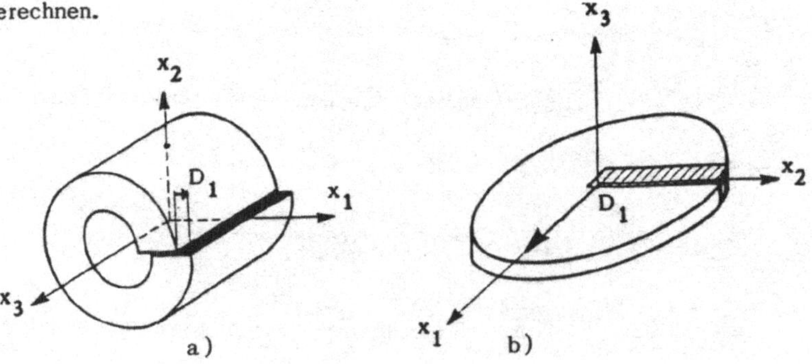

Bild 3.3: Stufen-Versetzung D_1 bei
a) räumlichen bzw. b) ebenen Problemen

3.2 DIE DIREKTE METHODE

Die Grundlage der 'direkten' Methode zur Herleitung von Randintegralgleichungen sind Reziprozitätsbeziehungen zwischen zwei Systemen von Zustandsgrößen eines Gebiets, entstanden unter der Einwirkung zweier verschiedener Randwert- und Lastsysteme. Solche Wechselwirkungen beschreibenden Gleichungen sind in vielen physikalischen Theorien bekannt [3,78]. Die Methode hat gegenüber der 'indirekten' Methode (siehe 3.3) den Vorteil, daß in diesen Reziprozitätsbeziehungen und damit in den Randintegralgleichungen nur die aktuellen Randwerte des Problems vorkommen; als Lösung erhält man also direkt die unbekannten Zustandsgrößen.

Aus mathematischer Sicht beruhen die Beziehungen darauf, daß der Differentialoperator $\mathbf{L}$ der grundlegenden Differentialgleichungen $\mathbf{L}(\mathbf{u}) + \mathbf{p} = \mathbf{0}$ in ein "Produkt" $\mathbf{D}^*\mathbf{CD}$ aufgespaltet werden kann. Dabei bezeichnet $\mathbf{D}^*$ den zu $\mathbf{D}$ formal adjungierten Operator, und $\mathbf{C}$ ist selbstadjungiert [27]. Damit ist $\mathbf{D}^*\mathbf{CD}$ formal selbstadjungiert und es gilt für zwei Zustände $\mathbf{u}$ und $\mathbf{w}$, sowie deren Randgrößen $\mathbf{Gu}$ bzw. $\mathbf{Su}$ und $\mathbf{Gw}$ bzw. $\mathbf{Sw}$

$$(3.2.-1) \qquad [\mathbf{u},\mathbf{D}^*\mathbf{CDw}]_\Omega + \{\mathbf{Gu},\mathbf{Sw}\}_\Gamma = [\mathbf{D}^*\mathbf{CDu},\mathbf{w}]_\Omega + \{\mathbf{Su},\mathbf{Gw}\}_\Gamma \,.$$

Durch $[.,.]_\Omega$ bzw. $\{.,.\}_\Gamma$ wird die Integration über das Gebiet Ω bzw. den Rand Γ gekennzeichnet.

Bei physikalischer Betrachtungsweise stellen diese Beziehungen meist experimentell nachweisbare Tatsachen dar, die häufig als grundlegende Sätze der jeweiligen Theorie formuliert sind. Dies wird in Folgendem bei den hier untersuchten Theorien aufgezeigt.

3.2.1 INTEGRALGLEICHUNGEN FÜR DAS ELASTISCHE KONTINUUM ÜBER DEN SATZ VON BETTI

Der in der Elastizitätstheorie seit langem bekannte Satz von Betti [20] besagt:

In einem linear-elastischen Körper ist bei quasistatischen Formänderungen die Verschiebungsarbeit $A_{I,II}$, die ein Kräftesystem F_I bei der nachfolgenden Belastung durch ein Kräftesystem F_{II}, also an den Verschiebungen infolge F_{II} leistet, gleich der Verschiebungsarbeit $A_{II,I}$, die das Kräftesystem F_{II} bei der nachfolgenden Belastung durch das Kräftesystem F_I, also an den Verschiebungen infolge F_I leistet.

$$(3.2.\text{-}2)\quad \int_\Omega \overset{2}{u}_i(\mathbf{x})\overset{1}{b}_i(\mathbf{x})d\Omega_{\mathbf{x}} + \oint_\Gamma \overset{2}{u}_i(\mathbf{x})\overset{1}{T}_i(\mathbf{x})d\Gamma_{\mathbf{x}} = \int_\Omega \overset{2}{b}_i(\mathbf{x})\overset{1}{u}_i(\mathbf{x})d\Omega_{\mathbf{x}} + \oint_\Gamma \overset{2}{T}_i(\mathbf{x})\overset{1}{u}_i(\mathbf{x})d\Gamma_{\mathbf{x}}.$$

Als System II werden speziell die Reaktionen im Vollraum (in der Vollebene) infolge einer an der Stelle ξ wirkenden Einzelkraft vom Betrag eins in Richtung x_k gewählt, während die bekannten und unbekannten Zustandsgrößen des aktuell zu lösenden Problems das System I bilden.

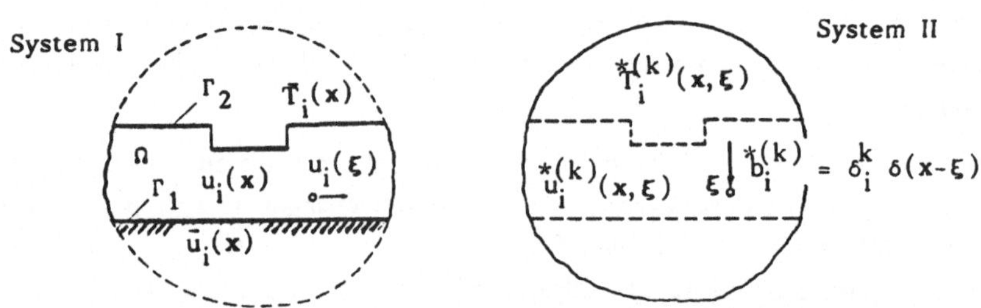

Bild 3.4: Zustandsgrößen eines aktuellen Problems (System I) und einer Einzelkraft in der Vollebene (System II)

Unter der Berücksichtigung der Eigenschaften (3.1.-2/3) der Fundamentallösung der Einzelkraft ergibt sich aus der Reziprozitätsbeziehung (3.2.-2) die sogenannte Somigliana Identität

$$(3.2.\text{-}3)\quad u_k(\xi) = \oint_\Gamma [T_i(\mathbf{x})\overset{*}{u}{}_i^{(k)}(\mathbf{x},\xi) - u_i(\mathbf{x})\overset{*}{T}{}_i^{(k)}(\mathbf{x},\xi)]\,d\Gamma_{\mathbf{x}} + \int_\Omega \bar{b}_i(\mathbf{x})\overset{*}{u}{}_i^{(k)}(\mathbf{x},\xi)\,d\Omega_{\mathbf{x}} \quad \text{für } \xi\in\Omega.$$

Mit den transformierten Randbedingungen (2.4.-1/2) sind die Verschiebungen $u_i(\mathbf{x})$ für $\mathbf{x}$ auf Γ_1 sowie die Randkräfte $T_i(\mathbf{x})$ für $\mathbf{x}$ auf Γ_2 bekannt, also nur die unbekannten Randreaktionen $T_i(\mathbf{x})$ auf Γ_1 und $u_i(\mathbf{x})$ auf Γ_2 zu bestimmen. Die dafür benötigten Randintegralgleichungen erhält man aus (3.2.-3) durch Verlegen des Kraftangriffspunktes ξ (im Grenzübergang von Innen) in einen Randpunkt:

$$(3.2.\text{-}4)\quad d_i^{(k)}(\xi)u_i(\xi) + \oint_\Gamma \overset{*}{T}{}_i^{(k)}(\mathbf{x},\xi)u_i(\mathbf{x})d\Gamma_{\mathbf{x}} = \oint_\Gamma \overset{*}{u}{}_i^{(k)}(\mathbf{x},\xi)T_i(\mathbf{x})d\Gamma_{\mathbf{x}} + \int_\Omega \bar{b}_i(\mathbf{x})\overset{*}{u}{}_i^{(k)}(\mathbf{x},\xi)d\Omega_{\mathbf{x}}, \quad \xi\in\Gamma.$$

Die Vorfaktoren $d_i^{(k)}(\xi)$ des integralfreien Terms hängen von der Geometrie des

Randes Γ und der Singularität im Punkt ξ ab. So gilt auf glatten Rändern und bei einer $(r^{-\alpha})$-Singularität (α=2 bzw. 1 in 3-D bzw. 2-D) der Randkräfte $T_i^{(k)}$ i.a. $d_i^{(k)} = 0.5\ \delta_i^k$. In Ecken und auf Kanten sind diese Faktoren vom Winkel abhängig und meist nicht geschlossen angebbar. Sie sind i.a. nur durch das Integral

$$(3.2.\text{-}5) \qquad d_i^{(k)}(\xi) = \lim_{\varepsilon \to 0} \int_{\Gamma_\varepsilon(\xi)} T_i^{(k)}(\mathbf{x},\xi)\, d\Gamma_{\mathbf{x}}$$

definiert (siehe Bild 3.1b). Dabei ist $\Gamma_\varepsilon(\xi)$ hier, für Punkte ξ auf dem Rand, nur der Teil, der das Gebiet Ω schneidet (Bild 3.4).

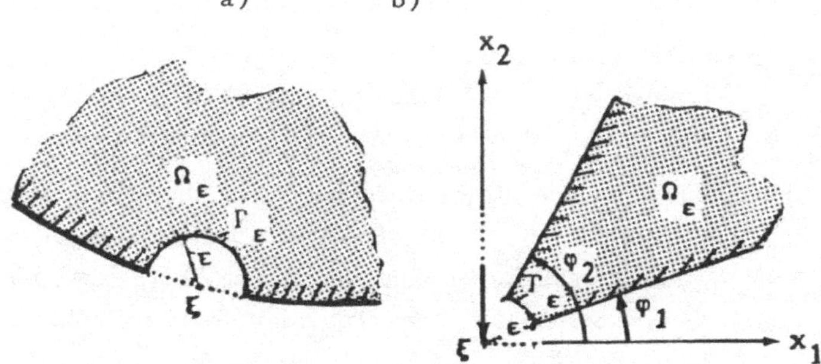

Bild 3.5: $\Gamma_\varepsilon(\xi)$ und Ω_ε, wenn der Quellpunkt ξ
a) auf einem glatten Rand b) in einer Ecke liegt.

Jedoch ist festzustellen, daß diese Vorfaktoren $d_i^{(k)}(\xi)$ unabhängig von der Frequenz ω, also gleich denen des statischen Falles [42] sind. Es ergibt sich z.B. im Zwei-dimensionalen für die Einzelkraftsingularität (3.1.-8) bei einer Ecke mit Innenwinkel $\varphi_2-\varphi_1=\Delta\varphi$

$$(3.2.\text{-}6) \quad d_i^{(k)}(\xi) = \frac{1}{2\pi}\Big\{ \Delta\varphi\,\delta_i^k + \Big[1-\Big(\frac{c_2}{c_1}\Big)^2\Big] \begin{bmatrix} \frac{1}{2}(\sin 2\varphi_1 - \sin 2\varphi_2) & , & \sin^2\varphi_1 - \sin^2\varphi_2 \\ \text{symm.} & , & \frac{1}{2}(\sin 2\varphi_2 - \sin 2\varphi_1) \end{bmatrix} \Big\},$$

also z.B. für eine 90° Ecke mit $\varphi_1=0$ und $\varphi_2=90^\circ$

$$d_i^{(k)}(\xi) = \begin{bmatrix} 0.25 & , & -\frac{1}{2\pi}\Big[1-\Big(\frac{c_2}{c_1}\Big)^2\Big] \\ \text{symmetrisch} & , & 0.25 \end{bmatrix}.$$

3.2.2 INTEGRALGLEICHUNG FÜR KOMPRESSIBLE FLUIDE ÜBER DIE GREENSCHEN FORMELN

Eine der wichtigsten Formeln der Potentialtheorie, die Reziprozitätsbeziehung der Greenschen Formeln gilt auch für zeitharmonische Probleme bei kompressiblen Flüssigkeiten, d.h. für Probleme, die durch Helmholtz-Gleichungen beschrieben werden. Sie ist ebenfalls physikalisch herleitbar und zu verstehen.

Der spezifische Energiefluß über den Rand Γ ist durch $p(\mathbf{x},t)\mathbf{v}(\mathbf{x},t)\cdot\mathbf{n}(\mathbf{x})$ beschrieben [23]. Er kann mit $p(\mathbf{x},t) = \rho(\mathbf{x})\dot{\Phi}(\mathbf{x},t)$ und $\mathbf{v}(\mathbf{x},t)\cdot\mathbf{n}(\mathbf{x}) = \Phi_{,i}(\mathbf{x},t)n_i(\mathbf{x}) = \phi(\mathbf{x},t)$ auch durch $\rho(\mathbf{x})\dot{\Phi}(\mathbf{x},t)\phi(\mathbf{x},t)$ ausgedrückt werden. Nach Transformation in den Frequenzbereich erhält man als für den Energiefluß über den Rand Γ charakteristische Größe $\rho s\ \Phi(\mathbf{x},s)\phi(\mathbf{x},s)$.

Werden zwar Quellen a, jedoch keine Vulumenkräfte $b_i = f_{,i}$ im Inneren berücksichtigt, kann danach folgende Reziprozitätsbeziehung formuliert werden:

In kompressiblen Flüssigkeiten ist die Energieänderung $A_{I,II}$, die durch innere Quellen und den Randfluß eines Systems F_I am Potential (der Druckverteilung) eines Systems F_{II} bewirkt wird, gleich der Energieänderung $A_{II,I}$, die durch Quellen und den Randfluß des Systems F_{II} am Potentialfeld (Druckfeld) des Systems F_I erfolgt:

$$(3.2.\text{-}7)\quad \int_\Omega \overset{2}{\Phi}(\mathbf{x})\overset{1}{a}(\mathbf{x})d\Omega_{\mathbf{x}} - \oint_\Gamma \overset{2}{\Phi}(\mathbf{x})\overset{1}{\phi}(\mathbf{x})d\Gamma_{\mathbf{x}} = \int_\Omega \overset{2}{a}(\mathbf{x})\overset{1}{\Phi}(\mathbf{x})d\Omega_{\mathbf{x}} - \oint_\Gamma \overset{2}{\phi}(\mathbf{x})\overset{1}{\Phi}(\mathbf{x})d\Gamma_{\mathbf{x}},$$

oder für die Zustandsgrößen Druck und Druckfluß mit $\bar{a} = \rho i\omega a$

$$(3.2.\text{-}8)\quad \int_\Omega \overset{2}{p}(\mathbf{x})\overset{1}{\bar{a}}(\mathbf{x})d\Omega_{\mathbf{x}} + \oint_\Gamma \overset{2}{p}(\mathbf{x})\overset{1}{q}(\mathbf{x})d\Gamma_{\mathbf{x}} = \int_\Omega \overset{2}{\bar{a}}(\mathbf{x})\overset{1}{p}(\mathbf{x})d\Omega_{\mathbf{x}} + \oint_\Gamma \overset{2}{q}(\mathbf{x})\overset{1}{p}(\mathbf{x})d\Gamma_{\mathbf{x}}.$$

Werden als System II speziell die Reaktionen im Vollraum (in der Vollebene) infolge einer an der Stelle ξ wirkenden Punktquelle $\bar{a}$ der Intensität Eins gewählt, gilt für die bekannten und unbekannten Zustandsgrößen des aktuell zu lösenden Problems, des Systems I (siehe Bild 3.6), bei (p,q)-Formulierung

$$(3.2.\text{-}9)\quad p(\xi) = \oint_\Gamma [q(\mathbf{x})\overset{*}{p}(\mathbf{x},\xi) - p(\mathbf{x})\overset{*}{q}(\mathbf{x},\xi)]d\Gamma_{\mathbf{x}} + \int_\Omega \bar{a}(\mathbf{x})\overset{*}{p}(\mathbf{x},\xi)d\Omega_{\mathbf{x}} \quad \text{für } \xi\in\Omega.$$

Diese Formel zur Berechnung des Drucks in einem beliebigen Innenpunkt ξ ergibt sich aus (3.2.-8), wenn die Eigenschaften der Punktquellenlösung, der Fundamentallösung (3.1.-12/13) bzw. (3.1.-14/15) berücksichtigt werden.

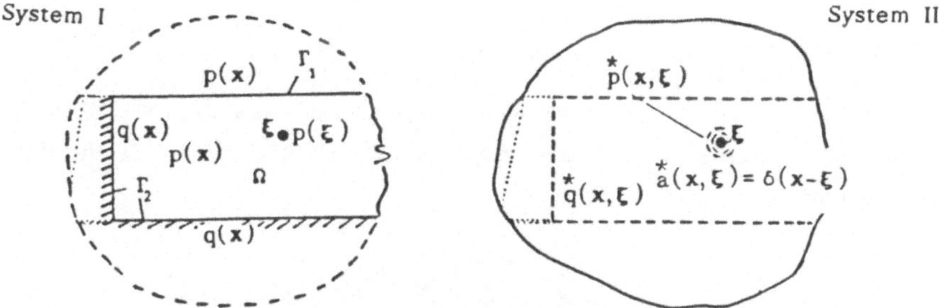

Bild 3.6: Zustandsgrößen eines aktuellen Problems (System I) und einer Punktquelle in der Vollebene (System II)

Bevor mit (3.2.-9) der Innendruck bestimmt werden kann, sind jedoch die unbekannten Randreaktionen, $p(\mathbf{x})$ auf Γ_2 und $q(\mathbf{x})$ auf Γ_1 zu ermitteln. Die dazu benötigte Gleichung ist eine Randintegralgleichung, die man aus (3.2.-9) durch Verschieben des Quellpunktes ξ (im Grenzübergang von Innen) in einen Randpunkt erhält:

$$(3.2.\text{-}10)\quad d(\xi)p(\xi) + \oint_\Gamma \overset{*}{q}(\mathbf{x},\xi)p(\mathbf{x})d\Gamma_{\mathbf{x}} = \oint_\Gamma \overset{*}{p}(\mathbf{x},\xi)q(\mathbf{x})d\Gamma_{\mathbf{x}} + \int_\Omega \bar{a}(\mathbf{x})\overset{*}{p}(\mathbf{x},\xi)d\Omega_{\mathbf{x}} \;.$$

Der Vorfaktor $d(\xi)$ des integralfreien Terms hängt von der Geometrie des Randes Γ und der Singularität im Punkt ξ ab. So gilt auf glatten Rändern $d = 0.5$, wenn der Druckfluß $\overset{*}{q}(\mathbf{x},\xi)$ eine $r^{-\alpha}$-Singularität ($a=2$ oder 1 in 3-D oder 2-D) hat. In Ecken und auf Kanten ist dieser Faktor vom Winkel abhängig. Er ist entsprechend (3.2.-5) durch das Integral

$$(3.2.\text{-}11)\qquad d(\xi) = \lim_{\varepsilon\to 0} \int_{\Gamma_\varepsilon(\xi)} \overset{*}{q}(\mathbf{x},\xi)d\Gamma_{\mathbf{x}}$$

definiert (siehe Bild 3.5). Diese Integration ergibt für die Singularität (3.1.-15) einer Einheits-Quelle bei zweidimensionalen Problemen und in Eckpunkten ξ mit einem Innenwinkel $\Delta\varphi$

$$(3.2.\text{-}12)\qquad d(\xi) = \Delta\varphi/2\pi \;.$$

Bei dreidimensionalen Problemen ist i.a. keine derartig geschlossene Auswertung des Integrals (3.2.-11) für beliebige Randpunkte möglich. Für Eckpunkte läßt sich dieser Faktor $d(\xi)$ nur in dem Fall relativ einfach ermitteln, daß sich dort die drei Koordinatenflächen mit konstantem $\varphi=\varphi_1$, $\varphi=\varphi_2$ und $\theta=\theta_1$ ($0 \leq \theta_1$

$\leqq \pi$) schneiden (siehe Bild 3.7). Es ergibt sich dann

$$d(\xi) = (\varphi_2-\varphi_1)\cdot[1 + \cos\theta_1]/4\pi \quad . \tag{3.2.-13}$$

Für Punkte ξ auf Kanten (mit einem Innenwinkel $\Delta\varphi=\varphi_2-\varphi_1$) ist $\theta_1=0$, also $d(\xi) = \Delta\varphi/2\pi$. Für eine 90°-Ecke, d.h. $\Delta\varphi=\pi/2$ und $\theta_1=\pi/2$, ist damit $d(\xi) = 0.125$ bestimmt.

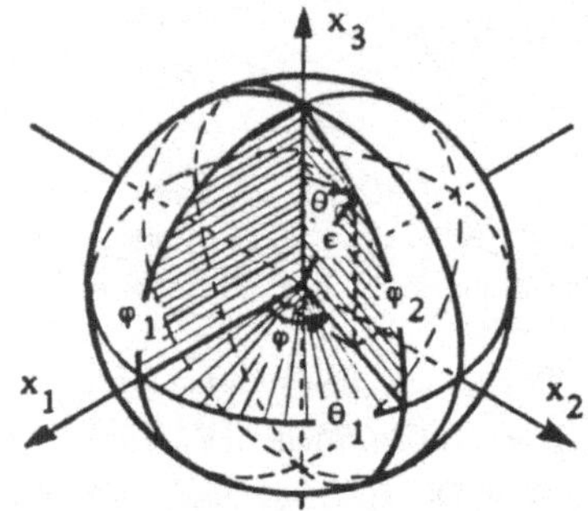

Bild 3.7: Ecke in 3-D mit Definition der Kugelkoordinaten φ und θ

3.3 DIE INDIREKTE METHODE

Voraussetzungen und Weg zur Lösung von Randwertproblemen nach der 'indirekten' Methode sind in mancher Hinsicht anders als bei der direkten Methode. Zu erwähnen ist diesbezüglich, daß

- die Gültigkeit eines Reziprozitätssatzes nicht erforderlich ist,
- die Quellpunkte der Singularitäten nicht notwendigerweise auf dem Rand des Problemgebietes plaziert werden müssen, um Integralgleichungen zur Ermittlung unbekannter Randwerte zu formulieren.

Als Folge davon bietet diese Methode eine größere Zahl von Möglichkeiten; je nach Wahl der Grundsingularität bzw. ihrer Einflußfunktionen und je nach Lage der Quellpunkte können reguläre oder singuläre Fredholmsche Integralgleichungen zweiter oder auch erster Art konstruiert werden.

Die Grundidee besteht darin, die Lösung eines Randwertproblems auf die Ermittlung einer Verteilung von Singularitäten zu reduzieren. Deren unbekannte Intensität und Verteilung auf einem fiktiven Rand Γ wird so bestimmt, daß die Zustandsgrößen, die dadurch auf dem realen Rand Γ^+ erzeugt werden, mit den dort vorgeschriebenen Randwerten des Problems übereinstimmen (siehe Bild 3.8).

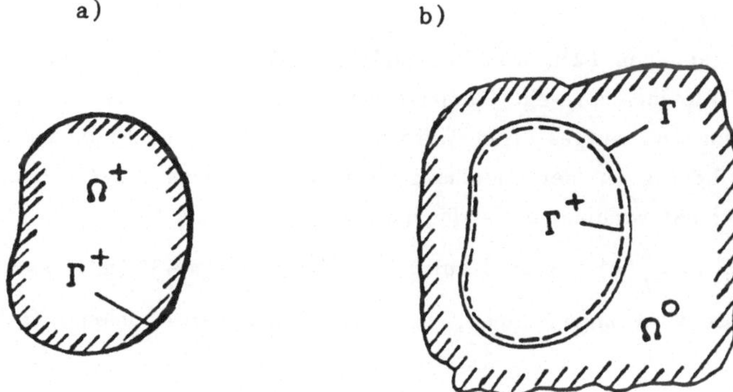

Bild 3.8: a) Realer Körper Ω^+ mit Rand Γ^+
b) Vollraum (Vollebene) Ω^o mit fiktivem Rand Γ

Die Intensität und Verteilung, also die Belegungsdichte einer Singularität stellt die unbekannte Funktion solcher Integralgleichungen dar. Erst nach deren Lösung, d.h. nach Ermittlung dieser Belegungsdichten können die interessierenden physikalischen Zustandsgrößen berechnet werden. Dieser dadurch notwendige 'indirekte' Weg gibt der Methode den Namen.

3.3.1 INDIREKTE INTEGRALGLEICHUNGEN BEI ELASTISCHEN MEDIEN

Die Wahl der Singularitäten, die für die Formulierung der Integralgleichungen verwendet werden, wird durch die Art des Randwertproblems, d.h. die Art der Randwerte des aktuellen Problems beeinflußt.

Bei geometrischen Randwerten sind möglichst geometrische Singularitäten, bei vorgeschriebenen Randkräften statische Singularitäten zu benützen [46]. Dies ist jedoch nicht notwendig.
Wichtiger ist die Integrationsstufe der verwendeten Singularitäten: sie sollten auf der gleichen Stufe wie die damit zu erzeugenden Randwerte stehen [46]. Besonders günstig ist die Verwendung von Integraloperatoren mit wie $(r^{-\alpha})$ singulären Kernen (α=2 bzw. 1 in 3-D bzw. 2-D).

Mit den im Abschnitt 3.1 gegebenen Fundamentallösungen und Einflußfunktionen können je nach Art der Randwerte verschiedene Integralgleichungen zur Lösung eines Randwertproblems formuliert werden.

A n m e r k u n g :

Für den allgemeinen Fall, d.h. bei ungleich Null vorgegebenen inneren Kräften $\hat{b}_i$ kann das Problem in ein Summations-Problem (A) und ein reines Randwert-Problem (B) aufgespalten werden. Zur Lösung des Problems (A) ist eine partikuläre Lösung u_i^A der Gleichung (2.3.-10) zu suchen. Das danach zu lösende Problem (B) hat veränderte Randbedingungen:

$$\bar{u}_i^B(\mathbf{x}) = \bar{u}_i(\mathbf{x})-u_i^A(\mathbf{x}) \ , \ \mathbf{x}=\mathbf{x}(s) \text{ auf } \Gamma_1^+, \quad \bar{T}_i^B(\mathbf{x}) = \bar{T}_i(\mathbf{x})-T_i^A(\mathbf{x}) \ , \ \mathbf{x}=\mathbf{x}(s) \text{ auf } \Gamma_2^+.$$

Im Weiteren wird angenommen, daß reine Randwert-Probleme (B) betrachtet werden.

Eine B e l e g u n g m i t K r ä f t e n $F_k(s)ds$ in allen Punkten s des fiktiven Randes Γ bewirkt entsprechend (3.1.-5/7), d.h. über die Einflußfunktionen $(uF)_{i.k}(\mathbf{x},\xi)$, in den Punkten $\bar{\mathbf{x}}=\mathbf{x}(\bar{s})$ des Randes Γ^+ die Verschiebungen

$$u_i(\bar{\mathbf{x}}) = \oint_\Gamma (uF)_{i.k}(\bar{\mathbf{x}},\xi(s))F_k(s)ds \ . \tag{3.3.-1}$$

Ist ein R a n d w e r t p r o b l e m e r s t e r A r t zu lösen, d.h. sind auf dem ganzen Rand Γ^+ die Verschiebungen $\bar{u}_i(\bar{\mathbf{x}})$ vorgeschrieben, gibt

$$\oint_\Gamma (uF)_{i.k}(\bar{\mathbf{x}},\xi(s))F_k(s)ds = \bar{u}_i(\bar{\mathbf{x}}) \ , \quad \bar{\mathbf{x}}\varepsilon\Gamma^+ \ , \tag{3.3.-2}$$

indirekte Integralgleichungen erster Art. Dabei existieren zwei Möglichkeiten:

(i) der reale Rand Γ^+ und der fiktive Rand Γ bleiben getrennt mit einem endlichen Abstand d (siehe Bild 3.8),

(ii) der reale Rand Γ^+ und der ihn umschließende Rand Γ fallen nach einem Grenzübergang ($\lim d \to 0$) zusammen.

Die erste der beiden Möglichkeiten bietet zwei offensichtliche Vorteile gegenüber der Zweiten. Bei ihr fällt keiner der Aufpunkte $\bar{\mathbf{x}}$ mit einem der Quellpunkte ξ zusammen, so daß die bei der zweiten Möglichkeit schwach singulären Kerne der Integralgleichung (3.3.-2) regulär bleiben; damit wird die numerische Integration der Gleichung erleichtert. Außerdem bereiten bei diesem Vorgehen Ecken und Kanten der realen Berandung Γ^+ keine Probleme.

Genauso offensichtlich beeinflußt jedoch die Wahl von Γ in hohem Maße die numerischen Eigenschaften der Gleichung [47], so daß die Bestimmung einer 'optimalen' Entfernung [34] zwischen den beiden Rändern ein zusätzliches, nicht zu vernachlässigendes Problem wird .

Es ist auch möglich, anstelle der Belegung mit Randkräften $F_k(s)ds$ stärkere Rumpf-Singularitäten zu verwenden. Für das gleiche geometrische Randwertproblem lassen sich mit Randversetzungen $D_k(s)ds$ indirekte Integralgleichungen zweiter Art formulieren:

$$(3.3.-3) \quad [uD]_{i.k}(\bar{x})D_k(\bar{x}) + \oint_\Gamma (uD)_{i.k}(\bar{x},\xi(s))D_k(s)ds = \bar{u}_i(\bar{x}), \quad \bar{x}\in\Gamma^+.$$

Die Vorfaktoren $[uD]_{i.k}$ sind für $\Gamma^+ \to \Gamma$ von der Geometrie des Randes abhängig und entsprechend der Beschreibung zu (3.2.-5) berechenbar. Auf glatten Rändern ergibt sich $[uD]_{i.k} = -0.5\delta_{ik}$. Bleiben Γ^+ und Γ getrennt, bleibt auch bei diesen 'stärkeren' Singularitäten der Kern der Gleichung (3.3.-3) regulär. Damit ist $[uD]_{i.k}(\bar{x}) = 0$ und die Integralgleichung von erster Art.

Ist ein Randwertproblem zweiter Art zu lösen, d.h. sind auf dem ganzen Rand Γ^+ die Randkräfte $\bar{T}_i(\bar{x})$ vorgeschrieben, sind Belegungen mit Kräften $F_k(s)ds$ in allen Punkten s des fiktiven Randes Γ so zu bestimmen, daß auf Γ^+ die gegebenen Randwerte angenommen werden. Über die Einflußfunktionen $(TF)_{i.k}(x,\xi(s))$ ($\hat{=}\ \overset{*}{T}{}_i^{(k)}(x,\xi)$ in (3.1.-6/8)) ergibt dies folgende Integralgleichungen zweiter Art für $\Gamma \to \Gamma^+$:

$$(3.3.-4) \quad [TF]_{i.k}(\bar{x})F_k(\bar{x}) + \oint_\Gamma (TF)_{i.k}(\bar{x},\xi(s))F_k(s)ds = \bar{T}_i(\bar{x}), \quad \bar{x}\in\Gamma^+.$$

Die Vorfaktoren $[TF]_{i.k}(\bar{x})$ sind hierbei die gleichen wie die in den direkten Randintegralgleichungen (siehe Abschnitt 3.2.1) auftretenden, wenn der reale Rand Γ^+ und der fiktive Rand Γ ineinander übergehen (Möglichkeit (i)).

Hat das Randwertproblem gemischte Randbedingungen (Randwertproblem dritter Art), sind die zu den aktuell vorgeschriebenen geometrischen und statischen Bedingungen passenden Gleichungen zu kombinieren.

Ist z.B. ein zwei-dimensionales Problem mit tangential verschieblichen Rändern zu lösen, wobei Verformungen und Spannungen auf Grund erzwungener Normalverschiebungen auftreten, d.h. es sind die Randgrößen

$$u_i(\bar{x})n_i(\bar{x}) = \bar{u}_n(\bar{x}) \quad \text{und} \quad T_i(\bar{x})s_i(\bar{x}) = 0 \quad \text{für } \bar{x} \in \Gamma^+$$

gegeben, so können folgende beiden Integralgleichungen zweiter Art benutzt werden:

$$(3.3.\text{-}5a)\quad n_i(\bar{x})[uD]_{i.k}(\bar{x})D_k(\bar{x}) + \oint_\Gamma n_i(\bar{x})(uD)_{i.k}(\bar{x},s)D_k(s)d\Gamma_s = \bar{u}_n(\bar{x}) ,$$

$$(3.3.\text{-}5b)\quad s_i(\bar{x})[TF]_{i.k}(\bar{x})F_k(\bar{x}) + \oint_\Gamma s_i(\bar{x})(TF)_{i.k}(\bar{x},s)F_k(s)d\Gamma_s = 0 .$$

Anmerkung:

Über die eindeutige Lösbarkeit sei hier nur erwähnt, daß bei manchen Randwertproblemen bzw. deren Integralgleichungsformulierungen zusätzliche Nebenbedingungen notwendig sind.
Im Übrigen ist auf spezielle Veröffentlichungen zu verweisen, die diese Frage detailliert untersuchen [z.B. 48, 53, 72].

3.3.2 INDIREKTE INTEGRALGLEICHUNGEN BEI KOMPRESSIBLEN FLUIDEN

Da, wie bereits mehrfach erwähnt, alle Beziehungen und Gleichungen für kompressible, nicht viskose Flüssigkeiten (akustische Medien) sich formal mit $c = c_1=c_2$ aus denen für elastische Medien ergeben, lassen sich alle Darlegungen des vorstehenden Abschnitts sofort übertragen.

Je nach Art der Randwerte und je nach Wahl der Einflußfunktionen zu verschiedenen Singularitäten können - gegebenenfalls nach Abspaltung eines Summationsproblems (siehe Anmerkung im Abschnitt 3.3.1) - verschiedene reguläre oder singuläre Integralgleichungen formuliert werden.

Anmerkung:
Zur Vereinheitlichung der Formulierungen werden für entsprechende Singularitäten bei kompressiblen Flüssigkeiten die gleichen Bezeichnungen - skalar anstatt vektoriell - wie bei elastischen Medien benutzt.

Ist ein Randwertproblem erster Art zu lösen, d.h. ist auf dem ganzen Rand Γ^+ (siehe Bild 3.8) der Druck $\bar{p}(s)$ bekannt, gibt eine Belegung mit Quellen $F(s)ds$ in allen Punkten s des fiktiven Randes Γ über die Einflußfunktionen (3.1.-12/14) die Druckverteilung $p(\mathbf{x})$ bzw. die Druckänderung $q(\mathbf{x})$ in Richtung des Einheitsvektors $\mathbf{n}(\mathbf{x})$

(3.3.-6) $$p(\mathbf{x}) = \oint_{\Gamma} (pF)(\mathbf{x},\xi(s))\, F(s)ds$$

(3.3.-7) $$q(\mathbf{x}) = \oint_{\Gamma} (qF)(\mathbf{x},\xi(s))\, F(s)ds$$

in jedem beliebigen Punkt **x**. Zuvor jedoch ist mit der Integralgleichung

(3.3.-8) $$\oint_{\Gamma} (pF)(\bar{\mathbf{x}},\xi(s))\, F(s)ds = \bar{p}(\bar{\mathbf{x}}) \quad \text{für } \bar{\mathbf{x}} \varepsilon \Gamma^+$$

die Intensität F(s) dieser Quellbelegung zu ermitteln. Der Kern dieser Integralgleichung ist für $\bar{\mathbf{x}} = \xi(s)$ nur schwach singulär, so daß die Gleichung auch für zusammenfallende Berandungen $\Gamma \rightarrow \Gamma^+$ ohne integralfreien Term bleibt, also von erster Art ist.

Verwendet man statt dessen Belegungen mit Quellwirbeln m(s)ds (oder, hier gleichbedeutend, mit Drucksprüngen D(s)ds) bzw. die zugehörigen Rumpfzustände, kann man für das gleiche Problem eine Integralgleichung zweiter Art, für $\bar{\mathbf{x}} \varepsilon \Gamma^+ \rightarrow \Gamma$ also

(3.3.-9) $$[pm]_{.k}(\bar{\mathbf{x}})n_k(\bar{\mathbf{x}})m(\bar{\mathbf{x}}) + \oint_{\Gamma} (pm)_{.k}(\bar{\mathbf{x}},\xi(s))\, n_k(s)m(s)ds = \bar{p}(\bar{\mathbf{x}})$$

formulieren. Wie man leicht feststellen kann, ist

(3.3.-10) $$(pm)_{.k}(\bar{\mathbf{x}},\xi)\, n_k(\bar{\mathbf{x}}) = -\,(qF)(\bar{\mathbf{x}},\xi) \quad ,$$

so daß sich das integralfreie Glied entsprechend (3.2.-12) bzw. (3.2.-13) zu

(3.3.-11) $$[pm]_{.k}(\bar{\mathbf{x}})\, n_k(\bar{\mathbf{x}}) = -\frac{1}{2\pi}(\varphi_2(\bar{\mathbf{x}}) - \varphi_1(\bar{\mathbf{x}})) \quad \text{in 2-D}$$
$$= -\frac{1}{4\pi}(\varphi_2(\bar{\mathbf{x}})-\varphi_1(\bar{\mathbf{x}}))[1+\cos\theta_1(\bar{\mathbf{x}})] \quad \text{in 3-D}$$

ergibt.

Ein Randwertproblem zweiter Art, bei dem auf Γ^+ der Druckfluß $\bar{q}(\bar{\mathbf{x}})$ vorgeschrieben ist, kann mit einer Quellenbelegung F(s)ds auf Γ durch die Integralgleichung

$$(3.3.-12) \qquad [qF](\bar{x})F(\bar{x}) + \oint_{\Gamma}(qF)(\bar{x},\xi(s))F(s)ds \overset{!}{=} \bar{q}(\bar{x}) \;, \quad \bar{x}\varepsilon\Gamma^{+}$$

beschrieben und gelöst werden. Entsprechend der Feststellung (3.3.-10/11) ist das integralfreie Glied $[qF](\bar{x})$ identisch mit (3.2.-12) bzw. (3.2.-13), falls der fiktive Rand Γ und der reale Rand Γ^{+} zusammenfallen. Die Integralgleichung (3.3.-12) ist dann singulär und von zweiter Art.

Nach Ermittlung der Quellenbelegung $F(s)ds$ auf Γ kann der Druckfluß $q(\mathbf{x})$, nicht jedoch mit (3.3.-6) auch die Druckverteilung $p(\mathbf{x})$ in Innenpunkten berechnet werden. Dazu ist es notwendig, bei der Lösung der Gleichung (3.3.-12) geeignete Nebenbedingungen zu beachten.

Es ist auch möglich, das Problem mit Quellenbelegungen $F(s)ds$ und einer regulären Integralgleichung zu lösen, wenn anstelle der auf Γ^{+} gegebenen Randwerte $\bar{q}(\bar{x}) = \bar{q}(\mathbf{x}(\bar{s}))$ deren Integrale $\bar{Q}(\bar{x})$ benutzt werden; im 2-Dimensionalen ist z.B.

$$(3.3.-13) \qquad \oint_{\Gamma}(QF)(\bar{x},\xi(s))\,F(s)ds \overset{!}{=} \bar{Q}(\bar{x}) = \int\bar{q}(\mathbf{x}(\bar{s}))d\bar{s} \;, \quad \bar{x}\varepsilon\Gamma^{+}$$

eine alternativ zu (3.3.-12) mögliche Integralgleichung, deren Kern $(QF)(\bar{x},\xi(s))$ wegen $\partial(QF)/\partial\bar{s} = (qF) = \partial(pF)/\partial\bar{n}$ wie (pF) regulär, jedoch für $\bar{x} = \xi$ unstetig ist.

3.4. RANDELEMENT GLEICHUNGEN

Es ist i.a. nicht möglich, Integralgleichungen exakt zu lösen, d.h. die gesuchten Funktionen - unbekannte Randwerte oder unbekannte Intensitäten von Singularitätenbelegungen - analytisch zu ermitteln. Eine näherungsweise, numerische Bestimmung dieser Funktionen kann auf folgendem Weg in vier wesentlichen Schritten durchgeführt werden:

(i) D i s k r e t i s i e r u n g, d.h. Aufteilung des Randes Γ in Elemente Γ_e (Randelemente)

(ii) A p p r o x i m a t i o n der bekannten und der unbekannten Randfunktionen in den Elementen, i.a. durch Polynome

(iii) K o l l o k a t i o n, d.h. punktweise Auswertung der Integralgleichungen

(iiii) E l i m i n a t i o n, d.h. Auflösen der algebraischen Gleichungen nach den unbekannten Randwerten

Anmerkung:
Anstelle der Kollokation kann auch das schneller konvergierende, aber aufwendigere Galerkin-Verfahren (siehe z.B. [53]) oder eine Kombination von Kollokation und Galerkin, "Qualokation" [74, 75], verwandt werden.

Die ersten drei Schritte der Näherungsberechnung sind eng miteinander verknüpft. In den endlich vielen, meist gleich großen, zumindest gleichartigen Randelementen Γ_e sind elementweise Ansatzfunktionen, i.a. Polynome vom Grad p zu wählen, die je nach Grad der Ansätze durch eine bestimmte Anzahl von Stützstellen (Knotenpunkten) festgelegt werden. Dabei wird häufig auch der Rand Γ entsprechend der Approximation der Randfunktionen zwischen den Elementgrenzen durch Interpolation angenähert (siehe Bild 3.9), z.B. bei elementweise konstanten oder linearen (bilinearen) Ansätzen (Bild 3.10) durch Geradenstücke (ebene Elemente in 3-D).

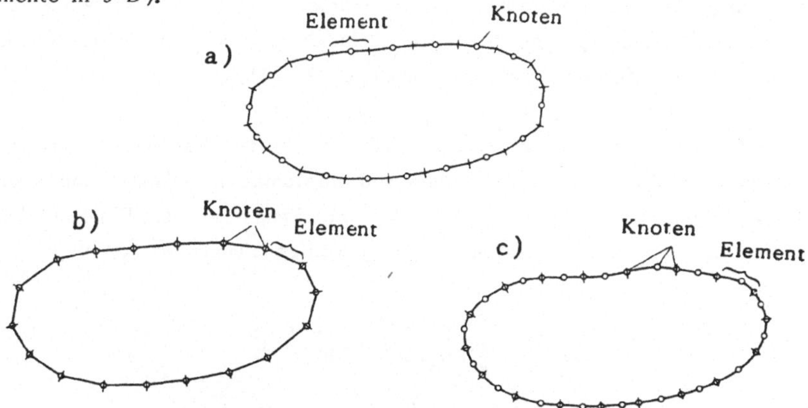

Bild 3.9: 2-D Randelemente und Knotenpunkte bei a) konstanten, b) linearen und c) quadratischen Ansätzen [22]

Gleich der Anzahl der verschiedenen Stützstellen dieser Ansatzfunktionen ist die Zahl der Kollokationspunkte zu wählen, dabei werden i.a. (nicht notwendigerweise [57]) die Kollokationspunkte in die Knotenpunkte gelegt. Die Ansatzfunktionen müssen in den Kollokationspunkten mindestens so glatt sein, daß die Integrale der Randintegralgleichungen noch existieren.

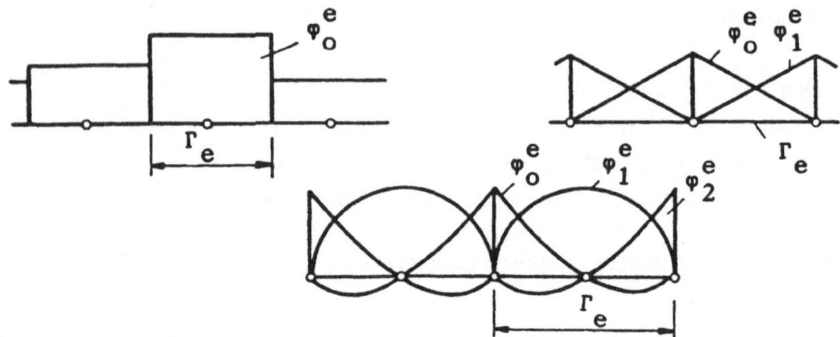

Bild 3.10: 2-D Element-Ansätze aus Polynomen verschiedener Ordnung [43]

Die folgenden detailierteren Erläuterungen der angegebenen vier wesentlichen Schritte - von den analytisch exakt formulierten Integralgleichungen zur finiten Näherungslösung aus einem algebraischen Gleichungssystem - werden wegen der Vereinfachungen in allen Darstellungen an zweidimensionalen Problemstellungen gegeben. Bezüglich der entsprechenden finiten Behandlung dreidimensionaler Probleme sei auf die diesbezügliche Literatur verwiesen ([19, 22]).

Nach der Diskretisierung, d.h. der näherungsweisen diskreten Erfassung der Systemgeometrie durch Elementeinteilung und Interpolation zwischen den Knotenpunkten $\mathbf{x}^i$ (siehe Bild 3.9) erfolgt die Approximation der Randfunktionen. Dabei muß in den Knotenpunkten $\mathbf{x}^i$ der jeweilige Funktionswert angenommen werden, z.B.

(3.4.-1) $$u_k(\mathbf{x}^i) = \sum_e \sum_{\nu=o}^{p} \varphi_\nu^e(\mathbf{x}^i)\, u_k^{e\nu} \stackrel{!}{=} u_k^i \, .$$

Daraus folgt für die Ansatzfunktionen $\varphi_\nu^e(\mathbf{x})$ in den Elementen Γ_e die notwendige Bedingung

(3.4.-2) $$\varphi_\nu^e(\mathbf{x}^i) = \delta_e^i \quad \text{für jedes } \nu,$$

d.h. diese Funktionen haben nur im Knoten $\mathbf{x}^i$ den Wert Eins, in allen anderen Knoten den Wert Null (Bild 3.10).

Anstelle der Verwendung globaler Variablen - für die Randknoten $\mathbf{x}^i$ bzw. s_i und damit für die Ansatzfunktionen $\varphi_\nu^e(\mathbf{x})$ bzw. $\varphi_\nu^e(s)$ - ist es sinnvoll, einheitlich in allen Randelementen die normierte lokale Koordinate η einzuführen (Bild 3.11).

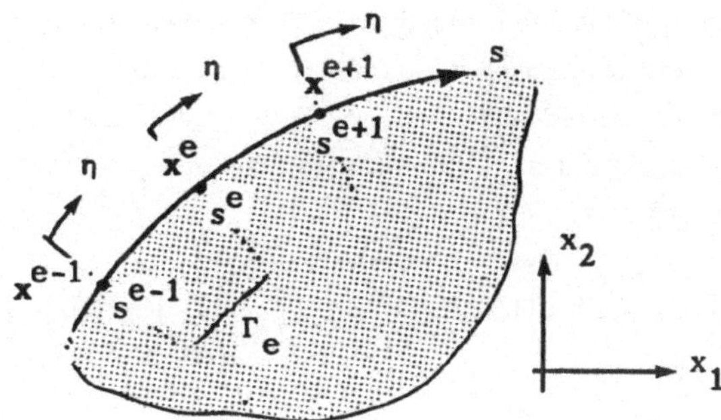

Bild 3.11: Globale und lokale Rand-Koordinaten (2-D) bei linearen Ansätzen

(3.4.-3) $0 \leq \eta := \frac{s - s^{e-1}}{\Delta s^e} \leq 1$ für $s^{e-1} \leq s \leq s^e$, $\Delta s^e := s^e - s^{e-1}$.

Damit können für jedes Element $\Gamma_e = [s^{e-1}, s^e]$ gültige Ansatzfunktionen definiert werden (Bild 3.10):

(3.4.-4) k o n s t a n t e r Ansatz: $\varphi_o^e = 1$

(3.4.-5) l i n e a r e Ansätze: $\varphi_o^e = 1 - \eta$; $\varphi_1^e = \eta$

(3.4.-6) q u a d r a t i s c h e Ansätze: $\varphi_o^e = (1-\eta)(1-2\eta)$

$\varphi_1^e = 4\eta(1-\eta)$

$\varphi_2^e = 2\eta(\eta - 0.5)$

Zur Erläuterung der nächsten Schritte werden unter Berücksichtigung der bisherigen beiden Näherungsschritte "Diskretisierung" und "Wahl der Ansätze" je eine Integralgleichung aus der Elasto-Dynamik und eine aus der Fluid-Dynamik behandelt.

3.4.1 IN DER ELASTO-DYNAMIK

Zur Beschreibung eines gemischten Randwertproblems werden meist, am einfachsten über die Reziprozitätsbeziehungen von Betti hergeleitet, die 'direkten' Integralgleichungen (3.2.-4) verwendet.

Nach Diskretisierung des Randes Γ durch Aufteilung in N_e Randelemente Γ_e gilt (ohne Volumenkräfte, $b_i \equiv 0$):

$$(3.4.-7) \quad d_i^k(\xi)u_i(\xi) + \sum_{e=1}^{N_e} \int_{\Gamma_e} \overset{*}{T}{}_i^{(k)}(\mathbf{x},\xi)u_i(\mathbf{x})d\Gamma_{\mathbf{x}} = \sum_{e=1}^{N_e} \int_{\Gamma_e} \overset{*}{u}{}_i^{(k)}(\mathbf{x},\xi)T_i(\mathbf{x})d\Gamma_{\mathbf{x}}.$$

Die einfachsten Ansätze, die für $u_i(\mathbf{x})$ und $T_i(\mathbf{x})$ möglich sind, **konstante** Ansätze in den Elementen Γ_e, ergeben ($d\Gamma_{\mathbf{x}} = \Delta s_e d\eta$; Δs_e: Länge des Randelements Γ_e)

$$(3.4.-8) \quad d_i^k(\xi)u_i(\xi) + \sum_{e=1}^{N_e} \Delta s^e \Big(\int_0^1 \overset{*}{T}{}_i^{(k)}(\mathbf{x}^e(\eta),\xi)d\eta\Big)u_i^e = \sum_{e=1}^{N_e} \Delta s^e \Big(\int_0^1 \overset{*}{u}{}_i^{(k)}(\mathbf{x}^e(\eta),\xi)d\eta\Big)T_i^e .$$

Dabei liegen die Stützwerte der Rand-Verschiebungen bzw. Kräfte, u_i^e bzw. T_i^e, in der Mitte der Elemente (Bild 3.9), also bei $\eta = 0.5$, und $\mathbf{x}^e(\eta)$ bezeichnet die im e-ten Element liegenden Integrationspunkte.

Zur Bestimmung der $2N_e$ Unbekannten sind ebenso viele Gleichungen notwendig. **Kollokation**, d.h. Auswertung der beiden Gleichungen (3.4.-8) in N_e verschiedenen Punkten ξ, also für $\xi = \mathbf{x}^j$, $j=1(1)N_e$, ist die einfachste Möglichkeit, diese zu erstellen:

$$(3.4.-9) \quad d_i^k(\mathbf{x}^j)\, u_i^j + \sum_{e=1}^{N_e} {}^k T_i^{ej}\, u_i^e = \sum_{e=1}^{N_e} {}^k U_i^{ej}\, T_i^e \; ; \quad k=1,2,...$$

mit

$$(3.4.-10) \quad \mathbf{T}_i^k \mathrel{\hat{=}} [{}^k T_i^{ej}] = [\Delta s_e \int_0^1 \overset{*}{T}{}_i^{(k)}(\mathbf{x}^e(\eta),\mathbf{x}^j)d\eta] \quad \text{und} \quad \mathbf{u}_i \mathrel{\hat{=}} [u_i^e],$$

$$(3.4.-11) \quad \mathbf{U}_i^k \mathrel{\hat{=}} [{}^k U_i^{ej}] = [\Delta s_e \int_0^1 \overset{*}{U}{}_i^{(k)}(\mathbf{x}^e(\eta),\mathbf{x}^j)d\eta] \quad \text{und} \quad \mathbf{t}_i \mathrel{\hat{=}} [T_i^e].$$

Im Allgemeinen werden diese Kollokationspunkte $\xi = \mathbf{x}^j$ in die Knotenpunkte gelegt. Damit werden bei konstanten Ansätzen sicher Eckpunkte vermieden; es ist also $d_i^k(\mathbf{x}^j) = \frac{1}{2}\delta_i^k$ für $\mathbf{x} = \mathbf{x}^j$.

Das nach Berechnung der Integrale (3.4.-10/11) - meist mit Gauss-Quadratur

Formeln, singuläre Integrale häufig auch analytisch - sich ergebende System von algebraischen Gleichungen

$$(3.4.-12)\qquad \begin{bmatrix} \frac{1}{2}I + T_1^1 & T_2^1 \\ T_1^2 & \frac{1}{2}I + T_2^2 \end{bmatrix} \cdot \begin{bmatrix} u_1 \\ u_2 \end{bmatrix} = \begin{bmatrix} U_1^1 & U_2^1 \\ U_1^2 & U_2^2 \end{bmatrix} \cdot \begin{bmatrix} t_1 \\ t_2 \end{bmatrix}$$

ist nun so umzusortieren, daß gegebene und unbekannte Randwerte getrennt, auf der rechten bzw. linken Seite der Gleichung stehen. Ist z.B. auf dem ganzen Rand Γ die Verschiebungskomponente $u_2 = \bar{u}_2$ und die Kraftkomponente $t_1 = \bar{t}_1$ gegeben, lautet das zu lösende System

$$(3.4.-13)\qquad \begin{bmatrix} \frac{1}{2}I + T_1^1 & U_2^1 \\ T_1^2 & U_2^2 \end{bmatrix} \cdot \begin{bmatrix} u_1 \\ t_2 \end{bmatrix} = \begin{bmatrix} U_1^1 & T_2^1 \\ U_1^2 & \frac{1}{2}I + T_2^2 \end{bmatrix} \cdot \begin{bmatrix} \bar{t}_1 \\ \bar{u}_2 \end{bmatrix} .$$

Da meist der Rand nicht nur parallel zu den Koordinatenachsen verläuft, ist es i.a. notwendig, die für beliebigen Randverlauf geltende Darstellung in Normal- und Tangentialkomponenten zu benutzen.

Unter Berücksichtigung des Zusammenhangs zwischen kartesischen und natürlichen Vektorkomponenten, hier

$$(3.4.-14)\qquad \begin{aligned} u_i(\mathbf{x}) &= u_n(\mathbf{x})\, n_i(\mathbf{x}) + u_s(\mathbf{x})\, s_i(\mathbf{x}) \\ T_i(\mathbf{x}) &= T_n(\mathbf{x})\, n_i(\mathbf{x}) + T_s(\mathbf{x})\, s_i(\mathbf{x}) \end{aligned}$$

und nach Multiplikation der Gleichungen (3.4.-7) mit $n_k(\mathbf{x}^j)$ bzw. $s_k(\mathbf{x}^j)$ ergibt die gleiche Approximation wie vorher nun

$$(3.4.-15)\qquad \begin{bmatrix} \frac{1}{2}I + T_n^n & T_s^n \\ T_n^s & \frac{1}{2}I + T_s^s \end{bmatrix} \cdot \begin{bmatrix} u_n \\ u_s \end{bmatrix} = \begin{bmatrix} U_n^n & U_s^n \\ U_n^s & U_s^s \end{bmatrix} \cdot \begin{bmatrix} t_n \\ t_s \end{bmatrix} .$$

Anstelle von (3.4.-10) sind hierfür jedoch die Integrale

$$(3.4.-16a)\qquad T_n^n \hat{=} [n_k(\mathbf{x}^j)\, \Delta s^e \int_0^1 \overset{*}{T}{}_i^{(k)}(\mathbf{x}^e(\eta), \mathbf{x}^j) n_i(\mathbf{x}^e(\eta)) d\eta]$$

$$(3.4.-16b)\qquad T_n^s \hat{=} [s_k(\mathbf{x}^j)\, \Delta s^e \int_0^1 \overset{*}{T}{}_i^{(k)}(\mathbf{x}^e(\eta), \mathbf{x}^j) n_i(\mathbf{x}^e(\eta)) d\eta]$$

(3.4.-16c) $$T_s^n = [n_k(x^j)\ \Delta s^e \int_0^1 \overset{*}{T}{}_i^{(k)}(x^e(\eta),x^j)s_i(x^e(\eta))d\eta]$$

(3.4.-16d) $$T_s^s = [s_k(x^j)\ \Delta s^e \int_0^1 \overset{*}{T}{}_i^{(k)}(x^e(\eta),x^j)s_i(x^e(\eta))d\eta]$$

zu berechnen. Entsprechend sind die Integrale für U_n^n, U_n^s, U_s^n und U_s^s abzuändern.

Die Veränderungen, die sich bei Verwendung höherer Ansätze ergeben, werden für das Beispiel linearer Ansätze an der skalaren Integralgleichung des folgenden Abschnitts diskutiert.

3.4.2 IN DER FLUID-DYNAMIK

Die numerische Behandlung eines gemischten Randwertproblems mit 'indirekten' Integralgleichungen ist nicht prinzipiell von der mit 'direkten' Integralgleichung verschieden, jedoch bestehen einige formale Abweichungen. Zu deren Erläuterung wird hier ein 'Staubecken' (Bild 3.5) untersucht und durch die mit Quellenbelegungen F(s)ds arbeitenden Randintegralgleichungen (3.3.-8) und (3.3.-12) beschrieben. Nach der Randelementeinteilung lauten diese beiden Gleichungen

(3.4.-17) $$\sum_{e=1}^{N_e} \Delta s^e \int_0^1 (pF)(x,\xi^e(\eta)\ F^e(\eta)\ d\eta = \bar{p}(x) \quad \text{für } x \in \Gamma_1^+ ,$$

(3.4.-18) $$[qF](x)F(x) + \sum_{e=1}^{N_e} \Delta s^e \int_0^1 (qF)(x,\xi^e(\eta))F^e(\eta)d\eta = \bar{q}(x) \quad \text{für } x \in \Gamma_2^+.$$

Auch hier sind konstante Ansätze in den Randelementen Γ_e für die unbekannte Quellenbelegung $F^e(\eta)$ möglich. Es sollen jedoch die i.a. genaueren, da stetigen, l i n e a r e n Ansatzfunktionen (3.4.-5) benützt werden. Mit

(3.4.-19) $$F^e(\eta) = F^{e-1}\varphi_o^e(\eta) + F^e\varphi_1^e(\eta) = F^{e-1}(1-\eta) + F^e\eta$$

ergibt sich nach Zusammenfassung der zu einem Knotenpunktswert F^e gehörenden beiden Anteile und nach Anwendung der Kollokation in N_e+1 Punkten $x = \xi_o^j = \xi^j(0)$, j=1(1) N_e+1 das folgende System von algebraischen Gleichungen

$$(3.4.-20)\quad \sum_{e=1}^{N_e} \int_0^1 [\Delta s^e(pF)(\xi_o^j,\xi^e(\eta))\eta + \Delta s^{e+1}(pF)(\xi_o^j,\xi^{e+1}(\eta))(1-\eta)]d\eta\ F^e = \bar{p}(\xi_o^j) \quad \text{für } j:\ \xi_o^j \in \Gamma_1^+,$$

$$(3.1.-21)\quad \sum_{e=1}^{N_e} \{\tfrac{1}{2}\delta^{je} + \int_0^1 [\Delta s^e(qF)(\xi_o^j,\xi^e(\eta))\eta + \Delta s^{e+1}(qF)(\xi_o^j,\xi^{e+1}(\eta))(1-\eta)]d\eta\}F^e = \bar{q}(\xi_o^j) \quad \text{für } j:\ \xi_o^j \in \Gamma_2^+,$$

oder abgekürzt

$$(3.4.-22)\quad \begin{aligned} P^{je}\ F^e &= \bar{p}^j && \text{für } j:\ \xi_o^j \in \Gamma_1^+, \\ (\tfrac{1}{2}\delta^{je} + Q^{je})\ F^e &= \bar{q}^j && \text{für } j:\ \xi_o^j \in \Gamma_2^+. \end{aligned}$$

Der Vorfaktor 0.5 ist, falls $\xi^j(0)$ ein Eckpunkt ist, durch die vom Inneneckwinkel $\Delta\varphi$ abhängigen Größe $\Delta\varphi/2\pi$ zu ersetzen.
Außerdem ist anzumerken, daß

- bei einer geschlossenen Kontur das (N_e+1)te Element wieder das erste Element darstellt,
- bei offenen Konturen für e=1 der erste, für $e=N_e$ der zweite Summand im Kern der Integralgleichungen entfällt,
- an der Grenze zwischen Γ_1^+ und Γ_2^+ nur eine der beiden Gleichungen, i.a. die erste, auszuwerten ist, obwohl beide Randwerte bekannt sind.

Die Lösung dieser Systeme von algebraischen Gleichungen (3.4.-15) oder (3.4.-22) wird meist mittels des Gauß'schen E l i m i n a t i o n s-Verfahrens durchgeführt. Da die Matrizen unsymmetrisch sind, können für Finite Element Verfahren, bzw. für die dort auftretenden symmetrischen Matrizen entwickelten Gleichungslöser nicht angewendet werden. Glücklicherweise sind die Systeme i.a. so klein, daß es nicht notwendig ist, iterative Verfahren zu benützen. Es ist jedoch für spezielle Probleme schon sehr erfolgreich das Multigrid-Verfahren [5] eingesetzt worden.

4. ZEITABHÄNGIGE RANDINTEGRALGLEICHUNGEN

Bisher wurden von der Zeit unabhängige bzw. durch Abspalten bekannter Zeitabhängigkeit oder durch Laplace- bzw. Fourier-Transformationen unabhängig gemachte Systeme untersucht. Bei vielen wichtigen Problemen jedoch ist gerade die zeitliche Veränderung der Zustandsvariablen die interessante Größe. Da dies insbesondere der Fall ist, wenn unendliche Problemgebiete zu erfassen sind - bei der Ausbreitung von Erschütterungen im Boden, oder bei der von Druckwellen im Wasser oder der Luft - ist sicher die Beschreibung der Probleme durch zeitabhängige Randintegralgleichung sehr vorteilhaft. Häufig haben unendliche Gebiete nur einen endlichen Rand oder es muß nur ein endlicher Teil des Randes berücksichtigt werden. Vor allem jedoch wird dabei die Energieabstrahlung ins 'Unendliche' richtig wiedergegeben.

Die Voraussetzungen, die erfüllt sein müssen, damit eine Formulierung als Randintegralgleichung möglich ist, sind im Wesentlichen die gleichen wie bei zeitunabhängigen Problemen (siehe Kap. 3, (a)(b)). Zusätzlich ist aber darauf zu achten, daß die Kausalität der Lösung nicht verletzt ist. Das bedeutet, daß keine Reaktion an einer Stelle auftreten darf, wenn die Ausbreitungsgeschwindigkeit zu klein oder die Zeitdifferenz zwischen Anregung und Beobachtung zu kurz zum Zurücklegen der Entfernung zwischen dem Ort der Anregung und dem der Beobachtung ist. Dabei darf die Ausbreitung der Reaktionen nur innerhalb des Problemgebiets erfolgen.

4.1 FUNDAMENTALLÖSUNGEN UND EINFLUSSFUNKTIONEN

Bei zeitabhängigen Problemen haben Fundamentallösungen, z.B. die der elastodynamische Bewegungsgleichung $L(\mathbf{u}(\mathbf{x},t)) - \ddot{\mathbf{u}} = -\mathbf{b}/\rho$ folgende vier wesentlichen Eigenschaften:

(i) Singularität:

$$L(\overset{*}{\mathbf{u}}{}^{(k)}(\mathbf{x},t)) - \ddot{\overset{*}{\mathbf{u}}}{}^{(k)} = -\delta(\mathbf{x}-\boldsymbol{\xi})\delta(t-\tau)\, \mathbf{e}^{(k)}(\boldsymbol{\xi})/\rho \;,$$

d.h. sie erfüllen in allen Aufpunkten $\mathbf{x}$ zu allen Beobachtungszeiten t außer im singulären Quellpunkt $\boldsymbol{\xi}$, in dem zum Zeitpunkt τ ein Einheitsimpuls angreift, die homogene Form dieser Gleichung

(ii) Reziprozität:

$$\overset{*}{\mathbf{u}}{}^{(k)}(\mathbf{x},t;\boldsymbol{\xi},\tau) = \overset{*}{\mathbf{u}}{}^{(k)}(\boldsymbol{\xi},-\tau;\mathbf{x},-t) \;,$$

d.h. Quell- und Aufpunkt sowie Impuls- und Beobachtungszeitpunkt sind vertauschbar.

(iii) T r a n s l a t i o n:

$$\overset{*}{\mathbf{u}}^{(k)}(\mathbf{x}+\mathbf{x}_0,t;\boldsymbol{\xi}+\mathbf{x}_0,\tau) = \overset{*}{\mathbf{u}}^{(k)}(\boldsymbol{\xi},t;\mathbf{x},\tau)$$
$$= \overset{*}{\mathbf{u}}^{(k)}(\boldsymbol{\xi},t+t_1;\mathbf{x},\tau+t_1) \ ,$$

d.h. nur die Orts- bzw. Zeitdifferenz zwischen Impuls- und Beobachtungspunkt ist wesentlich

(iiii) K a u s a l i t ä t:

$$\overset{*}{\mathbf{u}}^{(k)}(\mathbf{x},t;\boldsymbol{\xi},\tau) = 0 \qquad \text{falls } c_1(t-\tau) < |\mathbf{x}-\boldsymbol{\xi}| = r \ ,$$

d.h. keine Reaktion am Beobachtungspunkt, falls ihn im Zeitraum $t'=t-\tau$ die Druckwelle noch nicht erreicht hat.

Für e l a s t i s c h e Medien ist diese Fundamentallösung [30], die das Verschiebungsfeld an der Stelle $\mathbf{x}$ zum Zeitpunkt t infolge eines Impulses an der Stelle $\boldsymbol{\xi}$ zum Zeitpunkt τ darstellt, wie auch alle daraus ableitbaren Einflußfunktionen, z.B. die singulären Randkräfte $\overset{*}{T}{}_i^{(k)}(\mathbf{x},\boldsymbol{\xi};t,\tau) = (TF)_{i.k}(\mathbf{x},\boldsymbol{\xi};t,\tau)$, bekannt.

Bei d r e i d i m e n s i o n a l e n Problemen [19, 22] ist $(t' = t-\tau)$

(4.1.-1) $$\overset{*}{u}{}_i^{(k)}(\mathbf{x},\boldsymbol{\xi};t') = (uF)_{i.k}(\mathbf{x},\boldsymbol{\xi};t') =$$

$$= \frac{1}{4\pi\rho r}\Big\{ \frac{t'}{r^2}\Big[H(t'-\frac{r}{c_1}) - H(t'-\frac{r}{c_2})\Big](3r_{,i}r_{,k} - \delta_{ik})$$
$$+ \delta(t'-\frac{r}{c_1})\frac{r_{,i}r_{,k}}{c_1^2} - \delta(t'-\frac{r}{c_2})\Big(\frac{r_{,i}r_{,k}}{c_2^2} - \frac{\delta_{ik}}{c_2^2}\Big)\Big\}$$

(4.1.-2) $$\overset{*}{T}{}_i^{(k)}(\mathbf{x},\boldsymbol{\xi};t') = (TF)_{i.k}(\mathbf{x},\boldsymbol{\xi};t')$$

$$= \frac{1}{4\pi r^4}\Big\{ 6t'\, b^{o}_{ik}(r)\Big[H(t'-\frac{r}{c_1}) - H(t'-\frac{r}{c_2}) \Big]$$
$$+ \Big[b^2_{ik}(r) - \frac{c_1 t'}{r}\, b^1_{ik}(r)\Big] \Big(\frac{r}{c_1}\Big)^2\delta(t'-\frac{r}{c_1})$$
$$- \Big[b^2_{ik}(r) - \frac{c_2 t'}{r}\, b^1_{ik}(r)\Big] \Big(\frac{r}{c_2}\Big)^2\delta(t'-\frac{r}{c_2})$$

$$+ a^1_{ik}(r)\left(\frac{r}{c_1}\right)^3 \frac{\partial\delta(t'-r/c_1)}{\partial\tau}$$

$$- a^2_{ik}(r)\left(\frac{r}{c_2}\right)^3 \frac{\partial\delta(t'-r/c_2)}{\partial\tau}$$

$$- [a^1_{ik}(r) - a^2_{ik}(r)]\left(\frac{r}{c_2}\right)^2 \delta(t'-r/c_2) \}$$

mit

$$b^o_{ik} = c_2^2(n_i r_{,k} + n_k r_{,i} + \delta_{ik} r_{,n} - 5 r_{,i} r_{,k} r_{,n})$$

$$b^1_{ik} = 2(c_1^2 - 2c_2^2) r_{,k} n_i + c_2^2(6 r_{,i} r_{,k} r_{,n} - \delta_{ik} r_{,n} - n_k r_{,i})$$

$$b^2_{ik} = c_1^2\, r_{,k} n_i - c_2^2(6 r_{,i} r_{,k} r_{,n} - \delta_{ik} r_{,n} - n_k r_{,i})$$

$$a^1_{ik} = (c_1^2 - 2c_2^2) r_{,k} n_i + 2c_2^2 r_{,i} r_{,k} r_{,n}$$

$$a^2_{ik} = c_2^2(2 r_{,i} r_{,k} r_{,n} - r_{,k} n_i - \delta_{ik} r_{,n})$$

Anmerkung:

Die Darstellungen in [19, 22] gehen in einander über, wenn berücksichtigt wird, daß folgender Zusammenhang besteht:

$$\int_0^{c_2^{-1}} \lambda\delta(t'-\lambda r)d\lambda - \int_0^{c_1^{-1}} \lambda\delta(t'-\lambda r)d\lambda = \frac{t'}{r^2}[H(t'-r/c_1) - H(t'-r/c_2)] \;.$$

Bei zweidimensionalen Problemen lauten die Einflußfunktionen

$$(4.1.-3) \quad \overset{*}{u}{}^{(k)}_i(\mathbf{x},\boldsymbol{\xi};t') = \frac{1}{2\pi\rho}\{ \frac{H(t'-r/c_2)}{c_2 R_2}\delta_{ik} - \sum_{\alpha=1}^{2}(-1)^\alpha \frac{H(t'-r/c_\alpha)}{c_\alpha R_\alpha r^2}[(2c_\alpha^2 t'^2 - r^2) r_{,i} r_{,k} - R_\alpha^2 \delta_{ik}]\}$$

$$(4.1.-4) \quad \overset{*}{T}{}^{(k)}_i(\mathbf{x},\boldsymbol{\xi};t') = (TF)_{i.k}(\mathbf{x},\boldsymbol{\xi};t')$$

$$= \frac{1}{2\pi r}\{ \sum_{\alpha=1}^{2}(-1)^\alpha[2\frac{H(t'-r/c_\alpha)}{c_\alpha R_\alpha}(a^o_{ik}(r)\frac{r^2-2c_\alpha^2 t'^2}{r^2} - \left(\frac{r}{R_\alpha}\right)^2 c_2^2 r_{,i} r_{,k} r_{,n})$$

$$+\frac{\delta(t'-r/c_\alpha)}{r\,R_\alpha}(a^1_{ik}(r)t'^2 + a^2_{ik}(r)(\frac{R_\alpha}{c_\alpha})^2)]$$

$$-\delta(t'-r/c_2)\frac{r}{R_2}(a^1_{ik}(r) - a^2_{ik}(r))/c_2^2 \}$$

mit
$$a^o_{ik}(r) = c_2^2(n_k r_{,i} + n_i r_{,k} + \delta_{ik} r_{,n} - 4 r_{,i} r_{,k} r_{,n}) ,$$
$$R_\alpha = \sqrt{c_\alpha^2 t'^2 - r^2} .$$

Die bei den zeitunabhängigen, stationären Problemen gemachte Feststellung, daß für $c_1 = c_2 = c$ alle Gleichungen und Lösungen für elastische Medien (nach Multiplikation mit einem Faktor) formal in die für kompressible Flüssigkeiten übergehen, gilt auch hier. Damit ergibt sich

für dreidimensionale Probleme [66]

$$(4.1.-5)\quad \overset{*}{p}(\mathbf{x},\xi;t') = \overset{*}{\Phi}(\mathbf{x},\xi;t') = (pF)(\mathbf{x},\xi;t') = \frac{1}{4\pi r}\,\delta(t'-\frac{r}{c})$$

$$(4.1.-6)\quad \overset{*}{q}(\mathbf{x},\xi;t') = \overset{*}{\phi}(\mathbf{x},\xi;t') = (qF)(\mathbf{x},\xi;t') =$$

$$= \frac{r_{,n}}{4\pi r^2}\,[-\delta(t'-\frac{r}{c}) + \frac{r}{c}\frac{\partial}{\partial\tau}\delta(t'-\frac{r}{c})]$$

für zweidimensionale Probleme ($R = \sqrt{c^2 t'^2 - r^2}$)

$$(4.1.-7)\quad \overset{*}{p}(\mathbf{x},\xi;t') = \overset{*}{\Phi}(\mathbf{x},\xi;t') = (pF)(\mathbf{x},\xi;t') = \frac{c}{2\pi}\quad H(t'-\frac{r}{c})\,\frac{1}{R} ,$$

$$(4.1.-8)\quad \overset{*}{q}(\mathbf{x},\xi;t') = \overset{*}{\phi}(\mathbf{x},\xi;t') = (qF)(\mathbf{x},\xi;t') = \frac{r_{,n}}{2\pi R}\,[\,\frac{cr}{R^2}\,H(t'-\frac{r}{c})-\delta(t'-\frac{r}{c})].$$

Weitere Einflußfunktionen, z.B. die eines Impulsdipols oder eines Quellwirbels, sind wie in Abschnitt 3.1 geschildert, herleitbar. Die wesentlichen Eigenschaften zeitabhängiger Fundamentallösungen sind entweder offensichtlich erfüllt - alle Einflußfunktionen hängen nur von Orts- und Zeitdifferenzen, d.h. von r und t' ab, bzw. werden durch die Heaviside-Funktion korrekt 'abgeschnitten' - oder wurden - die Erfüllung der homogenen Grundgleichung in allen Punkten $\mathbf{x} \neq \xi$ für $t \neq \tau$ - bei ihrer Herleitung überprüft.

Anmerkung:

Bei Problemen, bei denen das Gebiet **nicht konvex** ist (Bild 4.1), ist nicht der kürzeste Weg, sondern immer der kürzeste Weg **innerhalb** des Mediums für das 'korrekte' Ankommen einer ersten Reaktion wesentlich, da sonst die **Kausalität** verletzt wird. Numerisch ist die Ermittlung der Wellenausbreitung in solchen Gebieten nicht ohne Probleme (siehe [9, 10]). Es besteht jedoch die Möglichkeit, nicht-konvexe Gebiete in konvexe Teilgebiete zu unterteilen und diese dann entlang der 'künstlichen' Ränder wieder zu koppeln. Dieses Vorgehen ist hier bei allen entsprechenden Problemstellungen gewählt worden.

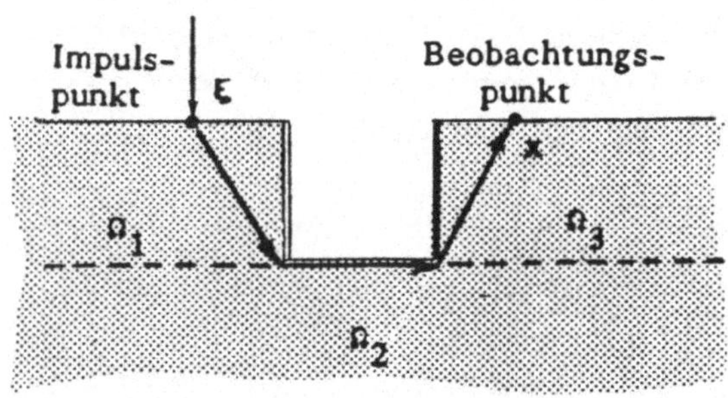

Bild 4.1: Unterteilung eines nicht-konvexen Gebiets in konvexe Teilgebiete
Kürzester zulässiger 'Weg' vom Impuls- zum Beobachtungspunkt

4.2 DIE DIREKTE METHODE

Die Anwendbarkeit der direkten Methode beruht aus mathematischer Sicht, wie erwähnt (Abschnitt 3.2), auf der Aufspaltung des grundlegenden Differentialoperators in ein Produkt formal adjungierten Operatoren. Für die hier behandelten hyperbolischen Differentialgleichungen, die Bewegungsgleichungen

$$[(c_1^2-c_2^2)\, u_{i,ij} + c_2^2\, u_{j,ii}] + [-\ddot{u}_j] = -\frac{1}{\rho}\, b_j \tag{4.2.-1}$$

oder explizit z.B. im 2-Dimensionalen ($\partial_{\alpha\beta} := \partial^2/\partial x_\alpha \partial x_\beta$, $\Delta = \partial_{11}+\partial_{22}$)

$$(4.2.-2)\quad \left(\underbrace{\begin{bmatrix} c_2^2\Delta + (c_1^2-c_2^2)\partial_{11} & (c_1^2-c_2^2)\partial_{12} \\ (c_1^2-c_2^2)\partial_{12} & c_2^2\Delta + (c_1^2-c_2^2)\partial_{22} \end{bmatrix}}_{=:\ \mathbf{A}} + \underbrace{\begin{bmatrix} -\frac{\partial^2}{\partial t^2} & 0 \\ 0 & -\frac{\partial^2}{\partial t^2} \end{bmatrix}}_{=:\ \mathbf{B}} \right) \begin{bmatrix} u_1 \\ u_2 \end{bmatrix} = -\frac{1}{\rho} \begin{bmatrix} b_1 \\ b_2 \end{bmatrix}$$

ist für die beiden Anteile **A** und **B** die Zerlegung $\mathbf{A} = \mathbf{D}^*\mathbf{C}\mathbf{D}$ und $\mathbf{B} = \mathbf{d}_t^*\mathbf{d}_t$ möglich [68]. Dabei ergeben sich z.B. für diesen zweidimensionalen Fall die formal selbstadjungierten Operatoren **D** und $\mathbf{D}^*$ bzw. $\mathbf{d}_t$ und $\mathbf{d}_t^*$ explizit als Operatormatrizen (wie **A** in (4.2.-2)) zu

$$(4.2.-3a)\qquad \mathbf{D}^T = -\mathbf{D}^* = \begin{bmatrix} \partial_1 & 0 & \partial_2 \\ 0 & \partial_2 & \partial_1 \end{bmatrix} \quad ; \quad \mathbf{d}_t = -\mathbf{d}_t^* = \begin{bmatrix} \frac{\partial}{\partial t} & 0 \\ 0 & \frac{\partial}{\partial t} \end{bmatrix}$$

$$(4.2.-3b)\qquad \mathbf{C} = \begin{bmatrix} -c_1^2 & 2c_2^2-c_1^2 & 0 \\ & -c_1^2 & 0 \\ \text{symmetrisch} & & -c_2^2 \end{bmatrix} .$$

Es ist damit, z.B. über die Methode der gewichteten Residuen, möglich, durch den Beweis der formalen Selbstadjungiertheit eine Reziprozitätsbeziehung (3.2.-1) herzuleiten.

Dies gilt genauso für die mit $c_1 = c_2 = c$ formal äquivalente skalare Wellengleichung.

Anschaulicher bleibt jedoch auch hier die physikalische Betrachtungsweise, die im Folgenden benutzt wird.

4.2.1 DIE ANWENDUNG DES SATZES VON GRAFFI

Die von Graffi [39] angegebene Erweiterung von Betti's klassischem Reziprozitätstheorem [20] auf dynamische Problemstellungen lautet:

Betrachtet man über einem Zeitraum $[t_o,t]$ unter Berücksichtigung der Trägheitskräfte $(-\rho\ddot{u}_i d\Omega)$ die Verschiebungsarbeit $A^{I,II}$ der Kräfte eines Systems I an den Verschiebungen eines Systems II, so ist diese gleich der Verschiebungsarbeit $A^{II,I}$ der Kräfte des Systems II an den Verschiebungen des Systems I über den gleichen Zeitraum (siehe Bild 3.3).

$$(4.2.\text{-}4)\quad \int_{t_o}^{t}\{\int_{\Omega}(b_i-\rho\ddot{u}_i)\overset{*}{u}_i d\Omega + \int_{\Gamma} T_i\overset{*}{u}_i d\Gamma\}d\tau = \int_{t_o}^{t}\{\int_{\Omega}(\overset{*}{b}_i-\rho\overset{*}{\ddot{u}}_i)u_i d\Omega + \int_{\Gamma}\overset{*}{T}_i u_i d\Gamma\}d\tau.$$

Als System II seien nun speziell die Reaktionen in der Vollebene (im Vollraum) infolge eines an der Stelle $\boldsymbol{\xi}$ zum Zeitpunkt τ wirkenden Einheitsimpulses in Richtung x_k gewählt, während das System I die Größen des aktuellen Problems beinhaltete.

Partielle Integration der die Beschleunigungsterme enthaltenden Integrale bezüglich der Zeitvariablen τ $(t_o=0)$

$$(4.2.\text{-}5)\quad \int_{\tau=0}^{t}\frac{\partial^2}{\partial\tau^2}u_i(\mathbf{x},\tau)\overset{*}{u}_i^{(k)}(\mathbf{x},\boldsymbol{\xi};t,\tau)d\tau = [\dot{u}_i(\mathbf{x},\tau)\overset{*}{u}_i^{(k)}(\mathbf{x},\boldsymbol{\xi};t,\tau)]_{\tau=0}^{t} - \int_0^t\dot{u}_i(\mathbf{x},\tau)\frac{\partial}{\partial\tau}\overset{*}{u}_i^{(k)}(\mathbf{x},\boldsymbol{\xi};t,\tau)d\tau$$

$$(4.2.\text{-}6)\quad \int_{\tau=0}^{t}u_i(\mathbf{x},\tau)\frac{\partial^2}{\partial\tau^2}\overset{*}{u}_i^{(k)}(\mathbf{x},\boldsymbol{\xi};t,\tau)d\tau = [u_i(\mathbf{x},\tau)\frac{\partial}{\partial\tau}\overset{*}{u}_i^{(k)}(\mathbf{x},\boldsymbol{\xi};t,\tau)]_{\tau=0}^{t} - \int_0^t\dot{u}_i(\mathbf{x},\tau)\frac{\partial}{\partial\tau}\overset{*}{u}_i^{(k)}(\mathbf{x},\boldsymbol{\xi};t,\tau)d\tau$$

und Berücksichtigung der Kausalität, d.h. von

$$(4.2.\text{-}7)\quad \overset{*}{u}_i^{(k)}(\mathbf{x},\boldsymbol{\xi};t,t) = 0\ ;\quad \frac{\partial}{\partial\tau}\overset{*}{u}_i^{(k)}(\mathbf{x},\boldsymbol{\xi};t,t) = 0\ ,$$

ergibt für deren Differenz eine Darstellung allein durch Anfangswerte:

$$(4.2.-8)\quad \int_{\tau=0}^{t} [\frac{\partial^2}{\partial\tau^2}u_i(\mathbf{x},\tau)\overset{*}{u}_i^{(k)}(\mathbf{x},\xi;t') - u_i(\mathbf{x},\tau)\frac{\partial^2}{\partial\tau^2}\overset{*}{u}_i^{(k)}(\mathbf{x},\xi;t')]d\tau$$

$$= \dot{u}_i(\mathbf{x},0)\overset{*}{u}_i^{(k)}(\mathbf{x},\xi;t,0) - u_i(\mathbf{x},0)\frac{\partial}{\partial\tau}\overset{*}{u}_i^{(k)}(\mathbf{x},\xi;t,\tau)\Big|_{\tau=0}\ .$$

Mit der für Fundamentallösungen, d.h. hier für $\overset{*}{b}_i \mathrel{\hat=} e_i^{(k)}(\xi)\delta(\mathbf{x}-\xi)\delta(t-\tau)$, typischen Eigenschaft ($t^+ = t+\varepsilon$, $\varepsilon \to 0$ ist obere Integrationsgrenze, damit nicht die Zeitintegration genau auf der singulären Stelle endet)

$$(4.2.-9)\quad \int_{0}^{t+\varepsilon}\int_{\Omega} \overset{*}{b}_i(\mathbf{x},\tau)u_i(\mathbf{x},\tau)d\Omega_{\mathbf{x}}d\tau = u_k(\xi,t)$$

verbleibt von (4.2.-4) nur

$$(4.2.-10)\quad u_j(\xi,t) = \int_{o}^{t^+} \{\oint_{\Gamma}[\overset{*}{u}_j^{(k)}(\mathbf{x},\xi;t')T_j(\mathbf{x},\tau) - \overset{*}{T}_j^{(k)}(\mathbf{x},\xi;t')u_j(\mathbf{x},\tau)]d\Gamma_{\mathbf{x}}$$

$$+ \int_{\Omega} \overset{*}{u}_j^{(k)}(\mathbf{x},\xi;t')b_j(\mathbf{x},\tau)d\Omega_{\mathbf{x}}\}d\tau$$

$$+ \rho\int_{\Omega}[\bar{v}_{jo}(\mathbf{x})\overset{*}{u}_j^{(k)}(\mathbf{x},\xi;t) - \bar{u}_{jo}(\mathbf{x})\frac{\partial}{\partial t}\overset{*}{u}_j^{(k)}(\mathbf{x},\xi;t)]d\Omega_{\mathbf{x}}\ .$$

Damit ist das Verschiebungsfeld im Inneren von Ω zu jedem Zeitpunkt berechenbar, wenn außer den gegebenen Ausgangswerten $\bar{u}_{jo}$ und $\bar{v}_{jo}$ und der inneren Last b_j alle Randwerte bekannt sind. Wie erläutert wurde (siehe Abschnitt 3.2.1), sind dazu Randintegralgleichungen zu lösen, die sich aus (4.2.-10) durch Verlegen des Angriffspunkts ξ des Impulses (im Grenzübergang von Innen) in einen Randpunkt ergeben. Dabei ergeben sich im Unterschied zu (4.2.-10) Vorfaktoren $d_j^{(k)}(\xi)$ des integralfreien Terms ungleich Eins. Wie sich feststellen läßt, sind diese Faktoren jedoch zeitunabhängig und identisch mit denen im stationären Fall (siehe 3.2.-5/6).

$$(4.2.\text{-}11)\quad d_j^{(k)}(\xi)u_j(\xi,t) = \int_0^{t^+} \{\oint_\Gamma [\overset{*}{u}{}_j^{(k)}(\mathbf{x},\xi;t')T_j(\mathbf{x},\tau) - \overset{*}{T}{}_j^{(k)}(\mathbf{x},\xi;t')u_j(\mathbf{x},\tau)]d\Gamma_{\mathbf{x}} + \int_\Omega \overset{*}{u}{}_j^{(k)}(\mathbf{x},\xi;t')b_j(\mathbf{x},\tau)d\Omega_{\mathbf{x}}\}d\tau + \rho\int_\Omega [\bar{v}_{jo}(\mathbf{x})\overset{*}{u}{}_j^{(k)}(\mathbf{x},\xi;t) - \bar{u}_{jo}(\mathbf{x})\frac{\partial}{\partial t}\overset{*}{u}{}_j^{(k)}(\mathbf{x},\xi;t)]\,d\Omega_{\mathbf{x}}\,.$$

Die bereits mehrfach erwähnte Äquivalenz zwischen vektoriellen Beziehungen der Elastodynamik und den skalaren der Wellenausbreitung in kompressibler Flüssigkeit soll nun hier ausgenutzt werden, um ohne weitere Herleitung die dort gültige Randintegralgleichung zu formulieren.

Es ergibt sich für das Geschwindigkeitspotential Φ sowie den Fluß ψ

$$(4.2.\text{-}12a)\quad d(\xi)\Phi(\xi,t) = \int_0^{t^+}\{\oint_\Gamma [\overset{*}{\Phi}(\mathbf{x},\xi;t')\psi(\mathbf{x},\tau) - \overset{*}{\psi}(\mathbf{x},\xi;t')\Phi(\mathbf{x},\tau)]d\Gamma_{\mathbf{x}} - \int_\Omega \overset{*}{\Phi}(\mathbf{x},\xi;t')a(\mathbf{x},\tau)d\Omega_{\mathbf{x}}\}d\tau - \frac{1}{c^2}\int_\Omega [\dot{\Phi}_o(\mathbf{x})\overset{*}{\Phi}(\mathbf{x},\xi;t) - \Phi_o(\mathbf{x})\,\frac{\partial}{\partial t}\overset{*}{\Phi}(\mathbf{x},\xi;t)]\,d\Omega_{\mathbf{x}}\,,$$

wobei auch hier der Vorfaktor $d(\xi)$ identisch mit dem für stationäre Probleme ist (siehe 3.2.-11/12/13). Die Gleichung für den Druck p und den Fluß q ist formal identisch (siehe 4.2.-12b)

4.2.2 TRANSFORMATION IN INTEGRO-DIFFERENTIALGLEICHUNGEN

Da die Randintegralgleichungen ((4.2.-11) bzw. (4.2.-12)) sowohl für 3-dimensionale wie auch für 2-dimensionale Probleme in den singulären Kernen $\overset{*}{T}{}_i^{(k)}(\mathbf{x},\xi;t')$ (bzw. $\overset{*}{\psi}(\mathbf{x},\xi;t')$ oder $\overset{*}{q}(\mathbf{x},\xi;t')$) Terme, nämlich Dirac-Delta Funktionen oder gar deren Ableitungen enthalten (siehe (4.1.-2) sowie (4.1.-4)), die eine numerische Lösung mit einem Zeitschritt-Algorithmus unmöglich machen, sind analytische Transformationen dieser Integralgleichungssysteme notwendig.

Dabei wird durch partielle Integration eine Differention nach der Zeit von den

Integralkernen auf die unbekannte Funktion "verschoben". Aus den Integralgleichungen werden damit sogenannte Integro-Differentialgleichungen.

Das Vorgehen hängt wesentlich von den singulären Kernen $\overset{*}{T}{}_i^{(k)}(\mathbf{x},\boldsymbol{\xi};t')$ bzw. $\overset{*}{q}(\mathbf{x},\boldsymbol{\xi};t')$ ab und unterscheidet sich vor allem zwischen dem 3-Dimensionalen und dem 2-Dimensionalen, weniger zwischen $\overset{*}{T}{}_i^{(k)}$ und $\overset{*}{q}$.
Im Interesse einer möglichst leicht nachvollziehbaren Darstellung wird deshalb im Folgenden exemplarisch die Transformation für ein dreidimensionales Problem an der Gleichung (4.2.-12) für kompressible Flüssigkeiten und für die elasto-dynamischen Gleichungen (4.2.-11) nur beim zweidimensionalen Problem ausgeführt.

Bei der für kompressible Flüssigkeiten geltenden Gleichung

$$(4.2.\text{-}12b)\quad d(\boldsymbol{\xi})\,p(\boldsymbol{\xi},t) = \int_0^t \Big\{ \oint [\overset{*}{p}(\mathbf{x},\boldsymbol{\xi};t')q(\mathbf{x},\tau) - \overset{*}{q}(\mathbf{x},\boldsymbol{\xi};t')p(\mathbf{x},\tau)]\,d\Gamma_{\mathbf{x}} + \rho\int_\Omega \overset{*}{p}(\mathbf{x},\boldsymbol{\xi};t')\dot{a}(\mathbf{x},\tau)\,d\Omega_{\mathbf{x}} \Big\}\,d\tau + \frac{1}{c^2}\int_\Omega [p_o(\mathbf{x})\frac{\partial}{\partial t}\overset{*}{p}(\mathbf{x},\boldsymbol{\zeta};t) - \dot{p}(\mathbf{x},0)\overset{*}{p}(\mathbf{x},\boldsymbol{\xi};t')]\,d\Omega_{\mathbf{x}}$$

kann im D r e i d i m e n s i o n a l e n wegen der Eigenschaften [69]

$$\int_0^{t^+} \delta(\tau-t_r)p(\mathbf{x},\tau)\,d\tau = p(\mathbf{x},t_r) \quad \text{für } t_r \in [0,t^+]$$

$$\int_0^{t} \frac{\partial}{\partial\tau}\delta(\tau-t_r)p(\mathbf{x},\tau)\,d\tau = -[\frac{\partial}{\partial\tau}\,p(\mathbf{x},\tau)]_{\tau=t_r}$$

der in den Fundamentallösungen $\overset{*}{p}$ und $\overset{*}{q}$ (siehe 4.1.-5/6) enthaltenen Dirac-Delta Funktion $\delta(t-\tau-r/c)$ die Zeitintegration vollständig eliminiert werden. So ergibt sich mit $t_r := t-r/c \geq 0$

$$(4.2.\text{-}13)\quad \int_0^{t^+}\oint_\Gamma \overset{*}{p}(\mathbf{x},\boldsymbol{\xi};t')q(\mathbf{x},\tau)\,d\Gamma_{\mathbf{x}}d\tau = \oint_\Gamma \Big\{ \frac{1}{4\pi r}\int_0^{t^+}\delta(\tau-t_r)q(\mathbf{x},\tau)\,d\tau \Big\}\,d\Gamma_{\mathbf{x}} = \oint_\Gamma \frac{q(\mathbf{x},t_r)}{4\pi r}\,d\Gamma_{\mathbf{x}}\ ,$$

$$(4.2.-14)\quad \int_0^{t^+}\oint_\Gamma \overset{*}{q}(\mathbf{x},\xi;t')p(\mathbf{x},\tau)d\Gamma_{\mathbf{x}}d\tau$$

$$= -\oint_\Gamma \frac{r_{,n}}{4\pi r^2}\{\int_0^{t^+}[\delta(\tau-t_r)-\frac{r}{c}\frac{\partial}{\partial\tau}\delta(\tau-t_r)]p(\mathbf{x},\tau)d\tau\}d\Gamma_{\mathbf{x}}$$

$$= -\oint_\Gamma \frac{1}{4\pi}\frac{r_{,n}}{r^2}\{p(\mathbf{x},t_r)+\frac{r}{c}\dot{p}(\mathbf{x},t_r)\}d\Gamma_{\mathbf{x}}\,,$$

$$(4.2.-15)\quad \int_0^{t^+}\int_\Omega \overset{*}{p}(\mathbf{x},\xi;t')\dot{a}(\mathbf{x},\tau)\,d\Omega_{\mathbf{x}}d\tau = \int_\Omega \frac{\dot{a}(\mathbf{x},t_r)}{4\pi r}\,d\Omega_{\mathbf{x}}\,.$$

Dabei ist zu beachten, daß für $t_r = t-r/c < 0$ alle vorkommenden Zustandsgrößen keinen Beitrag liefern:

$$p(\mathbf{x},t_r) = q(\mathbf{x},t_r) = \dot{a}(\mathbf{x},t_r) = 0 \quad \text{für } t_r < 0.$$

Im Falle homogener Anfangsbedingungen erhält man damit folgende Integro-Differentialgleichung zur Bestimmung unbekannter Druck- oder Druckflußwerte $p(\mathbf{x},t)$ oder $q(\mathbf{x},t)$ auf dem Rand des Flüssigkeitsgebiets,

$$(4.2.-16)\quad d(\xi)\,p(\xi,t) - \oint_\Gamma \frac{r_{,n}}{4\pi r^2}\{p(\mathbf{x},t_r)+\frac{r}{c}\dot{p}(\mathbf{x},t_r)\}d\Gamma_{\mathbf{x}}$$

$$= \oint_\Gamma \frac{1}{4\pi r}\,q(\mathbf{x},t_r)d\Gamma_{\mathbf{x}} + \int_\Omega \frac{\dot{a}(\mathbf{x},t_r)}{4\pi r}\,d\Omega_{\mathbf{x}}\,.$$

Für dreidimensionale elasto-dynamische Probleme kann eine entsprechende Transformation durchgeführt werden.

Dieses Vorgehen ist jedoch bei den Integralgleichungen (4.2.-11) bzw. (4.2.-12) nicht möglich, wenn damit zweidimensionale Probleme zu untersuchen sind. Die dann zu verwendenden Kerne (4.1.-4) bzw. (4.1.-8) für $\overset{*}{T}{}_i^{(k)}$ bzw. $\overset{*}{q}$ enthalten Terme $H(t-\tau-r/c_\alpha)/R_\alpha^3$ sowie $\delta(t-\tau-r/c_\alpha)/R_\alpha$, mit $R_\alpha^2=(t-\tau)^2-(r/c_\alpha)^2$, die bei $\tau=t_r$ nicht integrabel sind. Die Elimination dieser Terme ist möglich, indem die in

$$(4.2.\text{-}17)\quad \overset{*}{T}{}_i^{(k)} = \rho[\delta_{ij}(c_1^2-2c_2^2)\frac{\partial}{\partial x_l}\overset{*}{u}{}_l^{(k)} + c_2^2(\frac{\partial}{\partial x_i}\overset{*}{u}{}_j^{(k)} + \frac{\partial}{\partial x_j}\overset{*}{u}{}_i^{(k)})]n_j$$

enthaltenen Ortsableitungen der Fundamentallösung $(t' = t-\tau)$

$$\overset{*}{u}{}_j^{(k)}(\mathbf{x},\boldsymbol{\xi};t') =: \sum_{\alpha=1}^{2}\overset{\alpha}{u}{}_j^{(k)}(\frac{r}{c_\alpha};t') =: \sum_{\alpha=1}^{2} H(t'-\frac{r}{c_\alpha})\overset{\alpha}{g}{}_j^{(k)}(\frac{r}{c_\alpha};t')$$

über

$$(4.2.\text{-}18)\quad \frac{\partial}{\partial x_i}\overset{*}{u}{}_j^{(k)}(r;t,\tau) = \sum_{\alpha=1}^{2}[\ H(t'-\frac{r}{c_\alpha})\frac{\partial}{\partial x_i}\overset{\alpha}{g}{}_j^{(k)}(r;t,\tau) - \frac{r_{,i}}{c_\alpha}\delta(c_\alpha t'-\frac{r}{c_\alpha})\overset{\alpha}{g}{}_j^{(k)}(r;t,\tau)]$$

durch Zeitableitungen ausgedrückt werden, so daß eine partielle Integration nach der Zeitvariablen τ möglich wird :

$$(4.2.\text{-}19)\quad \frac{\partial}{\partial x_k}\overset{*}{u}{}_j^{(i)} = \sum_{\alpha=1}^{2}[\ H(t'-\frac{r}{c_\alpha})(\frac{\partial}{\partial x_k}\overset{\alpha}{g}{}_j^{(i)} - \frac{r_{,k}}{c_\alpha}\frac{\partial}{\partial\tau}\overset{\alpha}{g}{}_j^{(i)}) + \frac{r_{,k}}{c_\alpha}\frac{\partial}{\partial\tau}\overset{\alpha}{u}{}_j^{(i)}]\ .$$

Die darin auftretenden Differenzterme

$$\frac{\partial}{\partial x_k}\overset{\alpha}{g}{}_j^{(i)}(t',r/c_\alpha) - \frac{r_{,k}}{c_\alpha}\frac{\partial}{\partial\tau}\overset{\alpha}{g}{}_j^{(i)}(t',r/c_\alpha)$$

enthalten nur bei $\tau = t_r^\alpha = t-r/c_\alpha$ wie $1/R_\alpha$ singuläre, also integrable Ausdrücke. Daraus ergibt sich mit $\overset{\alpha}{u}{}_{ko}^{(i)} = u_k^{(i)}(r/c_\alpha;t,0) = H(t-r/c_\alpha)\overset{\alpha}{g}{}_k^{(i)}(r;t,0)$ [2]

$$(4.2.\text{-}20)\quad \int_0^{t^+}\oint_\Gamma \overset{*}{T}{}_j^{(i)}(\mathbf{x},\boldsymbol{\xi};t')u_j(\mathbf{x},\tau)d\Gamma_{\mathbf{x}}d\tau =$$

$$= \int_0^{t^+}\oint_\Gamma \rho\sum_{\alpha=1}^{2} H(t'-\frac{r}{c_\alpha})[(c_1^2-2c_2^2)\ \delta_{jk}(\frac{\partial}{\partial x_l}\overset{\alpha}{g}{}_l^{(i)} - \frac{r_{,l}}{c_\alpha}\frac{\partial}{\partial\tau}\overset{\alpha}{g}{}_l^{(i)})$$
$$+ c_2^2\{\frac{\partial}{\partial x_j}\overset{\alpha}{g}{}_k^{(i)} - \frac{r_{,j}}{c_\alpha}\frac{\partial}{\partial\tau}\overset{\alpha}{g}{}_k^{(i)} + \frac{\partial}{\partial x_k}\overset{\alpha}{g}{}_j^{(i)} - \frac{r_{,k}}{c_\alpha}\frac{\partial}{\partial\tau}\overset{\alpha}{g}{}_j^{(i)}\}\ ]n_k u_j\ d\Gamma d\tau$$

$$+ \oint_\Gamma \rho\sum_{\alpha=1}^{2}\frac{1}{c_\alpha}[(c_1^2-2c_2^2)\delta_{jk}\ r_{,l}\ \overset{\alpha}{u}{}_{lo}^{(i)} + c_2^2\{r_{,k}\ \overset{\alpha}{u}{}_{jo}^{(i)} + r_{,j}\overset{\alpha}{u}{}_{ko}^{(i)}\}]\ n_k u_{jo}\ d\Gamma$$

$$- \int_0^{t^+}\oint_\Gamma \rho\sum_{\alpha=1}^{2}\frac{1}{c_\alpha}[(c_1^2-2c_2^2)\delta_{jk}\ r_{,l}\overset{\alpha}{u}{}_l^{(i)} + c_2^2\{r_{,k}\ \overset{\alpha}{u}{}_j^{(i)} + r_{,j}\overset{\alpha}{u}{}_k^{(i)}\}]\ n_k\dot{u}_j\ d\Gamma\ d\tau.$$

Die in der Integralgleichung (4.2.-11) als Gewichtsfunktion der Anfangsbedingung $\bar{u}_{jo}(\mathbf{x})$ auftretende Zeitableitung der Fundamentallösung $\frac{\partial}{\partial\tau}\overset{*}{u}{}_j^{(k)}(\mathbf{x},\xi;t,\tau)|_{\tau=0}$ kann unter Ausnutzung der Eigenschaft

$$\frac{\partial}{\partial\tau}\,H(t-\tau-\frac{r}{c_\alpha}) = c_\alpha\,\frac{\partial}{\partial r}\,H(t-\tau-\frac{r}{c_\alpha})$$

der darin enthaltenen Heaviside-Funktionen ebenfalls partiell integriert werden. Dieser Anfangswertterm wird dadurch [2]:

$$(4.2.\text{-}21)\quad \int_\Omega \bar{u}_{jo}(\frac{\partial}{\partial\tau}\,\overset{*}{u}{}_j^{(i)}|_{\tau=0})d\Omega = \oint_\Gamma \bar{u}_{jo}\sum_{\alpha=1}^{2} c_\alpha H(t'-\frac{r}{c_\alpha})\,\overset{\alpha}{g}{}_{jo}^{(i)}\,r_{,n}d\Gamma$$

$$+\int_\Omega\sum_{\alpha=1}^{2}H(t'-\frac{r}{c_\alpha})\{\bar{u}_{jo}\,\frac{c_\alpha t}{r(c_\alpha t+r)}(c_\alpha\overset{\alpha}{g}{}_{jo}^{(i)}-\overset{\alpha}{f}{}_{jo}^{(i)})-\frac{\partial\bar{u}_{jo}}{\partial r}\,c_\alpha\,\overset{\alpha}{g}{}_{jo}^{(i)}\}d\Omega$$

mit $\quad \overset{1}{f}{}_{jo}^{(i)} = \frac{1}{\pi\rho}\,\frac{r_{,i}\,r_{,j}}{\sqrt{c_1^2t^2-r^2}}\quad$ und $\quad \overset{2}{f}{}_{jo}^{(i)} = \frac{1}{\pi\rho}\,\frac{\delta_{ij}-r_{,i}\,r_{,j}}{\sqrt{c_2^2t^2-r^2}}$,

und enthält nun noch eine $(1/R_\alpha)$ Singularität bei $t = r/c_\alpha$. Insgesamt lauten damit die zeitabhängigen Randintegralgleichungen für zweidimensionale elastische Gebiete (ohne innere Kräfte, d.h. für $b_i=0$)

$$(4.2.\text{-}22)\quad d_j^i(\xi)u_j(\xi,t) = \int_0^{t^+}[\oint_\Gamma \overset{*}{u}{}_j^{(i)}(\mathbf{x},\xi;t')T_j(\mathbf{x},\tau)d\Gamma_{\mathbf{x}}+\int_\Omega \overset{*}{u}{}_j^{(i)}(\mathbf{x},\xi;t')b_j(\mathbf{x},\tau)d\Omega_{\mathbf{x}}]d\tau$$

$$-\int_0^{t^+}\oint_\Gamma \rho\sum_\alpha\{\;H(t'-\frac{r}{c_\alpha})[(c_1^2-2c_2^2)\delta_{jk}(\frac{\partial}{\partial x_l}\overset{\alpha}{g}{}_l^{(i)}-\frac{r_{,l}}{c_\alpha}\,\frac{\partial}{\partial\tau}\,\overset{\alpha}{g}{}_l^{(i)})$$

$$+c_2^2(\frac{\partial}{\partial x_k}\overset{\alpha}{g}{}_j^{(i)}-\frac{r_{,k}}{c_\alpha}\,\frac{\partial}{\partial\tau}\,\overset{\alpha}{g}{}_j^{(i)}+\frac{\partial}{\partial x_j}\overset{\alpha}{g}{}_k^{(i)}-\frac{r_{,j}}{c_\alpha}\,\frac{\partial}{\partial\tau}\,\overset{\alpha}{g}{}_k^{(i)})]n_k u_j$$

$$-\frac{1}{c_\alpha}[(c_1^2-2c_2^2)\delta_{kj}r_{,l}\overset{\alpha}{u}{}_l^{(i)}+c_2^2(r_{,k}\overset{\alpha}{u}{}_j^{(i)}+r_{,j}\overset{\alpha}{u}{}_k^{(i)})]n_k\dot{u}_j\;\}d\Gamma_{\mathbf{x}}d\tau$$

$$-\oint_\Gamma\rho\sum_\alpha\frac{1}{c_\alpha}[(c_1^2-2c_2^2)\delta_{kj}r_{,l}\overset{\alpha}{u}{}_{lo}^{(i)}+(c_2^2+c_\alpha^2)r_{,k}\overset{\alpha}{u}{}_{jo}^{(i)}-c_2^2r_{,j}\overset{\alpha}{u}{}_{ko}^{(i)}]n_k\bar{u}_{jo}d\Gamma_{\mathbf{x}}$$

$$+\int_\Omega\sum_\alpha H(t'-\frac{r}{c_\alpha})\{\bar{u}_{jo}\,\frac{c_\alpha t}{r(c_\alpha t+r)}(c_\alpha\overset{\alpha}{g}{}_{jo}^{(i)}-\overset{\alpha}{f}{}_{jo}^{(i)})-\frac{\partial\bar{u}_{jo}}{\partial r}\,c_\alpha\,\overset{\alpha}{g}{}_{jo}^{(i)}\}d\Omega_{\mathbf{x}}.$$

Die Vorfaktoren $d^i_j(\xi)$ sind von der Geometrie des Randes Γ, nicht von der Zeit abhängig, also gleich denen des statischen Falles [42] (siehe 3.2.-6).

Durch formales Gleichsetzen von c_1 und c_2 mit der Druckwellengeschwindigkeit c von kompressiblen Flüssigkeiten (akustischen Medien) und Übergang zu skalaren Größen, erhält man daraus [6] mit $p \mathrel{\hat{=}} u_i$ und $q \mathrel{\hat{=}} T_i$ (ohne innere Quelle, d.h. $\bar{a} \equiv 0$):

$$(4.2.-23)\quad d(\xi)p(\xi,t) = \int_0^t \oint_\Gamma \{\overset{*}{p}(\mathbf{x},\xi,t')q(\mathbf{x},\tau) + r_{,n}\overset{*}{p}(\mathbf{x},\xi;t')[\frac{1}{ct'+r}\, p(\mathbf{x},\tau) + \frac{1}{c}\,\dot{p}(\mathbf{x},\tau)]\}\, d\Gamma_{\mathbf{x}} d\tau - \int_\Omega \overset{*}{p}(\mathbf{x},\xi;t)[\frac{c}{ct+r}\, p_o(\mathbf{x}) + c\,\frac{\partial p_o(\mathbf{x})}{\partial r} + \dot{p}(\mathbf{x},0)]\, d\Omega_{\mathbf{x}} \,.$$

4.3. DIE INDIREKTE METHODE

Wie bereits bei den zeitunabhängigen Problemen, bei den Integralgleichungsformulierungen im Frequenzbereich (siehe Abschnitt 3.3) erläutert, bietet die indirekte Methode eine große Zahl von Möglichkeiten, durch die Benutzung verschiedener Grundsingularitäten bzw. ihrer Einflußfunktionen unterschiedliche Integralgleichungen für ein Problem zu formulieren. Leider ist die Auswahl für Formulierungen direkt im Zeitbereich (z. Zt. noch) beschränkt, da nur Einflußfunktionen dynamischer Grundsingularitäten bekannt sind [7].

Außer den bereits in Abschnitt 4.1 gegebenen Einflußfunktionen zu Einzelkraftimpulsen $(uF)_{i.k}$ und $(TF)_{i.k}$ (siehe (4.1.-3) und (4.1.-4)), sind - analog zu den Darlegungen bei (3.1.-15/16) - auch solche zu stärkeren Singularitäten, z.B. zu Kraftdipol-Impulsen möglich.

Die Einflußfunktionen $(um)_{i.kj}(\mathbf{x},\xi;t,\tau)$ zu diesen Kraftdipol-Impulsen sind direkt aus denen der Einzelkraft-Impulse durch Differenzieren zu bestimmen; so ergibt sich z.B. bei 2-dimensionalen Problemen [7]

$$(4.3.-1)\qquad (um)_{i.kj}(\mathbf{x},\xi;t,\tau) = -\partial(uF)_{i.j}(\mathbf{x},\xi;t,\tau)/\partial x_k \,.$$

Sind auf dem Rand Γ^+ (siehe Bild 3.7 und Abschnitt 3.3) Randverschiebungen $u_\alpha(\mathbf{x},t) = \bar{u}_\alpha(\mathbf{x},t)$, $t > 0$, vorgegeben, d.h. liegt ein Anfangs-Randwertproblem erster Art vor, können sowohl mit der Einflußfunktion $(uF)_{i.j}$, also mit Belegungen von Einzelimpulsen $F_j(s)ds$, als auch mit der Einflußfunktion $(um)_{i.kj}$, d.h. mit Kraftdipol-Impulsbelegungen Integralgleichungen formuliert werden. Es ergibt sich für $\mathbf{x} \varepsilon \Gamma^+$, $t > 0$, $\boldsymbol{\xi}(s) \varepsilon \Gamma$

$$(4.3.-2) \qquad \int_0^{t^+} \oint_\Gamma (uF)_{i.j}(\mathbf{x},\boldsymbol{\xi}(s);t,\tau)F_j(s,\tau)ds\,d\tau = \bar{u}_i(\mathbf{x},t)$$

und auch

$$(4.3.-3) \qquad [um]_{i.kj}(\mathbf{x})m_{kj}(\mathbf{x},t)+\int_0^t \oint_\Gamma (um)_{i.kj}(\mathbf{x},\boldsymbol{\xi}(s);t,\tau)m_{kj}(s,\tau)ds\,d\tau = \bar{u}_i(\mathbf{x},t).$$

Die Kerne der ersten Integralgleichungen (4.3.-2) sind wie $1/\sqrt{c_\alpha(t-\tau)^2-r^2}$, also nur schwach singulär, während die der zweiten Gleichung Terme mit $H(c_\alpha t'-r)(c_\alpha^2 t'^2-r^2)^{-3/2}$ bzw. $\delta(c_\alpha t'-r)(c_\alpha^2 t'^2-r^2)^{-1/2}$ enthalten. In dieser Form ist die Integralgleichung (4.3.-3) mit den Kraftdipol-Impulsbelegungen nicht verwendbar. Es ist entsprechend der Vorgehensweise bei dem Integralgleichungssystem (4.2.-11) die bei der Bestimmung der Einflußfunktion $(um)_{i.kj}(\mathbf{x},\boldsymbol{\xi};t,\tau)$ durchzuführende Ortsableitung nach (4.2.-18) durch Zeitableitungen auszudrücken. Mit der dann möglichen partiellen Integration nach der Zeitvariablen τ ergibt sich folgende Integro-Differentialgleichung für die Dipol-Impulsbelegung $m_{kj}(\boldsymbol{\xi},\tau)$

$$\begin{aligned}(4.3.-4) \qquad & [um]_{i.kj}(\mathbf{x})m_{kj}(\mathbf{x},t) + \oint_\Gamma \sum_\alpha H(t-\tfrac{r}{c_\alpha})\frac{r_{,k}}{c_\alpha} g_j^{\alpha(i)}(\tfrac{r}{c_\alpha};t,0)m_{kj}(\boldsymbol{\xi},0)d\Gamma_{\boldsymbol{\xi}} \\ & + \int_0^t \oint_\Gamma \sum_\alpha H(t'-\tfrac{r}{c_\alpha})\{[\frac{r_{,k}}{c_\alpha}\frac{\partial}{\partial\tau} g_j^{(i)}(t',\tfrac{r}{c_\alpha}) - \frac{\partial}{\partial x_k} g_j^{(i)}(t',\tfrac{r}{c_\alpha})]m_{kj}(\boldsymbol{\xi},\tau) \\ & \qquad + \frac{r_{,k}}{c_\alpha} g_j^{(i)}(t',\tfrac{r}{c_\alpha})\,\dot{m}_{kj}(\boldsymbol{\xi},\tau)\}d\Gamma_{\boldsymbol{\xi}}d\tau \\ & \qquad = \bar{u}_i(\mathbf{x},t), \quad \mathbf{x} \varepsilon \Gamma^+, \ t \geqq 0.\end{aligned}$$

Die Anfangsbedingungen (2.3.9) für das Verschiebungsfeld legen auch den Anfang der Dipol-Impulsbelegung fest:

$$(4.3.-5a) \qquad [um]_{i.kj}m_{kj}(\mathbf{x},0) = u_{io}(\mathbf{x}) ,$$

$$(4.3.\text{-}5b) \qquad [um]_{i.kj}\dot{m}_{kj}(\mathbf{x},0) = v_{io}(\mathbf{x}) .$$

Die Vorfaktoren $[um]_{i.kj}(\mathbf{x})$ sind von der Geometrie des Randes Γ abhängig und entsprechend der Beschreibung zu (3.2.-5) berechenbar.

Ein Anfangs-Randwertproblem zweiter Art hat auf dem ganzen Rand Γ^+ vorgeschriebene Randkräfte $\bar{T}_i(\mathbf{x},t)$, $\mathbf{x} \in \Gamma^+$, $t > 0$. Zu dessen Lösung können Kraftimpulsbelegungen $F_j(s)ds$ verwendet werden. Mit deren Einflußfunktionen $(TF)_{i.k}(\mathbf{x},\xi(s);t,\tau)$ ergeben sich die folgenden singulären Integralgleichungen 2. Art ($\mathbf{x} \in \Gamma^+$, $\xi(s) \in \Gamma$, $t > 0$)

$$(4.3.\text{-}6) \quad [TF]_{i.k}(\mathbf{x})F_k(\mathbf{x},t) + \int_0^t\oint (TF)_{i.k}(\mathbf{x},\xi(s);t,\tau)F_k(s,\tau)ds\,d\tau = \bar{T}_i(\mathbf{x},t) .$$

Ähnlich wie bei den Gleichungen (4.3.-3) mit Kraftdipolimpulsen, bzw. genauso wie beim Integralgleichungsterm (4.2.-19) der 'direkten' Integralgleichungen (4.2.-11) ist auch hier eine Transformation in Integro-Differentialgleichungen durchzuführen. Man erhält (siehe (4.2.-19) und [2])

$$(4.3.\text{-}7) \quad [TF]_{i.k}(\mathbf{x})F_k(\mathbf{x},t) + \oint_\Gamma TOF_{i.k}(\mathbf{x},\xi(s);t)F_k(s,0)ds$$
$$+ \int_0^t\oint_\Gamma [(T1F)_{i.k}(\mathbf{x},\xi(s);t')F_k(s,\tau) - (T2F)_{i.k}(\mathbf{x},\xi(s);t')\frac{\partial F_k(s,\tau)}{\partial\tau}]ds\,d\tau$$
$$= T_i(\mathbf{x},t)$$

mit

$$T1F_{i.k}(\mathbf{x},\xi;t') = \rho\sum_{\alpha=1}^{2} H(t'-\frac{r}{c_\alpha})[(c_1^2-2c_2^2)\delta_{kj}(\frac{\partial}{\partial x_l}\overset{\alpha}{g}{}^{(i)}_l - \frac{r_{,l}}{c_\alpha}\frac{\partial}{\partial\tau}\overset{\alpha}{g}{}^{(i)}_l)$$
$$+ c_2^2\{\frac{\partial}{\partial x_k}\overset{\alpha}{g}{}^{(i)}_j - \frac{r_{,k}}{c_\alpha}\frac{\partial}{\partial\tau}\overset{\alpha}{g}{}^{(i)}_j + \frac{\partial}{\partial x_j}\overset{\alpha}{g}{}^{(i)}_k - \frac{r_{,j}}{c_\alpha}\frac{\partial}{\partial\tau}\overset{\alpha}{g}{}^{(i)}_k\}]\,n_j ,$$

$$T2F_{i.k}(\mathbf{x},\xi;t') = \rho\sum_{\alpha=1}^{2} H(t'-\frac{r}{c_\alpha})\frac{1}{c_\alpha}[(c_1^2-2c_2^2)\delta_{jk}r_{,l}\overset{\alpha}{g}{}^{(i)}_l + c_2^2(r_{,j}\overset{\alpha}{g}{}^{(i)}_k + r_{,k}\overset{\alpha}{g}{}^{(i)}_j)]n_j ,$$

$$TOF_{i.k}(\mathbf{x},\xi;t) = \rho\sum_{\alpha=1}^{2} H(t-\frac{r}{c_\alpha})\frac{1}{c_\alpha}[(c_1^2-2c_2^2)\delta_{kj}r_{,l}\overset{\alpha}{g}{}^{(i)}_{lo} + c_2^2(r_{,j}\overset{\alpha}{g}{}^{(i)}_{ko} + r_{,k}\overset{\alpha}{g}{}^{(i)}_{jo})]n_j .$$

Die aus (2.3.-9) über (2.4.-3) herleitbaren Anfangsbedingungen $T_{io}(\mathbf{x})$ und $\dot{T}_{io}(\mathbf{x})$ z.B.

$$T_{io} = \rho[\delta_{ik}(c_1^2-2c_2^2)u_{jo,j} + c_2^2(u_{io,k}+u_{ko,i})]n_k$$

legen auch den Anfang der Kraftimpulsbelegung $F_k(\mathbf{x},0)$ bzw. $\dot{F}_k(\mathbf{x},0)$ fest. Die Vorfaktoren $[TF]_{i,k}(\mathbf{x})$ in den Gleichungen (4.3.-7) sind identisch mit denen der 'direkten' Integralgleichungen.

Bei 'gemischten' Anfangs-Randwertproblemen, d.h. wenn auf einem Teil Γ_1 Randverschiebungen vorgeschrieben sind, auf dem anderen Teil Γ_2 bekannte Randkräfte angreifen, sind auf Γ_1 die Gleichungen (4.3.-2) und auf Teil Γ_2 die Gleichungen (4.3.-7) zu verwenden. Nach Bestimmung der Singularitätenbelegung auf dem ganzen Rand $\Gamma = \Gamma_1+\Gamma_2$ können dann auch im Inneren Zustandsgrößen ermittelt werden.

Zur Lösung von Anfangs-Randwertproblemen bei kompressibler Flüssigkeit lassen sich auch bei der indirekten Methode sofort mit $c_1=c_2=c$ aus den vorstehenden Beziehungen entsprechende skalare Integralgleichungen ableiten.

Ist z.B. auf dem ganzen Rand Γ der Durchfluß $\bar{q}(\mathbf{x},t)$ vorgeschrieben, ergibt sich aus (4.3.-7) die Gleichung

$$(4.3.\text{-}8) \quad [qF](\mathbf{x})F(\mathbf{x},t) - \int_0^t \oint_\Gamma r_{,n}\overset{*}{p}(\mathbf{x},\xi(s),t')\{\frac{F(s,\tau)}{ct'+r} + \frac{1}{c}\dot{F}(s,\tau)\}ds\,d\tau$$

$$- \oint_\Gamma \frac{1}{c}\, r_{,n}\overset{*}{p}(\mathbf{x},\xi(s),t)\, F(s,0)ds = \bar{q}(\mathbf{x},t)\,.$$

Bei dieser für zweidimensionale Probleme geltenden Gleichung ist $[qF](\mathbf{x}) = \Delta\varphi(\mathbf{x})/2\pi$, wobei $\Delta\varphi(\mathbf{x})$ den Innenwinkel der Randkurve in den Punkten $\mathbf{x}$ angibt. Ist mit Hilfe dieser Gleichung und unter Beachtung der Anfangsbedingung

$$[qF](\mathbf{x})F(\mathbf{x},0) = \bar{q}(\mathbf{x},0) = n_k\ \partial p_o(\mathbf{x})/\partial x_k$$

der Zeitverlauf der Singularitätenbelegung $F(s,\tau)$ auf dem Rand ermittelt, der den gegebenen Druckfluß $\bar{q}(\mathbf{x},t)$ erzeugt, kann damit für beliebige einzelne Punkte auch im Inneren (hierbei ist $[qF](\mathbf{x}) = 0$) der Druckflußverlauf $q(\mathbf{x},t)$ bestimmt werden.

Ist die zeitliche Änderung des Drucks $p(\mathbf{x},t)$ gesucht, kann diese mit der vorher ermittelten Singularitätsbelegung $F(s,\tau)$ über folgende Gleichung bestimmt werden:

$$p(\mathbf{x},t) = p_o(\mathbf{x})+ \int_0^t \oint_\Gamma \overset{*}{p}(\mathbf{x},\xi(s);t')\ F(s,\tau)ds\ d\tau\,.$$

4.4 ZEITSCHRITT-RANDELEMENT PROZEDUREN

Für die numerische Lösung der zeitabhängigen Randintegralgleichungen ist bei den im Abschnitt 3.4 erklärten Schritten - Diskretisierung / Approximation / Kollokation / Elimination - jeweils eine Erweiterung bezüglich der Zeitvariablen erforderlich.

Der erste Schritt, die Diskretisierung, erweitert sich um die Einteilung der Zeitachse, bzw. des betrachteten Zeitintervalls $[0,t]$ in N_t Zeitschritte, die i.a. gleich groß gewählt werden:

$$t_m = m\Delta t, \quad m=0,1,\dots,N_t \quad .$$

Als zweiter Schritt, als Approximation der bekannten und unbekannten Randfunktionen auch hinsichtlich ihrer Zeitabhängigkeit, wird i.a. eine Erweiterung der Randelementansätze zu Produktansätzen in Randelementen und Zeitintervallen durchgeführt, z.B.

$$(4.4.\text{-}1) \qquad u_k(\mathbf{x},t) = \sum_m \sum_e \sum_{\nu=0}^{p} \sum_{\mu=0}^{q} \varphi_\nu^e(\mathbf{x})\, \theta_\mu^m(t)\, u_k^{em} \; .$$

Dabei soll zu jedem Zeitschritt t_n in den Knotenpunkten $\mathbf{x}^i$ der jeweilige Funktionswert angenommen werden, d.h.

$$(4.4.\text{-}2) \qquad u_k(\mathbf{x}^i,t_n) = \sum_m \sum_e \sum_\nu \sum_\mu \varphi_\nu^e(\mathbf{x}^i)\theta_\mu^m(t_n)u_k^{em\mu} \overset{!}{=} u_k^{in} \; .$$

Entsprechend der Bedingung (3.4.-2) für $\varphi_\nu^e(\mathbf{x})$, folgt daraus auch für die Zeitansatzfunktionen $\theta_\mu^m(t)$ die Forderung

$$\theta_\mu^m(t_n) = \delta_n^m \quad \text{für jedes } \mu \; .$$

Danach können in jedem Zeitschritt $[t_m, t_{m+1}]$ für $t_m \le \tau \le t_{m+1}$ als Zeit-Ansatzfunktionen, z.B.

konstante Ansätze: $\theta_o^m = 1$,

lineare Ansätze: $\theta_o^m = \dfrac{t_{m+1}-\tau}{\Delta t}$; $\theta_1^m = \dfrac{\tau - t_m}{\Delta t}$,

aber auch geeignete höhere Polynome verwendet werden.

Die konkrete Wahl hängt von der aktuell zu approximierenden Gleichung ab. So sind z.B. für $u_k(\mathbf{x},t)$ wegen der in den Integro-Differentialgleichungen vorkommenden Zeitableitungen in der Zeit mindestens lineare Ansätze notwendig.

Die sich bei den folgenden Schritten ergebenden numerischen Prozeduren unterscheiden sich für 2-dimensionale Probleme prinzipiell von denen für 3-dimensionale Aufgabenstellungen. Dies liegt im Wesentlichen daran, daß in einem Fall (2-D) z.B. bei der Gleichung (4.2.-21), über das Zeitinterval [0,t] integriert werden muß, während dies im anderen Fall (3-D), z.B. bei Gleichung (4.2.-21), nicht notwendig ist.
Zur Erläuterung wird unter Verwendung der einfachsten möglichen Ansätze für beide Fälle das weitere Vorgehen explizit dargestellt.

4.4.1 FINITE SYSTEME BEI EBENEN PROBLEMEN

Bei den Integro-Differentialgleichungen (4.2.-22) für ebene elasto-dynamische Probleme sind als Approximationen in den Elementen Γ_e konstante Ansätze für beide Randwerte $T_i(\mathbf{x},\tau)$ und $u_i(\mathbf{x},\tau)$, in den Zeitschritten $[t_m, t_{m+1}]$ für $T_i(\mathbf{x},\tau)$ ebenfalls konstante, für $u_i(\mathbf{x},\tau)$ jedoch lineare Ansätze hinreichend bzw. erforderlich:

$$(4.4.-3)\quad T_k(\mathbf{x},\tau) = T_k^{em}$$

$$(4.4.-4)\quad u_k(\mathbf{x},\tau) = \frac{t_{m+1}-\tau}{\Delta t}\, u_k^{em} + \frac{\tau - t_m}{\Delta t}\, u_k^{em+1} \qquad \text{für} \quad \begin{array}{l} \mathbf{x}^e \le \mathbf{x} \le \mathbf{x}^{e+1} \\ t_m \le \tau \le t_{m+1} \,. \end{array}$$

Mit diesen in der Orts- und in der Zeitvariablen elementweise konstanten Ansätzen für die Randspannungen $T_k(\mathbf{x},\tau)$ ergibt sich für den entsprechenden Integralterm in (4.2.-22) die Approximation

$$(4.4.-5)\quad \int_0^t \int_\Gamma \overset{*(i)}{u_k}(\mathbf{x},\xi;t,\tau) T_k(\mathbf{x},\tau) d\Gamma_x d\tau = \sum_{m=1}^{[M]} \sum_{e=1}^{N_e} T_k^{em} \int_{t_{m-1}}^{t_m^+} \int_{\Gamma_e} \overset{*(i)}{u_k}(\mathbf{x},\xi;t,\tau) d\Gamma_x d\tau .$$

Dabei ist wegen der Heaviside-Funktion $H(t'-r/c_\alpha)$, die die Kausalitätseigenschaft der zeitabhängigen Fundamentallösung $\overset{*(i)}{u_k}$ garantiert, die obere Grenze [M] der Summation m über die Zeitelemente definiert durch

$$t_{[M-1]} < t - r/c_\alpha = t^+_{[M]} \quad \text{mit} \quad t^+_m = \begin{cases} t_m & \text{wenn } m \neq [M] \, , \\ t-r/c_\alpha & \text{wenn } m = [M] \, . \end{cases}$$

Die Integration über das Zeitintervall $[t_{m-1}, t^+_m]$ kann analytisch durchgeführt werden. Spaltet man $\overset{*}{u}{}^{(i)}_k$ in $\overset{1}{u}{}^{(i)}_k + \overset{2}{u}{}^{(i)}_k$, d.h. in die die Wellengeschwindigkeit c_1 bzw. c_2 enthaltenden Anteile auf, ergibt sich für die Teilintegrale bei $t^+_m = [m\Delta t + \frac{1}{2}\Delta t]^+$ und $t_{m-1} = m\Delta t - \frac{1}{2}\Delta t$ in Kollokationszeitpunkten $t = t_n = n\Delta t + \frac{1}{2}\Delta t$

$$(4.4.-6) \quad \overset{\alpha(i)m}{U_j}(r,\xi;t_n) = \int_{t_{m-1}}^{t^+_m} \overset{\alpha}{u}{}^{(i)}_j(r,\xi;t_n-\tau)d\tau =$$

$$= \frac{1}{2\pi\rho} \Big\{ r^{-2}(\tfrac{1}{2}\delta_{ij}-r,_i r,_j)(-1)^\alpha [(t_n-t_m+\Delta t)\sqrt{(t_n-t_m+\Delta t)^2-(r/c_\alpha)^2} - (t_n-t_m)\sqrt{(t_n-t_m)^2-(r/c_\alpha)^2}\,] + \frac{\delta_{ij}}{2c^2_\alpha} \ln \frac{(t_n-t_m+\Delta t)+\sqrt{(t_n-t_m+\Delta t)^2-(r/c_\alpha)^2}}{t_n-t_m+\sqrt{(t_n-t_m)^2-(r/c_\alpha)^2}} \Big\}$$

wenn $t_n-t_m > r/c_\alpha$,

$$= \frac{1}{2\pi\rho} \Big\{ r^{-2}(\tfrac{1}{2}\delta_{ij}-r,_i r,_j)(-1)^\alpha [(t_n-t_m+\Delta t)\sqrt{(t_n-t_m+\Delta t)^2-(r/c_\alpha)^2}\,] + \frac{\delta_{ij}}{2c^2_\alpha} \ln \frac{(t_n-t_m+\Delta t)+\sqrt{(t_n-t_m+\Delta t)^2-(r/c_\alpha)^2}}{r/c_\alpha} \Big\}$$

wenn $t_n-t_m < r/c_\alpha < t_n-t_m+\Delta t$,

$$= 0$$

sonst .

Für beliebige Randverläufe, bei denen es i.a. sinnvoll ist, Normal- und Tangentialkomponenten der Randwerte zu benutzen (siehe 3.4.-14) ergeben sich die vier Untermatrizen $\mathbf{U}^n_n$, $\mathbf{U}^n_s$, $\mathbf{U}^s_n$ und $\mathbf{U}^s_s$ durch Multiplikation mit den Normal- und Tangenten-Einheitsvektoren in Quell- bzw. Aufpunkt $\bar{\mathbf{n}}(\xi)$ und $\bar{\mathbf{s}}(\xi)$ bzw. $\mathbf{n}(\mathbf{x})$ und $\mathbf{s}(\mathbf{x})$ (siehe 3.4.-16). So ist z.B.

(4.4.-7) $\overset{\alpha(n)m}{U_n}(r,\xi;t_n) =$

$$= \frac{1}{2\pi\rho}\Big\{ r^{-2}\big(\tfrac{1}{2}\bar{n}_i n_i - r_{,n} r_{,\bar{n}}\big)(-1)^{\alpha}\Big[(t_n-t_m+\Delta t)\sqrt{(t_n-t_m+\Delta t)^2-(r/c_\alpha)^2} - (t_n-t_m)\sqrt{(t_n-t_m)^2-(r/c_\alpha)^2}\Big] + \frac{\bar{n}_i n_i}{2c_\alpha^2}\ln\frac{(t_n-t_m+\Delta t)+\sqrt{(t_n-t_m+\Delta t)^2-(r/c_\alpha)^2}}{t_n-t_m+\sqrt{(t_n-t_m)^2-(r/c_\alpha)^2}}\Big\}$$

wenn $t_n-t_m > r/c_\alpha$,

$$= \frac{1}{2\pi\rho}\Big\{ r^{-2}\big(\tfrac{1}{2}n_i\bar{n}_i - r_{,n} r_{,\bar{n}}\big)(-1)^{\alpha}\Big[(t_n-t_m+\Delta t)\sqrt{(t_n-t_m+\Delta t)^2-(r/c_\alpha)^2}\Big] + \frac{\bar{n}_i n_i}{2c_\alpha^2}\ln\frac{(t_n-t_m+\Delta t)+\sqrt{(t_n-t_m+\Delta t)^2-(r/c_\alpha)^2}}{r/c_\alpha}\Big\}$$

wenn $t_n-t_m < r/c_\alpha < t_n-t_m+\Delta t$,

$= 0$ sonst .

Fallen 'Impuls'- und Beobachtungszeitpunkt in den gleichen Zeitschritt ($t_n = t_m$) und liegen Quell- und Aufpunkt im gleichen Randelement, dem 'singulären' Randelement, wird für nicht gekrümmte Randbereiche $\bar{n}_i n_i = 1$, $r_{,n} = r_{,\bar{n}} = 0$ und $r_{,s} = r_{,\bar{s}} = 1$. Für solche Fälle läßt sich auch die Integration über das singuläre Randelement analytisch durchführen. Es ergibt sich für $\mathbf{x},\boldsymbol{\xi} \in \Gamma_e$, für ein singuläre Element der Länge d_e

(4.4.-8a) $\displaystyle\int_{\Gamma_e} \big[\overset{1}{U}{}^{(n)m}_{n}(\mathbf{x},\boldsymbol{\xi},t_m) + \overset{2}{U}{}^{(n)m}_{n}(\mathbf{x},\boldsymbol{\xi},t_m)\big]\,d\Gamma_{\mathbf{x}} =$

$$= \frac{1}{2\pi\rho}\Big\{ \frac{2\Delta t}{d_e}\Big(\sqrt{\Delta t^2-\big(\tfrac{d_e}{2c_1}\big)^2} - \sqrt{\Delta t^2-\big(\tfrac{d_e}{2c_2}\big)^2}\Big) + 2\frac{\Delta t}{c_1}\arcsin\frac{d_e}{2c_1\Delta t} + \frac{d_e}{2}\Big(\frac{1}{c_1^2}\ln\frac{\Delta t+\sqrt{\Delta t^2-(d_e/2c_1)^2}}{d_e/2c_1} + \frac{1}{c_2^2}\ln\frac{\Delta t+\sqrt{\Delta t^2-(d_e/2c_2)^2}}{d_e/2c_2}\Big)\Big\}$$

für $d_e \le 2c_2\Delta t$,

$$= \frac{1}{2\pi\rho} \Big\{ \frac{2\Delta t}{d_e} \sqrt{\Delta t^2 - \left(\frac{d_e}{2c_1}\right)^2} + 2\,\frac{\Delta t}{c_1} \arcsin \frac{d_e}{2c_1\Delta t} + \frac{d_e}{2}\,\frac{1}{c_1^2} \ln \frac{\Delta t + \sqrt{\Delta t^2 - (d_e/2c_1)^2}}{d_e/2c_1} \Big\}$$

für $2c_2\Delta t \leq d_e \leq 2c_1\Delta t$,

$$= \frac{1}{2\pi\rho}\,\frac{\Delta t}{c_1}\,\pi$$

für $2c_2\Delta t < 2c_1\Delta t \leq d_e$.

(4.4.-8b) $$\int_{\Gamma_e} [\overset{1}{U}{}_s^{(n)m}(\mathbf{x},\boldsymbol{\xi},t_m) + \overset{2}{U}{}_s^{(n)m}(\mathbf{x},\boldsymbol{\xi},t_m)]\,d\Gamma_{\mathbf{x}} =$$

$$= \int_{\Gamma_e} [\overset{1}{U}{}_n^{(s)m}(\mathbf{x},\boldsymbol{\xi},t_m) + \overset{2}{U}{}_n^{(s)m}(\mathbf{x},\boldsymbol{\xi},t_m)]\,d\Gamma_{\mathbf{x}} = 0 \;.$$

(4.4.-8c) $$\int_{\Gamma_e} [\overset{1}{U}{}_s^{(s)m}(\mathbf{x},\boldsymbol{\xi},t_m) + \overset{2}{U}{}_s^{(s)m}(\mathbf{x},\boldsymbol{\xi},t_m)]\,d\Gamma_{\mathbf{x}} =$$

$$= \frac{1}{2\pi\rho}\Big\{ -\frac{2\Delta t}{d_e}\Big(\sqrt{\Delta t^2 - \left(\frac{de}{2c_1}\right)^2} - \sqrt{\Delta t^2 - \left(\frac{de}{2c_2}\right)^2}\Big) + 2\frac{\Delta t}{c_2} \arcsin \frac{de}{2c_2\Delta t} + \frac{d_e}{2}\Big(\frac{1}{c_1^2} \ln \frac{\Delta t + \sqrt{\Delta t^2 - (d_e/2c_1)^2}}{d_e/2c_2} + \frac{1}{c_2^2} \ln \frac{\Delta t + \sqrt{\Delta t^2 - (d_e/2c_2)^2}}{d_e/2c_2}\Big)\Big\}$$

für $d_e \leq 2c_2\Delta t$,

$$= \frac{1}{2\pi\rho}\Big\{ -\frac{2\Delta t}{d_e}\sqrt{\Delta t^2 - (d_e/2c_1)^2} + \frac{\Delta t}{c_2}\pi + \frac{d_e}{2c_1^2} \ln \frac{\Delta t + \sqrt{\Delta t^2 - (de/2c_1)^2}}{d_e/2c_1} \Big\}$$

für $2c_2\Delta t \leq d_e \leq 2c_1\Delta t$,

$$= \frac{1}{2\pi\rho}\,\frac{\Delta t}{c_2}\,\pi$$

für $2c_2\Delta t < 2c_1\Delta t \leq d_e$.

Im zweiten Randintegralterm der Gleichung (4.2.-4) sind für die darin enthaltenen Randverschiebungen $u_i(\mathbf{x},\tau)$ bezüglich der Ortsvariablen auch elementweise konstante Ansätze möglich, bezüglich der Zeit jedoch stückweise lineare Approximationen notwendig (siehe (4.4.-4), Abkürzungen siehe (4.3.-7)).

$$(4.4.-9)\quad \int_0^t \oint_\Gamma [(T1F)_{k.i}(\mathbf{x},\xi;t')u_i(\mathbf{x},\tau) - (T2F)_{k.i}(\mathbf{x},\xi;t')\dot{u}_i(\mathbf{x},\tau)]\,d\Gamma_{\mathbf{x}}d\tau$$

$$\overset{[M]}{=} \sum_{m=1} \sum_{e=1}^{N_e} \int_{\Gamma_e} \{u_i^{em} \int_{t_{m-1}}^{t_m^+} [\frac{t_{m+1}-\tau}{\Delta t}\,(T1F)_{k.i}(\mathbf{x},\xi;t') + \frac{1}{\Delta t}\,(T2F)_{k.i}(\mathbf{x},\xi;t')]\,d\tau$$

$$+ u_i^{em+1} \int_{t_{m-1}}^{t_m^+} [\frac{\tau-t_m}{\Delta t}\,(T1F)_{k.i}(\mathbf{x},\xi;t') - \frac{1}{\Delta t}(T2F)_{k.i}(\mathbf{x},\xi;t')]\,d\tau\}\,d\Gamma_{\mathbf{x}}.$$

Auch hier kann die Integration über das Zeitintervall $[t_{m-1},t_m^+]$ analytisch durchgeführt werden. Mit $t_{m-1} = (m-1)\Delta t$ und $t_m^+ = [m\Delta t]^+$ erhält man für (4.4.-9), aufgeteilt in die beiden Anteile zu c_1 und c_2, in den Kollokationspunkten $t_n = n\Delta t$

$$(4.4.-10)\quad \overset{\alpha(k)m}{\mathbf{T}_i}(\mathbf{x},\xi;t_n) = \int_{t_{m-1}}^{t_m^+} \overset{\alpha}{T}{}_i^{(k)}(\mathbf{x},\xi;t_n-\tau)\,d\tau$$

$$= (-1)^\alpha \frac{1}{2\pi}\,\frac{\Delta t^2}{r^3}[c_2^2 a_{ik}^o(r)\cdot\frac{2}{3}\,(2\overset{\alpha}{D}{}_{nm}^3(r;0) - \overset{\alpha}{D}{}_{nm}^3(r;-1) - \overset{\alpha}{D}{}_{nm}^3(r;1))$$

$$+ a_{ki}^\alpha(r)(\frac{r}{c_\alpha \Delta t})^2(-2\,\overset{\alpha}{D}{}_{nm}^1(r;0) + \overset{\alpha}{D}{}_{nm}^1(r;-1) + \overset{\alpha}{D}{}_{nm}^1(r;1))],$$

wobei

$$(4.4.-11)\quad \overset{\alpha}{D}{}_{nm}^q(r;p) = \begin{cases} \sqrt{[(n-m+p)^2-(r/c_\alpha\Delta t)^2]^q} & \text{wenn } n-m+p > r/c_\alpha\Delta t \\ 0 & \text{sonst}. \end{cases}$$

Die zeitunabhängigen Terme $a_{ik}^\alpha(r)$ bzw. $a_{ik}^o(r)$ sind bereits in (4.1.-2) bzw. (4.1.-4) definiert worden.

Analytische Integration über ein 'singuläres' Randelement ergibt bei Elementen auf geraden Rändern identisch Null (für den Cauchy'schen Hauptwert)

$$(4.4.-13)\quad \int_{\Gamma_e} [T_i^{1(k)m}(\mathbf{x},\boldsymbol{\xi};t_m) + T_i^{2(k)m}(\mathbf{x},\boldsymbol{\xi};t_m)]\, d\Gamma_{\mathbf{x}} = 0, \qquad \boldsymbol{\xi} \in \Gamma_e ,$$

wenn der Quellpunkt $\boldsymbol{\xi}$ in der Mitte dieser Elemente liegt.

Es ergibt sich schließlich nach Kollokation in N_e verschiedenen Randpunkten $\boldsymbol{\xi}$, also für $\boldsymbol{\xi} = \mathbf{x}^j$, $j=1(1)N_e$, und in N_t Zeitpunkten $t_n = n\Delta t$, $n=1,2,..N_t$ folgendes finite Gleichungssystem

$$(4.4.-14)\quad \frac{1}{2}\,\delta_i^{(k)}u_i^{jn} + \sum_{m=1}^{[M]}\sum_e T_{iej}^{(k)nm}\, u_i^{em} = \sum_{m=1}^{[M]}\sum_e U_{iej}^{(k)nm}\, t_i^{em}\,, \quad k=1,2\,,$$

das bzgl. der Randknotenwerte für beide Komponenten in den einzelnen Zeitschritte zusammengefaßt werden kann. Mit

$$(4.4.-15)\quad \mathbf{T}^{nm} = \begin{bmatrix} \mathbf{T}_1^{(1)nm} & \mathbf{T}_2^{(1)nm} \\ \mathbf{T}_1^{(2)nm} & \mathbf{T}_2^{(2)nm} \end{bmatrix}, \qquad \mathbf{u}^m = \begin{bmatrix} \mathbf{u}_1^m \\ \mathbf{u}_2^m \end{bmatrix},$$

$$(4.4.-16)\quad \mathbf{U}^{nm} = \begin{bmatrix} \mathbf{U}_1^{(1)nm} & \mathbf{U}_2^{(1)nm} \\ \mathbf{U}_1^{(2)nm} & \mathbf{U}_2^{(2)nm} \end{bmatrix}, \qquad \mathbf{t}^m = \begin{bmatrix} \mathbf{t}_1^m \\ \mathbf{t}_2^m \end{bmatrix}$$

abgekürzt, ist dies auf Grund der Kausalität (siehe Definition von [M]) ein System mit unterer Dreiecksstruktur:

$$(4.4.-17)\quad \begin{bmatrix} \frac{1}{2}\mathbf{I} + \mathbf{T}^{11} & \mathbf{0} & & \mathbf{0} \\ \mathbf{T}^{21} & \frac{1}{2}\mathbf{I} + \mathbf{T}^{22} & & \mathbf{0} \\ \vdots & & \ddots & \\ \vdots & & & \ddots \\ \mathbf{T}^{n1} & \mathbf{T}^{n2} & \cdots & \frac{1}{2}\mathbf{I}+\mathbf{T}^{nn} \end{bmatrix} \bullet \begin{bmatrix} \mathbf{u}^1 \\ \mathbf{u}^2 \\ \vdots \\ \\ \mathbf{u}^n \end{bmatrix} = \begin{bmatrix} \mathbf{U}^{11} & \mathbf{0} & & \mathbf{0} \\ \mathbf{U}^{21} & \mathbf{U}^{22} & & \mathbf{0} \\ \vdots & \vdots & \ddots & \\ & & & \ddots \\ \mathbf{U}^{n1} & \mathbf{U}^{n2} & \cdots & \mathbf{U}^{nn} \end{bmatrix} \bullet \begin{bmatrix} \mathbf{t}^1 \\ \mathbf{t}^2 \\ \vdots \\ \\ \mathbf{t}^n \end{bmatrix}.$$

Die Blockmatrizen dieses Gleichungssystems, die auf einer gemeinsamen Haupt-

oder Nebendiagonalen liegen, sind, wenn die Zeitachse in gleiche Zeitsschritte Δt eingeteilt wurde, gleich; d.h.

$$\mathbf{T}^{11} = \mathbf{T}^{22} = \ldots = \mathbf{T}^{nn} =: \overset{(1)}{\mathbf{T}}$$
$$\mathbf{T}^{21} = \mathbf{T}^{32} = \ldots = \mathbf{T}^{n,n-1} =: \overset{(2)}{\mathbf{T}}$$

$$\mathbf{T}^{n-1,n} = \mathbf{T}^{n2} =: \overset{(n-1)}{\mathbf{T}}$$

sowie

$$\mathbf{U}^{11} = \mathbf{U}^{22} = \ldots = \mathbf{U}^{nn} =: \overset{(1)}{\mathbf{U}}$$
$$\mathbf{U}^{21} = \mathbf{U}^{32} = \ldots = \mathbf{U}^{n,n-1} =: \overset{(2)}{\mathbf{U}}$$

$$\mathbf{U}^{n-1,1} = \mathbf{U}^{n,2} =: \overset{(n-1)}{\mathbf{U}} .$$

Es ist also in jedem Zeitschritt nur jeweils eine zusätzliche, allerdings vollbesetzte Blockmatrix $\overset{(m)}{\mathbf{U}}$ und $\overset{(m)}{\mathbf{T}}$ nach Kollokation durch Integration zu erstellen.
Damit ergibt sich ein durch die Werte in vorhergehenden Zeitschritten bestimmtes System, das rekursiv gelöst werden kann:

$$(4.4.\text{-}18) \qquad (0.5\mathbf{I} + \overset{(1)}{\mathbf{T}})\cdot\mathbf{u}^{(n)} + \sum_{m=1}^{n-1} \overset{(n-m+1)}{\mathbf{T}} \cdot\mathbf{u}^{(m)} = \sum_{m=1}^{n} \overset{(n-m+1)}{\mathbf{U}} \cdot\mathbf{t}^{(m)} .$$

Es sind jedoch alle diese Blockmatrizen - vom ersten Zeitschritt die Inverse - zu speichern.

Die Aufeinanderfolge der einzelnen, notwendigen Schritte zur Bestimmung der zeitabhängigen Lösung wird am übersichtlichsten durch den angeführten Programmablaufplan (Bild 4.2) erläutert.
Dabei bezeichnet $\overset{(1)}{\mathbf{C}}$ die aus $\overset{(1)}{\mathbf{U}}$ und $\overset{(1)}{\mathbf{T}}$ nach Umsortieren, d.h. Trennen in die den unbekannten Reaktionen bzw. den bekannten Randwerten zugeordneten Spalten,

$$\overset{(1)}{\mathbf{U}} \cdot \begin{bmatrix} \mathbf{t}^{(1)} \\ \bar{\mathbf{t}}^{(1)} \end{bmatrix} =: \begin{bmatrix} \overset{(1)}{\mathbf{U}}_u \, , \, \overset{(1)}{\mathbf{U}}_b \end{bmatrix} \cdot \begin{bmatrix} \mathbf{t}^{(1)} \\ \bar{\mathbf{t}}^{(1)} \end{bmatrix} \quad \text{sowie} \quad \overset{(1)}{\mathbf{T}} \cdot \begin{bmatrix} \mathbf{u}^{(1)} \\ \bar{\mathbf{u}}^{(1)} \end{bmatrix} =: \begin{bmatrix} \overset{(1)}{\mathbf{T}}_u \, , \, \overset{(1)}{\mathbf{T}}_b \end{bmatrix} \cdot \begin{bmatrix} \mathbf{u}^{(1)} \\ \bar{\mathbf{t}}^{(1)} \end{bmatrix}$$

insgesamt den unbekannten Randreaktionen zuzuordnende Koeffizientenmatrix

$$\overset{(1)}{\mathbf{C}} := \left[\overset{(1)}{\mathbf{U}_u}, \ \overset{(1)}{-\mathbf{T}_u} \right] .$$

Diese Aufspaltung wird wegen der speziellen Struktur des Systems (4.4.-18) nur für die Koeffizientenmatrizen des ersten Zeitschritts benötigt.

Der vorgegebene Zeitverlauf der bekannten Randwerte wird im Vektor

$$\mathbf{r}^{(m)} := \left[\overset{(1)}{\mathbf{T}_b} , \ \overset{(1)}{-\mathbf{U}_b} \right] \cdot \left[\begin{matrix} \bar{\mathbf{u}}^{(m)} \\ \bar{\mathbf{t}}^{(m)} \end{matrix} \right]$$

erfaßt.

Die finiten Gleichungen für zweidimensionale Gebiete kompressibler Flüssigkeiten oder akustischer Medien ergeben sich, wie bereits mehrfach dargelegt wurde, aus den gerade aufgeführten Gleichungen durch formales Gleichsetzen von $c_1=c_2=c$ mit $\rho=1$ und Übergang zu skalaren Größen.

So erhält man (4.4.-6) bzw. (4.4.-10) entsprechend nach analytischer Integration über den Zeitschritt $[t_{m-1}, t_m^+]$ für den Kollokationszeitpunkt t_n [6]

$$(4.4.\text{-}19) \qquad P^{nm}(\mathbf{x},\boldsymbol{\xi}) = \frac{1}{2\pi} \ln\left(\frac{n-m+1 + D_{nm}(r;1)}{n-m+D_{nm}(r;0)} \right) \qquad \text{wenn } t_n - t_m > r/c$$

$$= \frac{1}{2\pi} \ln\left(\frac{n-m+1 + D_{nm}(r;1)}{r/c\Delta t} \right) \qquad \text{wenn } t_n-t_m < r/c < t_n-t_m+\Delta t ,$$

$$= 0 \qquad \text{sonst} ,$$

$$(4.4.\text{-}20) \qquad Q^{nm}(\mathbf{x},\boldsymbol{\xi}) = \frac{n_j(\mathbf{x})\, r_{,j}}{2\pi r} \left[D_{nm}(r;1) - 2D_{nm}(r;0) + D_{nm}(r;-1) \right]$$

$$\text{mit} \qquad D_{nm}(r;k) = \begin{cases} \sqrt{(n-m+k)^2 - (r/c\Delta t)^2} & \text{wenn } n-m+k > r/c\Delta t \\ 0 & \text{sonst} \end{cases} .$$

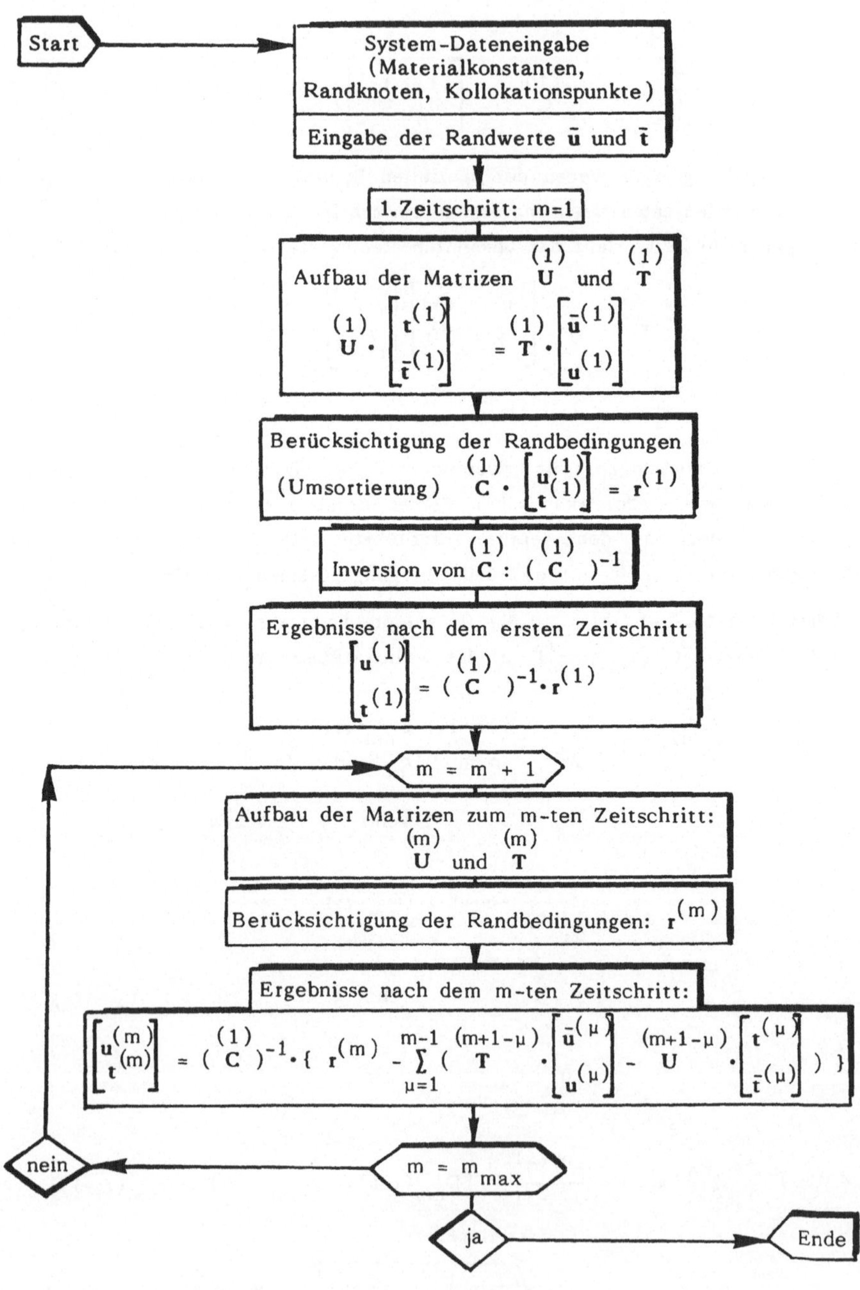

Bild 4.2: Programmablaufplan

Das (4.4.-14) entsprechende algebraische System, die finite Approximation der Integro-Differentialgleichung (4.2.-23)

$$(4.4.\text{-}21) \qquad \frac{1}{2} p^{jn} + \sum_{m=1}^{[M]} \sum_{e} Q_{ej}^{nm} p^{em} = \sum_{m=1}^{[M]} \sum_{e} P_{ej}^{nm} q^{em}$$

ist bei zeitschrittweiser Zusammenfassung aller Randknotenwerte $\mathbf{p}^m = [p^{em}]$ bzw. $\mathbf{q}^n = [q^{en}]$ und der zugehörigen Einflußkoeffizienten $\mathbf{Q}^{nm} = [\ Q_{ej}^{nm}\ ]$ bzw. $\mathbf{P}^{nm} = [\ P_{ej}^{nm}\ ]$ und gleichmäßigen Zeitschritten Δt vollständig entsprechend (4.4.-18) aufgebaut und kann ebenfalls rekursiv gelöst werden.

Die analytische Integration von (4.4.-19) und (4.4.-20) über 'singuläre' Randelemente ($\mathbf{x}, \xi \in \Gamma_e$) ist auf geraden Rändern einfach. Liegt ξ in der Mitte eines Elements Γ_e der Länge d_e, ergibt sich

$$(4.4.\text{-}22) \qquad \int_{\Gamma_e} P^{mm}(\mathbf{x},\xi) d\Gamma_{\mathbf{x}} = \begin{cases} \frac{1}{2\pi}\left[d_e \ln\left(\frac{1+D_{mm}(d_e/2c\Delta t;1)}{d_e/2c\Delta t} \right) + 2c\Delta t \arcsin\left(\frac{d_e}{2c\Delta t}\right) \right] & \text{für } d_e < 2c\Delta t \\ \frac{c\Delta t}{2} & \text{für } d_e > 2c\Delta t \end{cases}$$

und, wegen $r_{,j} n_j = 0$,

$$(4.4.\text{-}23) \qquad \int_{\Gamma_e} Q^{mm}(\mathbf{x},\xi) d\Gamma_{\mathbf{x}} = 0 \ .$$

4.4.2 ZEITSCHRITT-GLEICHUNGEN FÜR RÄUMLICHE PROBLEME

Im Gegensatz zu den Integro-Differentialgleichungen für zeitabhängige ebene Probleme ist bei den Gleichungen für räumliche Probleme keine Zeitintegration über das betrachtete Zeitintervall $[0,t]$ durchzuführen. Die zeitliche Änderung der Zustandsgrößen wird i.a. implizit durch eine in der Gleichung enthaltene Zeitableitung erreicht. Die Kausalität der Lösung ist durch die Einschränkung der Zustandsgrößen auf "retardierte" Zeiten $t_r := t - r/c > 0$ garantiert.

Für dreidimensionale Probleme der Akustik oder der Druckwellenausbreitung in kompressiblen Flüssigkeiten gilt die Gleichung (4.2.-16) der direkten Methode. Sie lautet im Falle von Quellenfreiheit im Inneren ($\bar{a}(\mathbf{x},t_r) \equiv 0$) und bei homogenen Anfangsbedingungen

$$(4.4.-24)\quad d(\xi)p(\xi,t) - \oint_\Gamma \frac{r_{,n}}{4\pi r^2}\{p(\mathbf{x},t_r) + \frac{r}{c}\dot{p}(\mathbf{x},t_r)\}d\Gamma_{\mathbf{x}} = \oint_\Gamma \frac{1}{4\pi r}\, q(\mathbf{x},t_r)\, d\Gamma_{\mathbf{x}} .$$

Dabei ist unter gewissen Einschränkungen (siehe (3.2.-13))

$$(4.4.-25)\quad d(\xi) = \begin{cases} 1/2 & \text{auf glatten Oberflächen } \Gamma \\ \Delta\varphi/2\pi & \text{für } \xi \text{ auf Kanten mit Innenwinkel } \varphi \\ 1/8 & \text{in einer } 90^{\circ}\text{-Ecke.} \end{cases}$$

Die einfachst möglichen Approximationen für den Druck $p(\mathbf{x},t)$ bzw. den Druckfluß $q(\mathbf{x},t)$ auf dem diskretisierten Rand, d.h. in den Randelementen Γ_e, und entlang der Zeitachse $[0,t]$ in den Zeitschritten $[t_m,t_{m+1}]$ sind

$$(4.4.-26)\quad p(\mathbf{x},\tau) = \frac{t_{m+1}-\tau}{\Delta t}\, p^{em} + \frac{\tau - t_m}{\Delta t}\, p^{em+1}$$

$$(4.4.-27)\quad q(\mathbf{x},\tau) = q^{em+1}, \qquad \text{für} \begin{cases} \mathbf{x}^e \le \mathbf{x} \le \mathbf{x}^{e+1}, \\ t_m \le \tau \le t_m . \end{cases}$$

Das heißt, es sind konstante Ansätze für beide Größen in den Randelementen Γ_e möglich. In den Zeitschritten $[t_m,t_{m+1}]$ hingegen macht die Approximation der zeitlichen Druckänderung $\dot{p}(\mathbf{x},\tau)$ mindestens lineare Ansätze (entsprechend einem Differenzenquotienten 1. Ordnung) erforderlich.

Bei gleichen Zeitschritten $t_m = m\Delta t$, $m=0,1,\ldots$ und Kollokation in den Zeitschrittgrenzen $t = t_n = n\Delta t$, $n = 1,2,\ldots$, werden die Zustandsgrößen zur Zeit $t_{nr} = n\Delta t - r/c$ durch

$$(4.4.-28)\quad p(\mathbf{x},t_{nr}) = [(m+1-n+\frac{r}{c\Delta t})p^{em}+(n-\frac{r}{c\Delta t}-m)p^{em+1}]\ H(n\Delta t-r/c)$$

$$(4.4.-29)\quad q(\mathbf{x},t_{nr}) = q^{em+1}H(n\Delta t-r/c)$$

approximiert. Die Heaviside-Funktion $H(n\Delta t-r/c)$ sorgt dabei für die Erfüllung der Kausalitätsforderung. Die Indizes der durch die Kollokation in t_n beeinflußten

Knotenwerte p^{em} bzw. q^{em} sind durch

$$m\Delta t \leq n\Delta t - r/c \leq (m+1)\Delta t$$

festgelegt. Infolge der Abhängigkeit dieser Ungleichungen von $r = |\mathbf{x}-\boldsymbol{\xi}|$ hängt der aktuell gültige Index m von der Lage des Quellpunktes $\boldsymbol{\xi}$ und der des Randelements Γ_e ab.

Mit diesen Ansätzen und durch Kollokationen in den Randelementmittelpunkten $\boldsymbol{\xi}^j$ erhält man aus (4.4.-24) das finite System ($r_j := |\mathbf{x} - \boldsymbol{\xi}^j|$)

$$(4.4.\text{-}30)\quad \frac{1}{2}p^{jn} - \sum_e \int_{\Gamma_e} \frac{n_i(\mathbf{x})r_{j,i}}{4\pi r_j^2}\{(m+1-n+\frac{r_j}{c\Delta t})p^{em} + (n-\frac{r_j}{c\Delta t}-m)p^{em+1}) + \frac{r_j}{c\Delta t}(p^{em+1}-p^{em})\}H(n\Delta t-\frac{r_j}{c})\}d\Gamma_{\mathbf{x}}$$

$$= \sum_e \int_{\Gamma_e} \frac{1}{4\pi r_j} q^{em+1} H(n\Delta t-\frac{r_j}{c})d\Gamma_{\mathbf{x}} .$$

Dabei sind folgende Nebenbedingungen zur Erfüllung der Kausalität zu beachten:

Je nach Zeitpunkt und Lage der Kollokation, d.h. je nach Größe von $t_n = n\Delta t$ und r_j werden bei der Integration über die Randelemente Γ_e andere Knotenpunktswerte p^{em} und q^{em} beeinflußt.

Bei homogenen Anfangsbedingungen enthält das System

für n = 1 wegen $m\Delta t \leq \Delta t - r_j/c \leq (m+1)\Delta t$, d.f. m=0, nur Knotenwerte p^{e1} bzw. q^{e1}, und zwar Beiträge nur aus den Randelementen Γ_e, für die $0 \leq r_j \leq c\Delta t$ gilt:

$$(4.4.\text{-}31)\quad \frac{1}{2}p^{j1} - \sum_e [\int_{\Gamma_e} \frac{n_i(\mathbf{x})r_{j,i}}{4\pi r_j^2} H(\Delta t-\frac{r_j}{c})d\Gamma_{\mathbf{x}}]\, p^{e1} = \sum_e [\int_{\Gamma_e} \frac{H(\Delta t-r_j/c)}{4\pi r_j} d\Gamma_{\mathbf{x}}]\, q^{e1},$$

für n = 2 wegen m=0 bei Elementen Γ_e mit $c\Delta t \leq r_j \leq 2c\Delta t$ und m=1 bei Elementen Γ_e mit $0 \leq r_j \leq c\Delta t$:

$$(4.4.-32)\quad \frac{1}{2}\,p^{j2} - \sum_e \{\, [\int_{\Gamma_e} \frac{n_i(\mathbf{x}) r_{j,i}}{4\pi r_j^2} H(2\Delta t - \frac{r_j}{c}) d\Gamma_{\mathbf{x}}]\, 2p^{e1} \quad \text{für } \Gamma_e\text{: } c\Delta t \le r_j \le 2c\Delta t$$

$$+ [\int_{\Gamma_e} \frac{n_i(\mathbf{x}) r_{j,i}}{4\pi r_j^2} H(2\Delta t - \frac{r_j}{c}) d\Gamma_{\mathbf{x}}]\, p^{e2} \} \quad \text{für } \Gamma_e\text{: } 0 \le r_j \le c\Delta t$$

$$= \sum_e \{\, [\int_{\Gamma_e} \frac{H(2\Delta t - r_j/c)}{4\pi r_j} d\Gamma_{\mathbf{x}}]\, q^{e1} \quad \text{für } \Gamma_e\text{: } c\Delta t \le r_j \le 2c\Delta t$$

$$+ [\int_{\Gamma_e} \frac{H(2\Delta t - r_j/c)}{4\pi r_j} d\Gamma_{\mathbf{x}}]\, q^{e2} \} \quad \text{für } \Gamma_e\text{: } 0 \le r_j \le c\Delta t\,.$$

Verfolgt man diese Eigenschaften des Gleichungssystems weiter und faßt die zu den einzelnen Zeitschritten $n\Delta t$ gehörenden Randwerte $\mathbf{p}^n = [p^{jn}]$ bzw. $\mathbf{q}^n = [q^{jn}]$ zusammen, lassen sich die zugehörigen Einflußmatrizen wie folgt angeben ($m=1,3,..$):

$$(4.4.-33)\quad \mathbf{Q}^{mm} = [\int_{\Gamma_e} \frac{n_i(\mathbf{x}) r_{j,i}}{4\pi r_j^2} H(c\Delta t - r_j)\, d\Gamma_{\mathbf{x}}\,]\,,$$

$$(4.4.-34)\quad \mathbf{Q}^{m+l,m} = [\,(l+1)\int_{\Gamma_e} \frac{n_i(\mathbf{x}) r_{j,i}}{4\pi r_j^2} H((l+1)c\Delta t - r_j) H(r_j - lc\Delta t)\, d\Gamma_{\mathbf{x}}$$

$$- (l-1)\int_{\Gamma_e} \frac{n_i(\mathbf{x}) r_{j,i}}{4\pi r_j^2} H(lc\Delta t - r_j) H(r_j - (l-1)c\Delta t)\, d\Gamma_{\mathbf{x}}\,] \quad \text{für } l = 1, 2, \ldots$$

und

$$(4.4.-35)\quad \mathbf{P}^{m-l,m} = [\int_{\Gamma_e} \frac{H((l+1)c\Delta t - r_j) H(r_j - lc\Delta t)}{4\pi r_j} d\Gamma_{\mathbf{x}}] \quad \text{für } l = 0, 1, \ldots\,.$$

Daraus läßt sich erkennen, daß - wie bei den ebenen Problemen (siehe (4.4.-18)) - Blockmatrizen auf gleichen Diagonalen identisch sind:

$$Q^{11} = Q^{22} = \ldots =: \overset{(1)}{Q}$$
$$Q^{21} = Q^{32} = \ldots =: \overset{(2)}{Q} \quad \text{usw.},$$

und ebenso

$$P^{11} = P^{22} = \ldots =: \overset{(1)}{P}$$
$$P^{21} = P^{32} = \ldots =: \overset{(2)}{P} \quad \text{usw.}$$

Damit ergibt sich schließlich folgendes finite System als Approximation der Integro-Differentialgleichung (4.4.-24).

$$(4.4.\text{-}36) \quad \begin{bmatrix} \frac{1}{2}I+\overset{(1)}{Q} & 0 & 0 & & \\ \overset{(2)}{Q} & \frac{1}{2}I+\overset{(1)}{Q} & 0 & 0 & \\ \vdots & & & & \\ \overset{(n)}{Q} & \overset{(n-1)}{Q} & \ldots & & \frac{1}{2}I+\overset{(1)}{Q} \end{bmatrix} \cdot \begin{bmatrix} p^{(1)} \\ p^{(2)} \\ \vdots \\ p^{(n)} \end{bmatrix} = \begin{bmatrix} \overset{(1)}{P} & 0 & & & \\ \overset{(2)}{P} & \overset{(1)}{P} & 0 & 0 & \\ & & & & \\ \overset{(n)}{P} & \overset{(n-1)}{P} & \ldots & & \overset{(1)}{P} \end{bmatrix} \cdot \begin{bmatrix} q^{(1)} \\ q^{(2)} \\ \vdots \\ q^{(n)} \end{bmatrix}.$$

In diesem System enthalten nur die Blockmatrizen $\overset{(1)}{Q}$ bzw. $\overset{(1)}{P}$ Koeffizienten, die durch Integration über 'singuläre' Elemente, d.h. über Elemente entstehen, in denen neben den Beobachtungs- (Integrations-) Punkten $\mathbf{x}$ auch der Quellpunkt $\boldsymbol{\xi}^j$ liegt (wegen $0 \leq r_j \leq c\Delta t$). Auf nicht-gekrümmten, also ebenen Oberflächenbereichen liegende singuläre Elemente lassen sich analytisch integrieren.

Bei R e c h t e c k e l e m e n t e n Γ_e ($\boldsymbol{\xi}^j \in \Gamma_e$) mit den Seitenlängen d_1 bzw. d_2 und dem singulären Punkt $\boldsymbol{\xi}^j$ im Mittelpunkt (siehe Bild 4.3) ergibt sich für den Fall, daß $c\Delta t > r_j = |\mathbf{x}-\boldsymbol{\xi}^j|$, $\mathbf{x} \in \Gamma_e$, d.h. $2c\Delta t > \sqrt{d_1^2 + d_2^2}$

$$(4.4.\text{-}37) \quad \frac{1}{4\pi}\int_{\Gamma_e} \frac{1}{|\mathbf{x}-\boldsymbol{\xi}^j|}\, d\Gamma_{\mathbf{x}} = -\frac{1}{4\pi}\left[d_2 \ln \frac{\sqrt{d_1^2+d_2^2} - d_1}{\sqrt{d_1^2+d_2^2} + d_1} + d_1 \ln \frac{\sqrt{d_1^2+d_2^2} - d_2}{\sqrt{d_1^2+d_2^2} + d_2}\right].$$

Bei D r e i e c k s e l e m e n t e n Γ_e mit den Eckkoordinaten $\boldsymbol{\xi}^j$ (= 'singulärer' Punkt) und $(\boldsymbol{\xi}^j+\mathbf{a})$ bzw. $(\boldsymbol{\xi}^j+\mathbf{b})$ (siehe Bild 4.4) und der Fläche $F_e = |\mathbf{a} \times \mathbf{b}|/2$ ergibt sich mit $\mathbf{r} = y\mathbf{a} + z(\mathbf{b}-\mathbf{a})$,

das heißt mit $|\mathbf{r}| = \sqrt{z^2(\mathbf{b}-\mathbf{a})\cdot(\mathbf{b}-\mathbf{a}) + 2zy\mathbf{a}\cdot(\mathbf{b}-\mathbf{a}) + y^2\mathbf{a}\cdot\mathbf{b}}$

für das singuläre Integral

$$(4.4.-38)\quad \frac{1}{4\pi}\int_{\Gamma_e}\frac{1}{|\mathbf{r}|}\,d\Gamma_x = \frac{1}{4\pi}\int_{y=0}^{1}\int_{z=0}^{y}\frac{2F_e\,dydz}{|\mathbf{r}|}$$

$$= \frac{F_e}{2\pi|\mathbf{b}-\mathbf{a}|}\ln\left|\frac{|\mathbf{b}|\,(|\mathbf{b}-\mathbf{a}| + |\mathbf{b}| - |\mathbf{a}|\cos\beta)}{|\mathbf{a}|\,(|\mathbf{b}-\mathbf{a}| - |\mathbf{a}| + |\mathbf{b}|\cos\beta)}\right| .$$

Anmerkung:

Bei Problemen mit endlich ausgedehnten Gebieten existiert ein größter Abstand r_{jmax} zwischen Quellpunkt ξ^j und den Integrationspunkten $\mathbf{x}$. Damit existiert wegen $H(r_j - lc\Delta t)$ ein größter Indexwert $l_m = l_{max}$: $(l_m+1)c\Delta t > r_{jmax}$, für den aus (4.4.-34) bzw. (4.4.-35) Koeffizienten ungleich Null bestimmt werden. Es wird also

$$\mathbf{Q}^{m}{}^{(m+l_m+1,\,m)} = \mathbf{0} \quad \text{und} \quad \mathbf{P}^{m}{}^{(m+l_m+1,\,m)} = \mathbf{0} ,$$

d.h. für endliche Gebiete ergibt sich ein finites System (4.4.-33) mit Block-Bandstruktur.

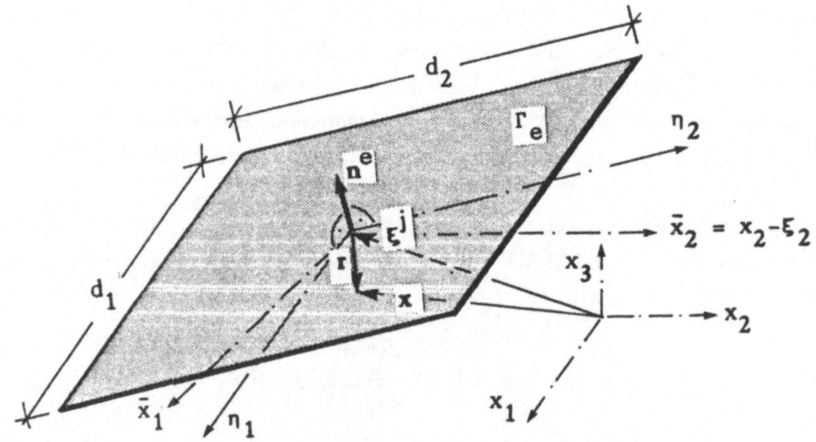

Bild 4.3: Abmessungen eines ebenen Rechteckelements im Raum
Singulärer Punkt ξ^j in der Mitte

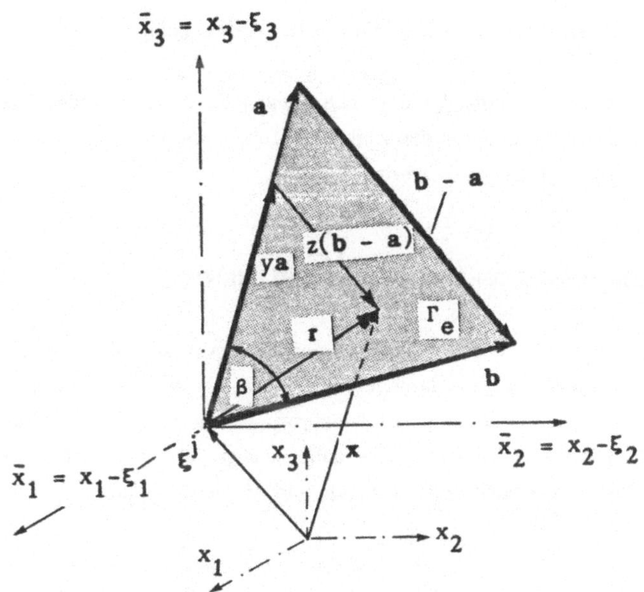

Bild 4.4: 3-D Dreieckselement mit singulärem Punkt ξ^j in einer Ecke

5. FUNDAMENTE UNTER DYNAMISCHEN LASTEINWIRKUNGEN

Das dynamische Verhalten von Strukturen, seien es Bauwerke oder Maschinen, wird häufig durch den Kontakt mit dem Boden stark beeinflußt. Zur Untersuchung dieser Wechselwirkungen gibt es grundsätzlich zwei Möglichkeiten:

die direkte Methode, bei der die Struktur und der Boden zusammen in einem Modell untersucht werden, und

die Substruktur-Methode, bei der die Teilstrukturen "Bauwerk oder Maschine" und "Boden" zunächst getrennt beschrieben, d.h. ihre dynamischen Eigenschaften einzeln festgestellt werden, und danach erst gekoppelt werden.

Im Folgenden wird zur Beschreibung der Wirkung der Substruktur Boden das Verhalten der Kontaktfläche, des "Fundaments" untersucht. Die sich daraus ergebende "dynamische Flexibilitätsmatrix" kann dann mit der des Bauwerks oder der Maschine gekoppelt und so deren Wechselwirkung festgestellt werden.
Der Boden wird dabei als elastisch und bereichsweise homogen angenommen. Zwar

ist z.B. der Gleitmodul G orts-, hier z.B. tiefenabhängig, jedoch sind solche Heterogenitäten oft vernachlässigbar. Auch kann bei unendlich oder halbunendlich ausgedehnten Gebieten wegen der dort überwiegenden Dämpfung des Systems durch Abstrahlung (äußere oder geometrische Dämpfung) die (innere) Materialdämpfung meist unberücksichtigt gelassen werden.

5.1 FLEXIBLES MASSELOSES STREIFENFUNDAMENT

Der Teil der Oberfläche des Bodens, auf dem Kontakt mit einer Struktur besteht, wird häufig als masseloses Fundament bezeichnet. Ist in einer Koordinatenrichtung die Abmessung dieses "Fundaments" konstant, ist es also ein Streifenfundament, und sind die dynamischen Lasten, die dort wirken, ebenfalls von dieser Richtung unabhängig (Bild 5.1), handelt es sich um ein ebenes Problem.

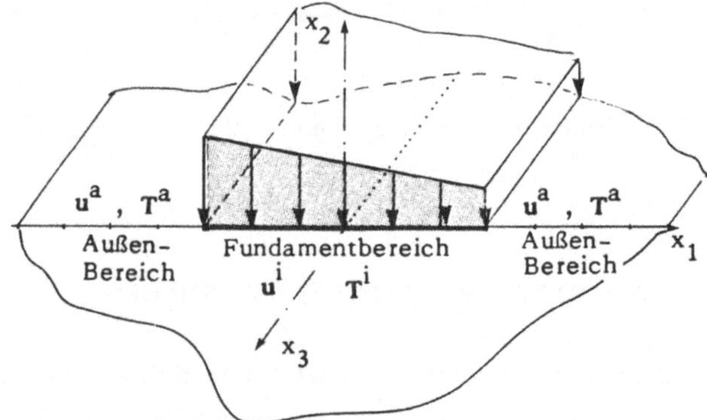

Bild 5.1: Geometrie und Zustandsgrößen bei einem Streifenfundament

Es wird im Zeitbereich in der direkten Formulierung durch die Gleichung (4.2.-21), im Frequenzbereich durch (3.2.-4) beschrieben.

Soll diese Kontaktfläche flexibel sein, sind nach der Substrukturmethode als Modellierung eines "flexiblen Streifenfundaments" dynamische Lasten und deren Auswirkungen auf den elastischen Halbraum zu untersuchen.

Damit können Aussagen über die zumeist dämpfende Wirkung des Untergrunds gemacht werden, wobei die Betrachtung direkt im Zeitbereich wegen ihrer Anschaulichkeit sehr vorteilhaft ist.

Als Beispiel sei eine Halbebene unter dem Einfluß einer vertikalen Randlast

$$T_j(x_1,0,t) = -\delta_{j2}p_o(x_1,0)H(t-0) \text{ mit } p_o(x_1,o) = qH(x_1+b)[1-H(x_o-b)]$$

vorgestellt [2] . Dafür können Resultate aus Arbeiten von Cruse und Rizzo [28] und Mansur [64] zum Vergleich herangezogen werden.

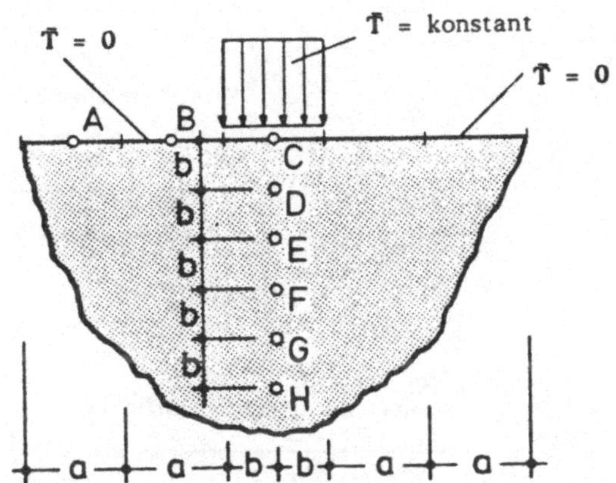

Bild 5.2: Rand-Diskretisierung der Halbebene unter unstetiger Randlast

Die plötzlich zum Zeitpunkt t = 0 aufgebrachte Last wirkt auf einem Streifen der Breite 2b = 146.4 m und hat die Intensität $q = 6.896 \cdot 10^4$ KN/m^2. Der tragende homogene, linear elastische Boden wird mit dem Elastizitätsmodul $E = 1.724 \cdot 10^7$ KN/m^2, der Dichte $\rho = 3151$ kg/m^3 und der Poisson'sche Zahl $\nu = 0.25$ angenommen. Unter Bedingungen des ebenen Verzerrungszustands ist darin die Geschwindigkeit der Druckwelle $c_1 = 830.6$ m/s und die der Scherwelle $c_2 = 472.4$ m/s.

Die Oberfläche der Halbebene sei durch mindestens 5 (Bild 5.2), und zum Vergleich durch bis zu 11 gleich große Randelemente der Länge a = 2b diskretisiert. Dabei wurde als Zeitschrittgröße $\Delta t = 0.51 \cdot a/c_1 = 0.095$ Sek. gewählt.

Wird der Zeitverlauf der Vertikalverschiebung im Mittelpunkt des durch den Impuls belasteten Bereichs der Oberfläche betrachtet (Bild 5.3), ist der Unterschied kaum feststellbar. Dies gilt auch für Punkte in der Nähe des "Fundaments", sei es unterhalb oder daneben (Bilder 5.4). Mit wachsendem Abstand wächst allerdings auch der Einfluß dieses "Diskretisierungs-Abbruches". Besonders gravierend wirkt sich dieser "Abbruch" auf die Horizontalverschiebungen in Oberflächenpunkten aus. Im Punkt B z.B. (Bild 5.5) ist die Lösung nur 12 Zeitschritte lang für alle vier betrachteten Diskretisierungen gleich. Erweiterungen des diskretisierten Oberflächenbereichs verlängern den Zeitbereich mit einer 'stabilen' Lösung.

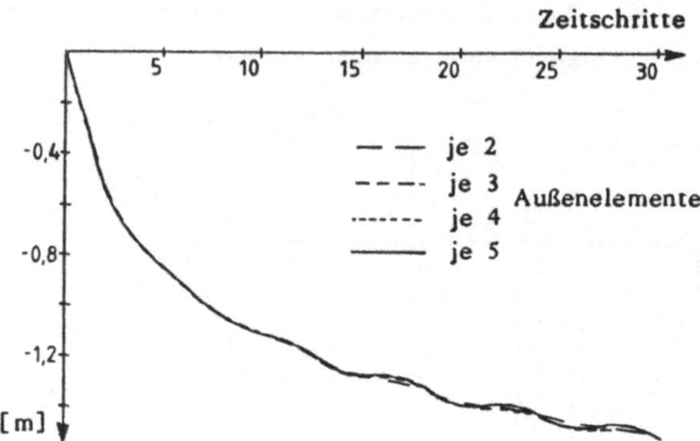

Bild 5.3: Vertikalverschiebung im Punkt C
Einfluß der Diskretisierung der freien Oberfläche

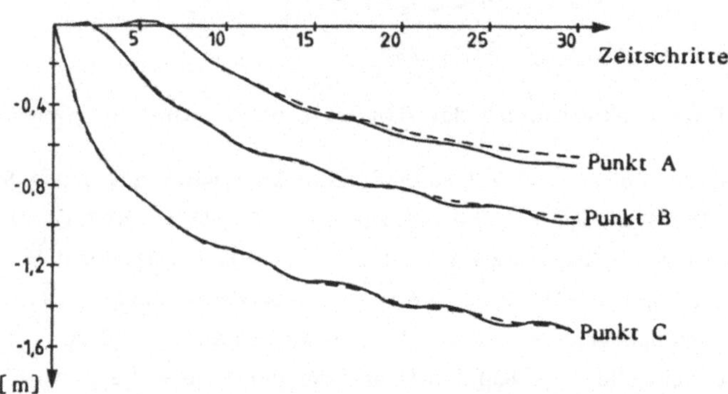

Bild 5.4a: Vertikalverschiebung in den Oberflächen-Punkten A, B, C
Vergleich: Lösung mit je zwei und je fünf Außenelementen

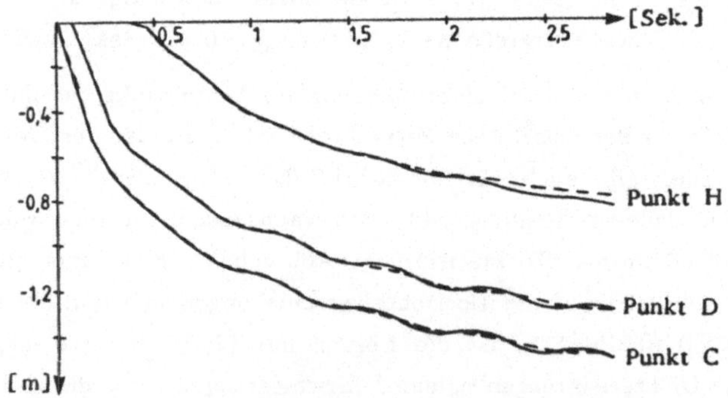

Bild 5.4b: Vertikalverschiebung in Punkten H, D, C unter der Last
Vergleich: Lösung mit je zwei und je fünf Außenelementen

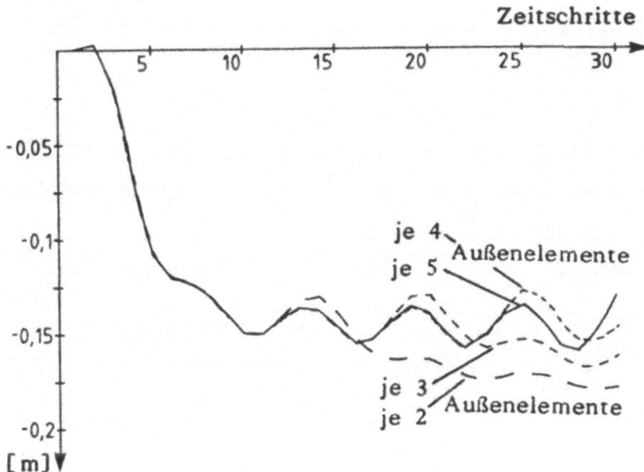

Bild 5.5: Horizontalverschiebung im Oberflächen-Punkt B
Vergleich: Lösung mit je 2, 3, 4 und 5 Außenelementen

So stimmt die Horizontalverschiebung (Bild 5.5) bei Verwendung von je vier Außenelementen (auf beiden Seiten des belasteten Elementes) bereits 23 Zeitschritte lang mit der mit je 5 Außenelementen überein.

Neben diesen Feststellungen bzgl. des Einflusses des Diskretisierungs-Abbruches zeigen die Ergebnisse, daß die Reaktionen mit wachsender Tiefe infolge der Dämpfung durch seitliche Abstrahlung abnehmen; im Punkt H ist die Normalverschiebung bereits auf ungefähr die Hälfte reduziert.

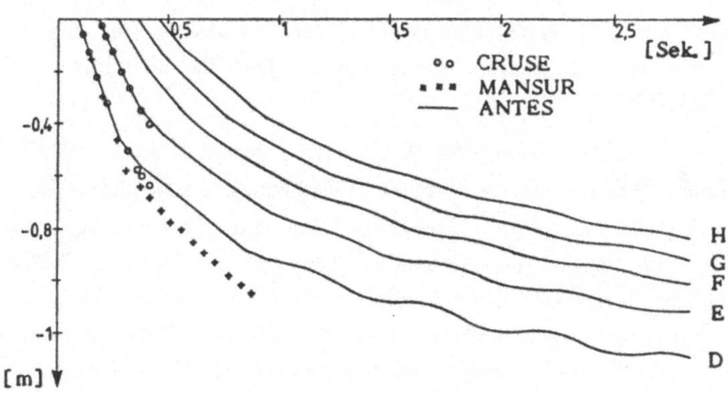

Bild 5.6: Vertikalverschiebungen unterhalb des Fundaments

Auch die Auswirkungen der Fundamentlast auf die Oberflächenumgebung eines Bauwerkes sind von Interesse. Es ist zu ersehen, daß auf der Oberfläche im gleichen Abstand vom Fundament die Vertikalkomponenten (z.B. in B) deutlich (nach 30 Zeitschritten ≙ 2.8 Sek.) um 30% kleiner als unter dem Fundament (in F) ist; dies dürfte durch die zusätzliche Dämpfung infolge der Ausbildung von Rayleighwellen bewirkt werden.

Für beide Bereiche, im Innern und auf dem Rand, ist, soweit Vergleichswerte vorliegen, gute Übereinstimmung mit den Werten von Cruse und Rizzo [28] und Mansur [64] zu festzustellen (Bilder 5.6, 5.7).

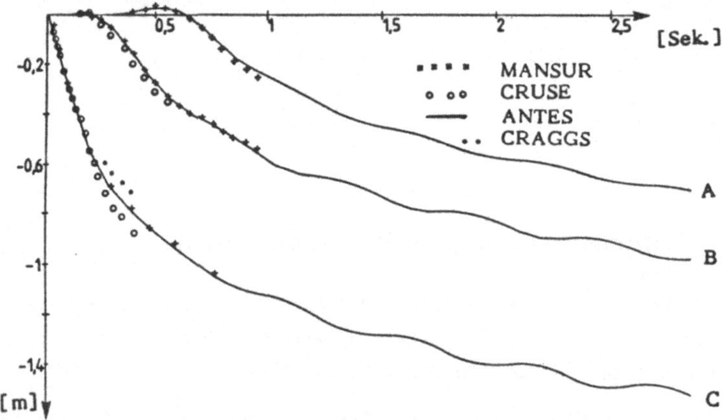

Bild 5.7: Vertikalverschiebungen auf der Oberfläche

Die Bestimmung von dynamischen Zustandsgrößen im Innern eines Gebiets, hier also im Untergrund, ist mit Hilfe der bisher benutzten "direkten" Integralgleichung (4.2.-21) nur über Umwege näherungsweise möglich. Dabei werden die Spannungen in einem Punkt aus dem Verschiebungsfeld in drei Nachbarpunkten und den daraus in grober Näherung ableitbaren Verzerrungen über die konstitutive Beziehung (2.1.-4) ermittelt [33].

Wenn auf der ganzen Berandung die Randkräfte vorgegeben sind - also bei einem Randwertproblem zweiter Art -, ist die Verwendung einer indirekten Integralgleichung [7] ein sehr viel direkterer Weg zur Bestimmung dynamischer Zustandsgrößen im Innern eines Gebiets. Dies ist z.B. mit den Gleichungen (4.3.-6) möglich. Deren numerische Realisierung erhält man sehr einfach aus derjenigen der "direkten" Formulierung (4.4.-10), wenn man anstelle der dortigen Produkte $\mathbf{U}^{(n-m+1)} \cdot \mathbf{t}^{(m)}$ den gegebenen Randkräftevektor $\bar{\mathbf{t}}^{(n)}$ (an den Kollokationspunkten im Zeitschritt $n\Delta t$) setzt:

$$(0.5\mathbf{I} + \mathbf{T}^{(1)}) \cdot \mathbf{F}^{(n)} + \sum_{m=1}^{n-1} \mathbf{T}^{(n-m+1)} \cdot \mathbf{F}^{(m)} = \bar{\mathbf{t}}^{(n)} .$$

Das Ergebnis beider Verfahren, der direkten und der indirekten Formulierung, ist an der Normalspannungskomponente σ_{22} im Punkt D dem von Cruse [28] und Mansur [64] gegebenen Zeitverläufen gegenübergestellt (Bild 5.8). Es ist offensichtlich, daß der Zeitverlauf, der sich mittels der indirekten Methode ergibt, genauer ist; so wird bei ihm die Kausalität nicht verletzt, d.h. es wird korrekt erst nach Eintreffen der Druckwelle im Punkt D ein Spannungswert registriert. Demgegenüber resultiert bei der Bestimmung über die Verzerrungen aus den Verschiebungsdifferenzen wegen der in C bereits von Anfang an auftretenden Verschiebung auch von Anfang an eine Spannung in D.

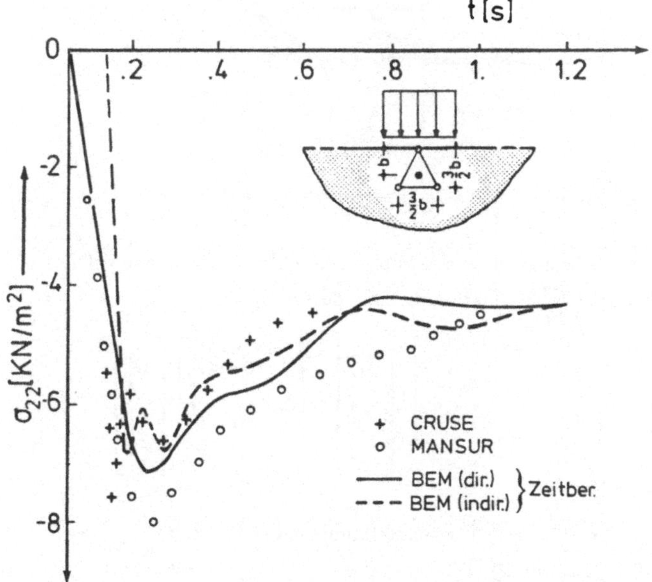

Bild 5.8: Normalspannung σ_{22} im Punkt D im Innern

5.2 STARRE MASSELOSE STREIFEN-FUNDAMENTE

Da häufig Gebäude oder zumindest ihre Gründungen sehr viel steifer als der Untergrund sind, wird meist der Teil der Oberfläche des Bodens, auf dem der Kontakt besteht, zu einem starren Bereich, einem starren masselosen Fundament zusammengefasst.

Die Elemente des Fundaments, bzw. die dort auftretenden (inneren) Zustandsgrößen $\mathbf{u}^i(\mathbf{x},t)$ und $\mathbf{T}^i(\mathbf{x},t)$ sind so zusammenzufassen, daß dieser Bereich nur als Ganzes Starrkörperbewegungen durchführen kann. Unter den auf das Fundament einwirkenden resultierenden Kräften $R_1^S(\mathbf{x},t)$ und $R_2^S(\mathbf{x},t)$ bzw. einem Drehmoment $M^S(\mathbf{x},t)$ erfolgen also Schwerpunktsverschiebungen $u_1^S(\mathbf{x},t)$ und $u_2^S(\mathbf{x},t)$ sowie Drehbewegungen $\varphi^S(\mathbf{x},t)$ um den Schwerpunkt S.

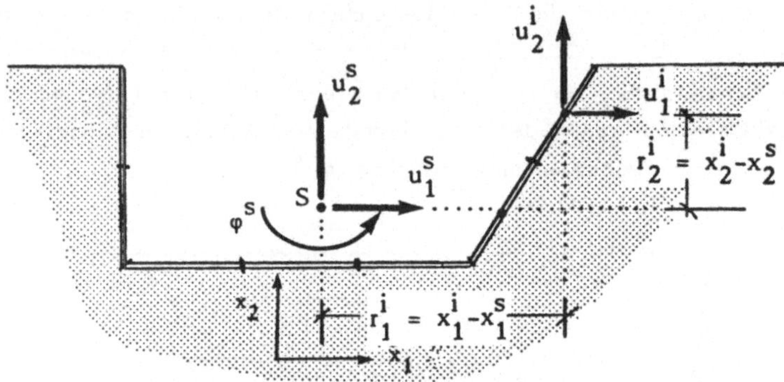

Bild 5.9: Starrkörperbewegungen, Elementverschiebungen und Geometrie eines starren Fundaments

Die Beziehungen zwischen den einzelnen Elementverschiebungen $(u_1^i,\ u_2^i)$ und den Bewegungen des starren Fundaments sind durch

$$(5.2.-1)\quad \begin{bmatrix} u_1^i \\ u_2^i \end{bmatrix} = \begin{bmatrix} 1 & 0 & -(x_2^i - x_2^s) \\ 0 & 1 & (x_1^i - x_1^s) \end{bmatrix} \bullet \begin{bmatrix} u_1^s \\ u_2^s \\ \varphi^s \end{bmatrix} = \begin{bmatrix} 1 & 0 & -r_2^i \\ 0 & 1 & r_1^i \end{bmatrix} \bullet \begin{bmatrix} u_1^s \\ u_2^s \\ \varphi^s \end{bmatrix},$$

bzw. für deren Normal- und Tangentialkomponenten durch

$$(5.2.-2)\quad \begin{bmatrix} u_n^i \\ u_s^i \end{bmatrix} = \begin{bmatrix} \cos\varphi^i & \sin\varphi^i \\ -\sin\varphi^i & \cos\varphi^i \end{bmatrix} \bullet \begin{bmatrix} 1 & 0 & -r_2^i \\ 0 & 1 & r_1^i \end{bmatrix} \bullet \begin{bmatrix} u_1^s \\ u_2^s \\ \varphi^s \end{bmatrix}$$

beschrieben. Insgesamt ergibt sich danach der Zusammenhang aller Elementverschiebungen eines Fundaments $(\mathbf{u}_n^F\ ;\ \mathbf{u}_s^F) = (u_n^{i1}, u_n^{i2}, \ldots; u_s^{i1}, \ldots, u_s^{in})$ mit den Starrkörperbewegungen durch

$$(5.2.-3)\quad \begin{bmatrix} \mathbf{u}_n^F \\ \mathbf{u}_s^F \end{bmatrix} = \mathbf{A} \bullet \begin{bmatrix} u_1^s \\ u_2^s \\ \varphi_s \end{bmatrix},$$

wobei **A** explizit wie folgt definiert ist:

$$\begin{bmatrix} \mathbf{u}_n^F \\ \mathbf{u}_s^F \end{bmatrix} = \underbrace{\left[\begin{array}{c|c|c} \cos\varphi^{i1} & \sin\varphi^{i1} & -r_2^{i\,1}\cos\varphi^{i1}+r_1^{i\,1}\sin\varphi^{i1} \\ \cos\varphi^{i2} & \sin\varphi^{i2} & \\ \vdots & \vdots & \vdots \\ \cos\varphi^{in} & \sin\varphi^{in} & -r_2^{i\,n}\cos\varphi^{in}+r_1^{i\,n}\sin\varphi^{in} \\ \hline -\sin\varphi^{i1} & \cos\varphi^{i1} & r_2^{i\,1}\sin\varphi^{i1}+r_1^{i\,1}\cos\varphi^{i1} \\ -\sin\varphi^{i2} & \cos\varphi^{i2} & r_2^{i\,2}\sin\varphi^{i2}+r_1^{i\,2}\cos\varphi^{i2} \\ \vdots & \vdots & \vdots \\ -\sin\varphi^{in} & \cos\varphi^{in} & r_2^{i\,n}\sin\varphi^{in}+r_1^{i\,n}\cos\varphi^{in} \end{array}\right]}_{=:\,\mathbf{A}} \bullet \begin{bmatrix} u_1^s \\ u_2^s \\ \varphi^s \end{bmatrix}.$$

Die resultierenden Kräfte $R_1^S(\mathbf{x},t)$, $R_2^S(\mathbf{x},t)$ und das Drehmoment $M^S(\mathbf{x},t)$ erhält man bei elementweise konstanten Randspannungen T_n^i und T_s^i und Elementlängen l^i (siehe Bild 5.10) pro Element aus

$$\begin{bmatrix} R_1^S \\ R_2^S \\ M^S \end{bmatrix} = \begin{bmatrix} l^i & 0 \\ 0 & l^i \\ -r_2^i l^i & r_1^i l^i \end{bmatrix} \bullet \begin{bmatrix} \cos\varphi^i & -\sin\varphi^i \\ \sin\varphi^i & \cos\varphi^i \end{bmatrix} \bullet \begin{bmatrix} T_n^i \\ T_s^i \end{bmatrix} \tag{5.2.-4}$$

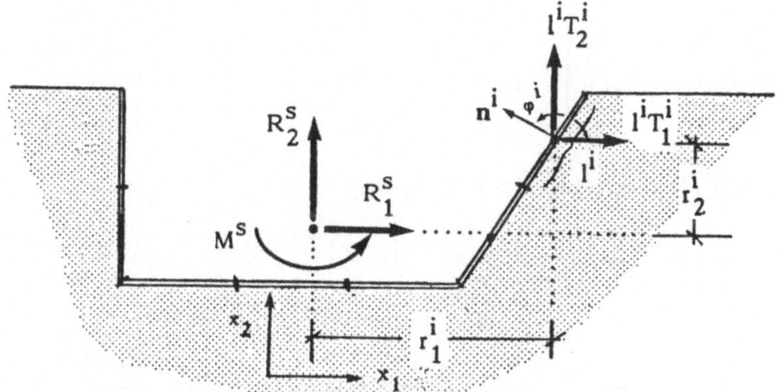

Bild 5.10: Resultierende Lasten, Elementspannungen und Geometrie eines starren Fundaments

insgesamt durch

$$(5.2.-5)\quad \begin{bmatrix} R_1^S \\ R_2^S \\ M^S \end{bmatrix} = \mathbf{A}^T \cdot \underbrace{\left[\begin{array}{cccc|cccc} l^{i1} & 0 & & & & & & \\ 0 & l^{i2} & & \mathbf{0} & & \mathbf{0} & & \\ & \mathbf{0} & \ddots & & & & & \\ & & & l^{in} & & & & \\ \hline & & & & l^{i1} & & \mathbf{0} & \\ & & \mathbf{0} & & & \ddots & & \\ & & & & \mathbf{0} & & & l^{in} \end{array}\right]}_{:=\mathbf{L}} \cdot \begin{bmatrix} T_n^{i1} \\ T_n^{i2} \\ \vdots \\ T_n^{in} \\ \hline T_s^{i1} \\ T_s^{i2} \\ \vdots \\ T_s^{in} \end{bmatrix}$$

bzw.

$$\begin{bmatrix} R_1^S \\ R_2^S \\ M^S \end{bmatrix} = \mathbf{A}^T \cdot \mathbf{L} \cdot \begin{bmatrix} \mathbf{T}_n^F \\ \mathbf{T}_s^F \end{bmatrix} \quad .$$

Sortiert man das finite Gleichungssystem (4.4.-18) so, daß jeweils - bei den Randverschiebungen wie bei den Randspannungen - die Zustandsgrößen in den Knotenpunkten der Fundamentelemente ("i") von den anderen ("a") getrennt stehen,

$$(5.2.-6)\quad \begin{bmatrix} \overset{(m)}{\mathbf{U}}_{ii} & \overset{(m)}{\mathbf{U}}_{ia} \\ \overset{(m)}{\mathbf{U}}_{ai} & \overset{(m)}{\mathbf{U}}_{aa} \end{bmatrix} \cdot \begin{bmatrix} \mathbf{t}_i^{(m)} \\ \mathbf{t}_a^{(m)} \end{bmatrix} = \begin{bmatrix} \overset{(m)}{\mathbf{T}}_{ii} & \overset{(m)}{\mathbf{T}}_{ia} \\ \overset{(m)}{\mathbf{T}}_{ai} & \overset{(m)}{\mathbf{T}}_{aa} \end{bmatrix} \cdot \begin{bmatrix} \mathbf{u}_i^{(m)} \\ \mathbf{u}_a^{(m)} \end{bmatrix}$$

so ergibt sich für den ersten Zeitschritt aus

$$(5.2.-7)\quad \mathbf{t}^{(1)} = \Big[\underbrace{\overset{(1)}{\mathbf{U}}{}^{-1} \cdot (0.5\mathbf{I} + \overset{(1)}{\mathbf{T}})}_{=:\ \overset{(1)}{\mathbf{Q}}}\Big] \cdot \mathbf{u}^{(1)}$$

$$=: \overset{(1)}{\mathbf{Q}} \cdot \mathbf{u}^{(1)}$$

über

$$(5.2.-8)\quad \begin{bmatrix} \mathbf{t}_i^{(1)} \\ \mathbf{t}_a^{(1)} \end{bmatrix} = \begin{bmatrix} \overset{(1)}{\mathbf{Q}}_{ii} \cdot \mathbf{A} & \overset{(1)}{\mathbf{Q}}_{ia} \\ \overset{(1)}{\mathbf{Q}}_{ai} \cdot \mathbf{A} & \overset{(1)}{\mathbf{Q}}_{aa} \end{bmatrix} \cdot \begin{bmatrix} u_1^{s(1)} \\ u_2^{s(1)} \\ \varphi^{s(1)} \\ \mathbf{u}_a^{(1)} \end{bmatrix}$$

folgender Zusammenhang zwischen den resultierenden Lasten auf das Fundament sowie den Randspannungen auf den "Außen"-Elementen und den Bewegungen des starren Fundaments sowie den "Außen"-Verschiebungen

$$(5.2.-9)\quad \begin{bmatrix} \mathbf{R}^{S(1)} \\ \mathbf{t}_a^{(1)} \end{bmatrix} = \underbrace{\begin{bmatrix} \mathbf{A}^T \cdot \mathbf{L} \cdot \overset{(1)}{\mathbf{Q}}{}^{ii} \cdot \mathbf{A} & \mathbf{A}^T \cdot \mathbf{L} \cdot \overset{(1)}{\mathbf{Q}}{}^{ia} \\ \overset{(1)}{\mathbf{Q}}{}^{ai} \cdot \mathbf{A} & \overset{(1)}{\mathbf{Q}}{}^{aa} \end{bmatrix}}_{\overset{(1)}{\mathbf{P}}} \cdot \begin{bmatrix} \mathbf{u}^{s(1)} \\ \mathbf{u}_a^{(1)} \end{bmatrix}.$$

Sind z.B. auf das Fundament einwirkende Lasten $\bar{\mathbf{R}}^{S(m)}$ sowie auf der freien Oberfläche $\mathbf{t}_a^{(m)} = 0$, m=1,2,...,n, gegeben, erhält man die Randgrößen im ersten Zeitschritt, d.h. die Bewegungen des starren Fundaments und die "Außen"-Verschiebungen durch Invertierung von

$$(5.2.-10)\quad \begin{bmatrix} \mathbf{u}^{s(1)} \\ \mathbf{u}_a^{(1)} \end{bmatrix} = \begin{bmatrix} \overset{(1)}{\mathbf{P}} \end{bmatrix}^{-1} \cdot \begin{bmatrix} \bar{\mathbf{R}}^{s(1)} \\ \mathbf{0} \end{bmatrix} .$$

Damit ergibt (5.2.-3) die Verschiebungen der einzelnen Fundamentelemente

$$(5.2.-11)\quad \mathbf{u}_i^{(1)} = \mathbf{A} \cdot \mathbf{u}^{s(1)}$$

sowie über (5.2.-8) auch die Randspannungen in den Fundamentelementen

$$(5.2.-12)\quad \mathbf{t}_i^{(1)} = \overset{(1)}{\mathbf{Q}}{}^{ii} \cdot \mathbf{u}_i^{(1)} + \overset{(1)}{\mathbf{Q}}{}^{ia} \cdot \mathbf{u}_a^{(1)} .$$

Die Randgrößen in den folgenden Zeitschritten $m\Delta t$ ergeben sich schrittweise, durch Auswerten folgender drei Gleichungen:

$$(5.2.-13a)\quad \begin{bmatrix} \mathbf{u}^{s(m)} \\ \mathbf{u}_a^{(m)} \end{bmatrix} = \overset{(1)}{\mathbf{P}}{}^{-1} \cdot \left\{ \begin{bmatrix} \bar{\mathbf{R}}^{s(m)} \\ \mathbf{0} \end{bmatrix} - \mathbf{d}^{(m)} \right\},$$

$$(5.2.-13b)\quad \mathbf{u}_i^{(m)} = \mathbf{A} \cdot \mathbf{u}^{s(m)}$$

$$(5.2.-13c)\quad \mathbf{t}_i^{(m)} = \overset{(1)}{\mathbf{Q}} \cdot \begin{bmatrix} \mathbf{u}_i^{(m)} \\ \mathbf{u}_a^{(m)} \end{bmatrix} + \mathbf{d}^{(m)} .$$

Dabei werden die Ergebnisse aller vorhergehenden Zeitschritte für die Bestimmung von

$$d^{(m)} := \left[\begin{array}{c|c} A^T \cdot L \cdot (\overset{(1)}{U}{}^{-1})^{ii} & A^T \cdot L \cdot (\overset{(1)}{U}{}^{-1})^{ia} \\ \hline (\overset{(1)}{U}{}^{-1})^{ai} & (\overset{(1)}{U}{}^{-1})^{aa} \end{array} \right] \cdot \sum_{k=1}^{m-1} \{ \overset{(m-k+1)}{T} \cdot u^{(k)} - \overset{(m-k+1)}{U} \cdot t^{(k)} \}$$

benötigt.

Wird ein solches starres Fundament durch einen Einheits-Impuls belastet, so lassen sich die dadurch angeregten Horizontal- ,Vertikal- und Kipp-Bewegungen dieses Fundaments als dynamische Flexibilitäten deuten. Der direkte Vergleich der Zeitverläufe dieser Bewegungen mit Resultaten anderer Autoren ist jedoch nur in wenigen Ausnahmefällen [76] möglich. Zur Kontrolle werden deshalb einige der im Folgenden gezeigten Ergebnisse mittels einer Fourier-Transformation in den Frequenzbereich transformiert und den dort ermittelten oder aus der Literatur bekannten Frequenzgängen gegenübergestellt.

5.2.1 AUF DER OBERFLÄCHE EINES HALBRAUMS

Den einfachsten Fall stellt ein starres Fundament auf der Oberfläche dar, das mit einem elastischen Halbraum fest verbunden ist (Bild 5.11). Als Boden wird hier ein dichter Kiessand mit den Materialwerten Dichte ρ = 2000 kg/m^3, Poissonzahl ν = 0.33 und Gleitmodul G = 10^5 KN/m^2 gewählt. Die in solchem Boden entstehenden Druck- bzw. Scherwellen haben unter der Annahme eines ebenen Verzerrungszustandes die Geschwindigkeit c_1 = 443.9 m/s bzw. c_2 = 223.6 m/s.

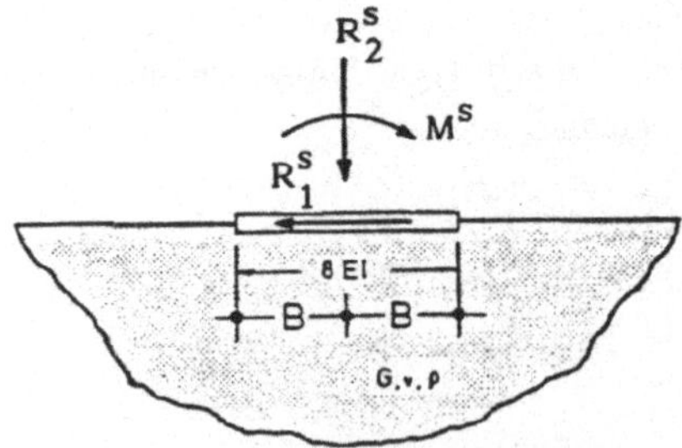

Bild 5.11: Abmessungen und Diskretisierung eines starren Oberflächenfundaments

Für solche Oberflächenfundamente ist es ausreichend, solange man nur an den resultierenden Fundamentbewegungen interessiert ist, den Fundament-Innenbereich zu diskretisieren; d.h. auf eine Unterteilung der freien Oberfläche des Halbraums in Elemente kann hierbei verzichtet werden.

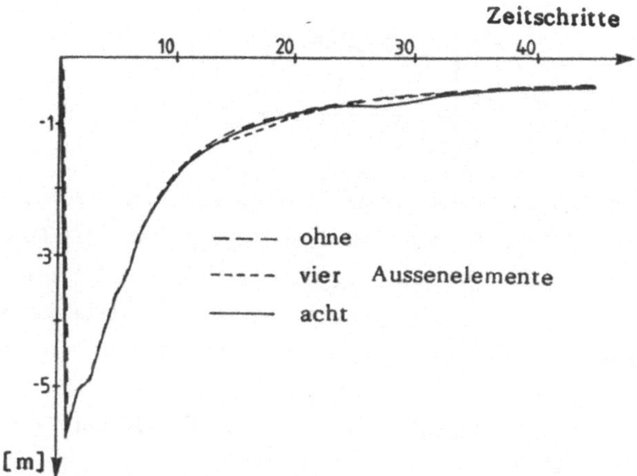

Bild 5.12a: Vertikalbewegung eines Oberflächenfundaments unter Impulslast - 4 Fundamentelemente Vergleich bei Null, je 4 und je 8 Außenelementen

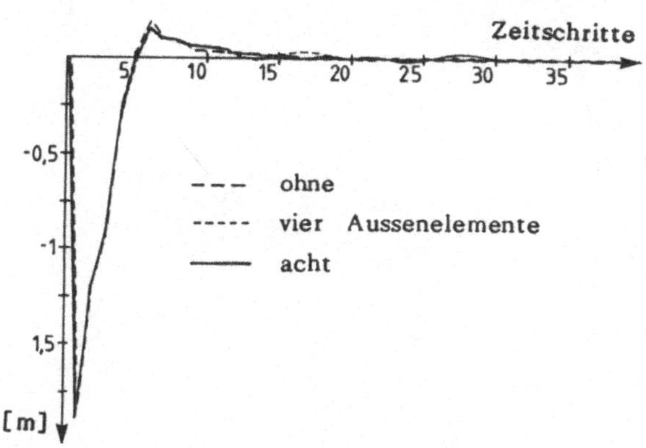

Bild 5.12b: Drehbewegung eines Oberflächenfundaments unter Impulslast - 4 Fundamentelemente Vergleich bei Null, je 4 und je 8 Außenelementen

Wie ein Vergleich zeigt (Bilder 5.12), ist in den Zeitverläufen der Bewegungskomponenten eines starren Fundaments (Breite 2B = 2m) kein wesentlicher Unterschied zwischen den Lösungen mit und ohne Diskretisierung der freien Oberfläche zu erkennen. Das Fundament wird dabei durch Rechteckimpulse, d.h. jeweils ein Zeitschritt $\Delta t = 1.363 \cdot 10^{-3}$ Sekunden lang durch eine vertikal bzw. horizontal angreifende Last $P_t = P_n = 733.5$ KN/m sowie durch ein Drehmoment $M^S = 733.5$

KNm/m belastet. Dies ist die diskrete Approximation eines Einheitsimpulses.

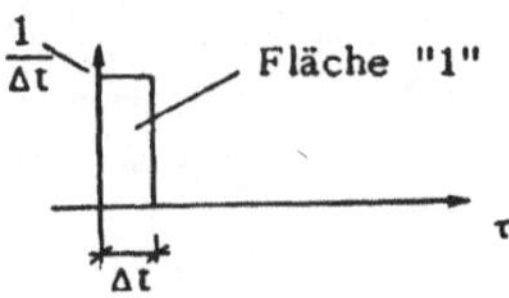

Die Ergebnisse bestätigen bereits bekannte Untersuchungen [32, 76], die feststellen, daß durch die Beschränkung der Diskretisierung auf das Fundament kein merklicher Verlust an Genauigkeit verursacht wird. Diese Vereinfachung ist gleichbedeutend mit der Annahme, daß entlang der Kontaktfläche Normal- und Tangentialspannungen als entkoppelt betrachtet werden können ("relaxed boundary conditions").

Relativ größer, aber auch nicht bedeutend ist der Einfluß der Zahl der Fundamentelemente (Bild 5.13).

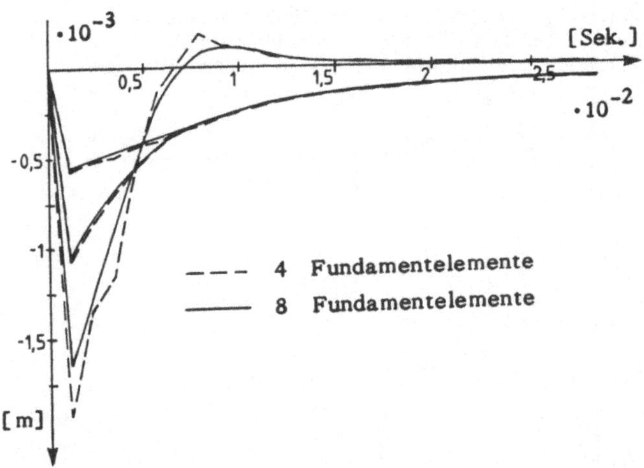

Bild 5.13: Horizontal-, Vertikal- und Drehbewegung eines Oberflächenfundaments - Einfluß der Fundamentdiskretisierung

Zumindest bei den betrachteten Impulslasten (hier $P_s = P_n = 883.4$ KN/m bzw. $M^s = 883.4$ KNm/m über $1.132 \cdot 10^{-3}$ Sekunden) sind die Horizontal- und die Vertikalbewegungen bereits mit 4 Elementen kaum unterschiedlich zu denen mit 8 Elementen. Nur die "empfindlichste" Reaktion, die Kippbewegung infolge des Drehimpulses M^s verläuft bei der feineren Diskretisierung des Fundaments zu Beginn, in den ersten 18 Zeitschritten (≈0.01 Sek.) anders; genauere Resultate zeigen kleinere Ausschläge, d.h. die grobe Diskretisierung "überschätzt" die

Reaktionen.

Weiter zeigt der Zeitverlauf der Vertikal- bzw. Horizontalverschiebung u_α sowie der Verdrehung u_φ des starren Fundaments über die 25 bzw. 50 Zeitschritte (= 0.0285 Sek.), daß der Energieentzug durch die Abstrahlung in den Halbraum stark dämpfend wirkt; so ist die Kippbewegung bereits nach ca. 0.02 Sekunden praktisch zum Stillstand gekommen.

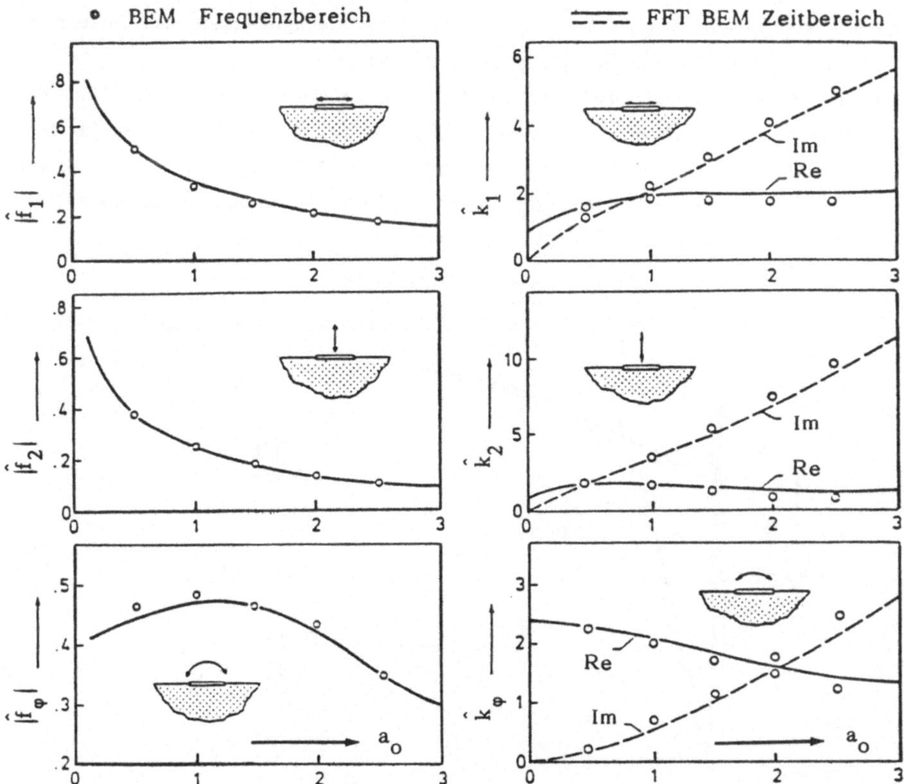

Bild 5.14: Nachgiebigkeitsfunktion eines Oberflächenfundaments

Bild 5.15: Komplexe Steifigkeitsfunktion eines Oberflächenfundaments

Werden diese durch angenäherte Einheitsimpulse verursachten Fundamentbewegungen mittels einer Fourier-Transformation (FFT) in den Frequenzbereich transformiert, erhält man den vollständigen "Frequenzgang" des Fundaments, d.h. die Reaktionen des Fundaments auf alle möglichen Anregungsfrequenzen ω (= $a_o c_2/B$). Dabei ergibt sich aus dem Betrag des Real- und des Imaginärteils, den frequenzabhängigen sogenannten "Nachgiebigkeitsfunktionen", der im Frequenzraum komplexen Verschiebungen $\hat{f}_\alpha = G\hat{u}_\alpha$ und $\hat{f}_\varphi = GB^2\hat{u}_\varphi$ deren Amplitude (Bild 5.14).

Oft wird auch der inverse Zusammenhang zwischen den Verschiebungen und den Lasten benutzt, d.h. das Ergebnis wird als Impedanz- oder komplexe Steifigkeitsfunktion angegeben. In dieser Formulierung gibt der Realteil den Feder-, und der Imaginärteil den Dämpfungsanteil des Systems an (Bild 5.15).

Aus den Ergebnissen des dargestellten Beispiels [11] sind zwei verschiedenartige Feststellungen herauslesbar:

a) mit wachsender Frequenz $\omega = a_0 c_2/B$ wird die Nachgiebigkeit des Bodens geringer, während die Dämpfung deutlich wächst.

b) die Übereinstimmung zwischen den stetigen Kurven des mit FFT aus dem jeweiligen Zeitverlauf ermittelten Frequenzgangs und den punktweise für feste Frequenzen direkt im Frequenzbereich berechneten Werten [31,32], ist hervorragend. Dies zeigt gleichzeitig, daß die Zeitverlaufsprozedur korrekte Zeitverlaufsapproximationen liefert.

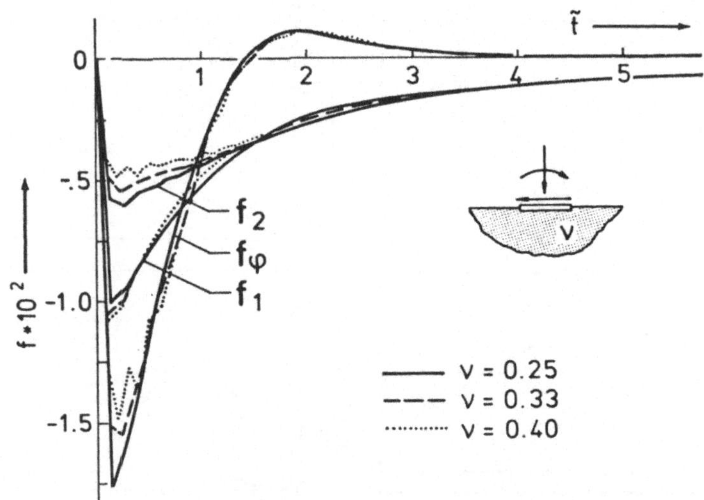

Bild 5.16: Einfluß der Poisson'schen Zahl ν auf die Fundamentreaktionen

Durch Parameterstudien läßt sich der Einfluß bestimmter Materialdaten des Bodens auf das Verhalten des Fundaments untersuchen [11,33]. So kann man leicht bei einer Variation der Poisson'schen Zahl ν aus den jeweiligen Zeitverläufen der Fundamentbewegungen unter Impulslasten ablesen, daß der Einfluß der Poisson'schen Zahl ν auf diese Bewegungen unterschiedlich ist:

Während einerseits wachsende Werte von ν die Vertikal- und Kipp-Bewegungen reduzieren, werden andererseits die Horizontal-Bewegungen dadurch verstärkt.

5.2.2 EINGEBETTET IN DEN HALBRAUM

Bei realen Bauten ist meistens das sogenannte Fundament nicht auf der Bodenoberfläche errichtet, sondern in den Boden eingebettet. Dabei interessiert besonders der Einfluß des Parameters T/B (= Einbettungstiefe/halbe Fundamentbreite, siehe Bild 5.17), der sogenannten relativen Einbettung. Damit ist u.a. das Verhältnis zwischen der Größe der seitlichen Kontaktflächen und der Bodenfläche beschrieben.

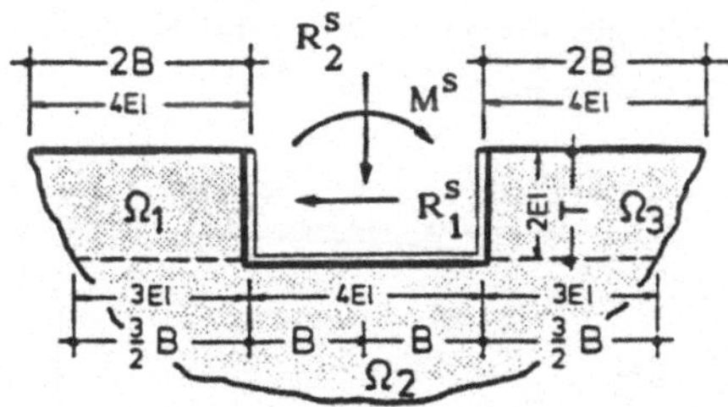

Bild 5.17: Geometrie und Diskretisierung eines eingebetteten Fundaments

Die korrekte Erfassung der Bedingungen entlang der meist vertikalen Seitenflächen bereitet einige Schwierigkeit. Bei der Mehrzahl der Untersuchungen - so auch hier - wird ständiger fester Kontakt zwischen Fundament und seitlichem Bodenmaterial angenommen. Diese Annahme ist stark vereinfachend, da zum einen in der Realität keine Zugspannungen in der Kontaktfläche auftreten können (bzgl. der Berücksichtigung einseitiger Randbedingungen siehe Abschnitt 7.2.3), zum anderen die dort durch Reibung übertragbaren Schubspannungen sicherlich weit unter dem hier rechnerisch ermittelten Wert liegen. Außerdem hat der seitlich anstehende Boden, da z.B. Verfüllmaterial verwendet wird, häufig andere Materialkennwerte als der darunterliegende Boden. Nichtsdestoweniger ist es interessant, den Einfluß einer Vergrößerung der Einbettungstiefe auf das Verhalten des Fundaments unter dynamischen Lasten zu untersuchen.

Im Gegensatz zum Oberflächenfundament führt hier eine vollständige Vernachlässigung von die freie Oberfläche des Bodens darstellenden Elements zu einer wesentlichen Verfälschung der Ergebnisse [31]. Deshalb wird auf beiden Seiten des Fundaments ein Bereich von 2B = 2m Breite, in 4 Elemente unterteilt, mit erfasst. Bei der Diskretisierung des Fundaments werden Elemente gleicher Größe verwendet, so daß je nach Einbettungstiefe T (Bild 5.17 mit T/B = 1) zwischen

T/B = 0 und T/B = 4 von 12 bis 24 Elemente notwendig sind.

Auch für diese eingebetteten Fundamente werden als dynamische Lasten Rechteckimpulse, hier von der Dauer $\Delta t = 5.63 \cdot 10^{-3}$ Sek., gewählt. Dabei läßt sich wiederum ein Vergleich mit dem im Frequenzraum für eine Anzahl von Frequenzen ω punktweise (mit der Gleichung 3.2.-4) ermittelten Frequenzgang angeben, außerdem ist bei den von den kurzen Impulsen hervorgerufenen transienten Bewegungen des Fundaments am leichtesten deren Dämpfung zu analysieren.

In den Bildern (5.18) bis (5.20) ist der Zeitverlauf ($\tilde{t} = tc_2/B$) der Reaktionen $\hat{f}_\alpha = G\hat{u}_\alpha$ und $\hat{f}_\varphi = GB^2\hat{u}_\varphi$ über die ersten 80 Zeitschritte (≙ 0.45 Sek.) für vier verschiedene Einbettungstiefen aufgezeichnet [8, 11].

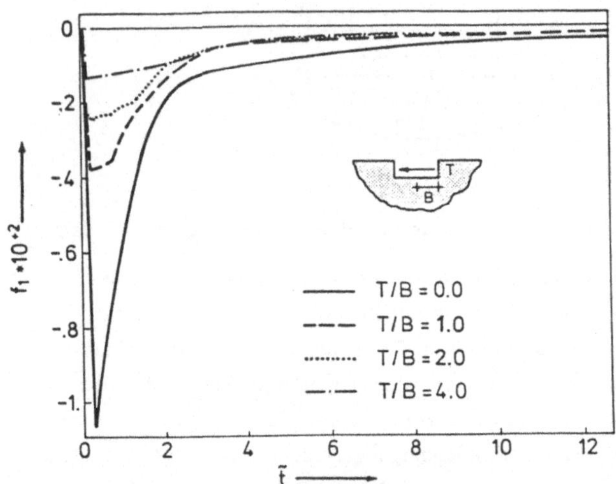

Bild 5.18: Horizontalbewegung des Fundaments
Abhängigkeit von der Einbettiefe

Es ist offensichtlich, daß die Amplituden am Anfang der Reaktionen mit Anwachsen der Kontaktfläche kleiner werden; dies war zu erwarten, da die Intensität der einwirkenden Impulse konstant gehalten wurde.

Die Einbettiefe hat jedoch auch einen Einfluß auf die Abstrahlungsdämpfung, d.h. auf die durch die Wellenausbreitung im Boden abtransportierte Energie. Diese Wellen werden in allen Punkten der Boden - Fundament Kontaktfläche erzeugt, so daß im Großen und Ganzen die Dämpfung ebenfalls mit wachsender Kontaktfläche steigt. Die Stärke des Anwachsens ist aber von der Art des Impulses (Horizontal-, Vertikal- oder Dreh-Impuls) und der Geometrie des Fundaments abhängig. Da -

wie bekannt ist - Druckwellen nur 7-8 Prozent der Energie, Scherwellen und Rayleighwellen dagegen ungefähr 28 bzw. 67 Prozent transportieren, muß eine Änderung in der "Wellenerzeugung" durch die Einbettung des Fundaments auch die Schnelligkeit der Dämpfung der Reaktionen beeinflussen.

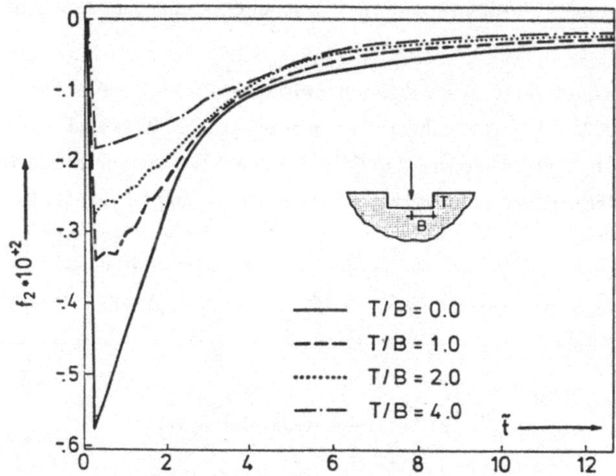

Bild 5.19: Vertikalbewegung des Fundaments
Abhängigkeit von der Einbettiefe

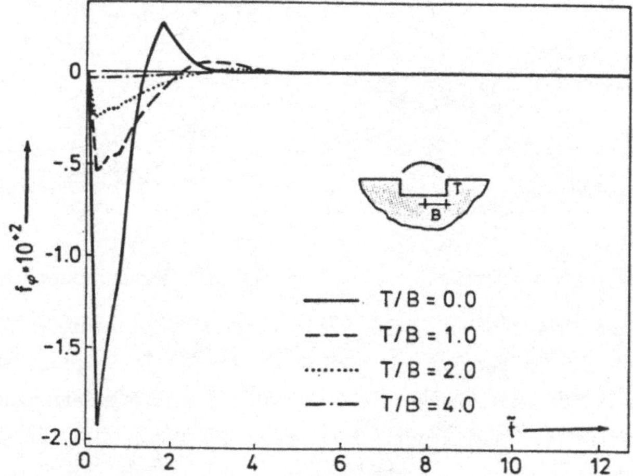

Bild 5.20: Kippbewegungen des Fundamentes
Abhängigkeit von der Einbettiefe T

Am deutlichsten ist dies am Bild (5.18), der Reaktion des Horizontal-Impulses abzulesen:

Da beim Oberflächenfundament ein Horizontal-Impuls hauptsächlich Scherwellen erzeugt, ist für T/B = 0 das Abklingen der entsprechenden horizontalen Verschiebung sehr stark. Je tiefer die Einbettung wird, desto größer wird, zumindest zu Beginn der Reaktion, der Anteil der durch die Seitenflächen des Fundaments erzeugten P-Wellen, und entsprechend klein ist am Anfang die Dämpfung.

Auch für dieses Beispiel zeigt ein Vergleich zwischen direkt im Frequenzraum mit der Gleichung (3.2.-4) für einige Frequenzwerte punktweise gewonnenen Resultaten und den mit "Fast-Fourier" in den Frequenzraum transformierten Zeitverläufen der Fundamentbewegungen gute Übereinstimmung. Bild 5.21 zeigt die Abhängigkeit der Amplituden der drei Bewegungskomponenten von der Erregungsfrequenz. Nur die auf numerische Ungenauigkeiten am empfindlichsten reagierende Drehbewegung $\hat{f}_\varphi$ zeigt im Bereich $1<a_o<3$ ($224<\omega<672$ rad/Sek.) Abweichungen auf.

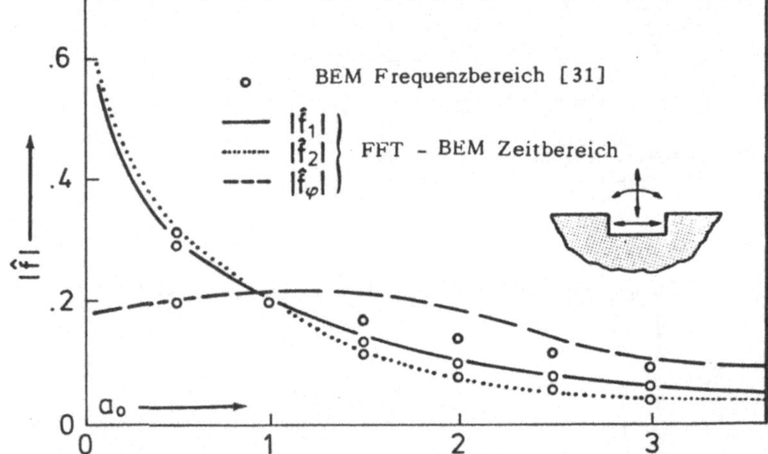

Bild 5.21: Nachgiebigkeitsfunktionen eines eingebetteten Fundaments (T/B = 1)

Bei der numerischen Untersuchung dieser eingebetteten Fundamente muß beachtet werden, daß durch die Einbettung ein nicht-konvexes Gebiet erzeugt wird. Dies führt insbesondere bei Zeitbereichsberechnungen zu Kausalitätsverletzungen [9,10], die jedoch bei diesem Beispiel, bei dem die Bewegungen unmittelbar an der Quelle der Anregung beobachtet werden, nicht direkt an zu "frühen" Antworten festzustellen sind. Es werden in diesem Fall, wenn bei der numerischen Approximation der Randintegralgleichungen dieser Nicht-Konvexität nicht besonders Rechnung getragen wird, "nur" sehr unruhige und schwächer gedämpfte Reaktionen ermittelt.

Eine einfache Möglichkeit, dieses Problem zu lösen, bietet eine Unterteilung in konvexe Teilgebiete; über geeignete Kopplungsbedingungen entlang dieser künstlichen Zwischenränder werden diese Teilgebiete wieder zum Gesamtgebiet zusammengeführt (bzgl. der Kopplung elastischer Gebiete siehe Abschnitt 7.1).

Eine Demonstration des Einflusses der Nicht-Konvexität infolge der Fundamenteinbettungen, bzw. der Einteilung in konvexe Teilgebiete, gibt der Vergleich (siehe Bilder 5.22 und 5.23) der Resultate (---) bei Beschränkung der Diskretisierung auf den realen Rand und der Ergebnisse (——) bei Unterteilung in drei konvexe Teilgebiete, die durch je drei Elemente an den künstlichen Rändern entlang der Unterteilungen wieder gekoppelt wurden. Gezeigt wird der Fall mit der Einbettungstiefe T = B.

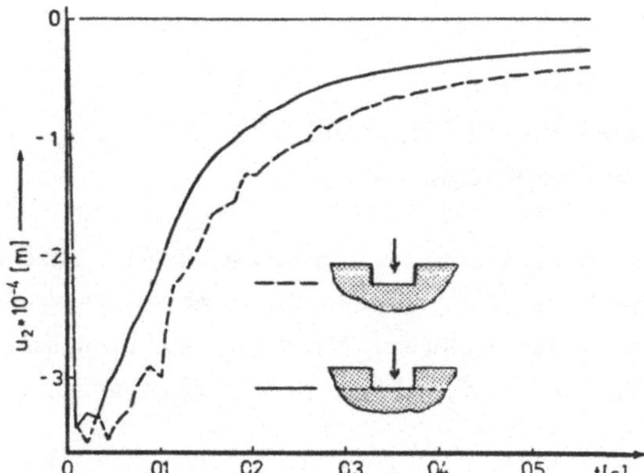

Bild 5.22: Vertikalbewegung des Fundaments
Einfluß "konvexer Teilgebiete"

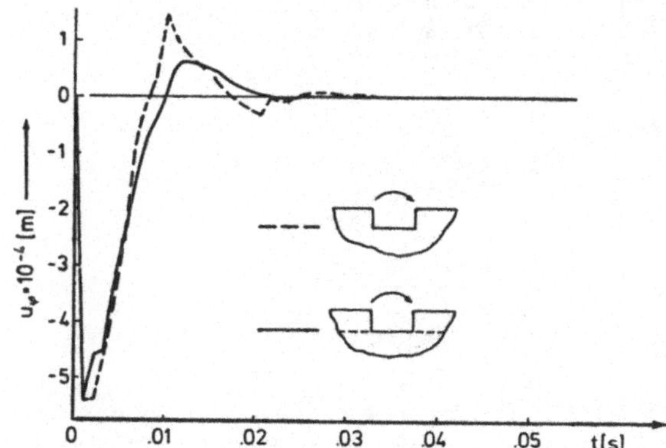

Bild 5.23: Kippbewegung des Fundaments
Einfluß "konvexer Teilgebiete"

5.3 EINFLÜSSE DES BODENPROFILS

Gewachsene Böden haben nur selten einheitliche Eigenschaften bis weit unter die belastete Oberfläche. Häufig wird eine sehr steife Schicht oder das Grundgebirge von einer weiteren elastischen Schicht überlagert. Die Schichtgrenzen können parallel zur Oberfläche oder schräg dazu verlaufen; die Schichtgrenze kann konstant oder veränderlich sein. An den Schichtgrenzen ändern sich mehr oder weniger sprunghaft die Bodeneigenschaften, wodurch es dort zur Reflexion und Refraktion der Wellen kommt [87,88]. Dabei kann es abhängig von der Oberflächentopographie, vor allem aber vom Profil des Grundgebirges, zu Wellenfokussierungen und damit zu bedeutenden Verstärkungen der Reaktionen der Fundamente kommen.

5.3.1 HORIZONTALE ODER SCHRÄGE SCHICHT ÜBER STARREM GRUNDGEBIRGE

Man betrachte als Beispiel ein starres, masseloses Streifen-Fundament der Breite 2B = 2m auf der Oberfläche einer Schicht, die unter der Fundamentmitte die Dicke H hat. Die Materialdaten der Bodenschicht seien wie zuvor beim elastischen Halbraum (siehe Abschnitt 5.2.1: c_1 = 444 m/s, c_2 = 223.6 m/s).

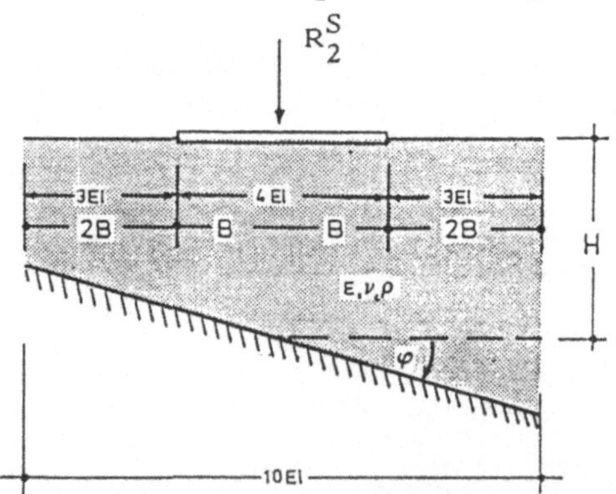

Bild 5.24: Geometrie und Diskretisierung eines Fundaments auf der Oberfläche einer Schicht

Bei einer Diskretisierung des Fundaments in 4 Elemente werden zur Approximation der freien Oberfläche auf beiden Seiten je 3 Elemente und des starren Gundgebirges 10 Elemente verwendet. Als dynamische Lasten, die auf das Fundament einwirken, werden, wie zuvor, "Einheits"-Impulslasten gewählt, die durch Rechteckimpulse dargestellt werden. Die dadurch hervorgerufenen Reaktionen des Fundaments zeigen deutlich, daß die durch die Impulse erzeugten Druck- und Scherwellen am Grundgebirge reflektiert werden.

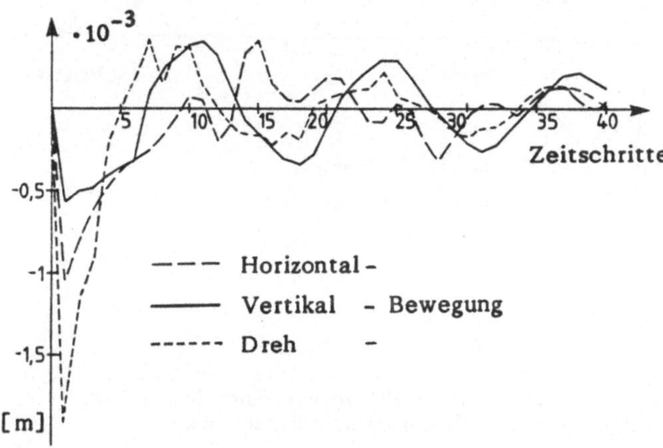

Bild 5.25: Bewegungen eines Fundaments über horizontaler Schicht (H = 2B)

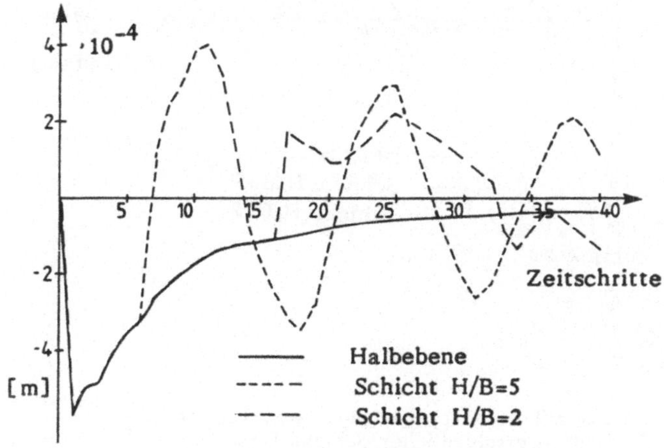

Bild 5.26: Zeitverlauf der Vertikalbewegung eines Fundaments
Einfluß unterschiedlicher Schichtdicken ($\varphi = 0$)

Im Bild 5.25 sind die Bewegungen über 40 Zeitschritte, d.h. über die ersten 0.0545 Sekunden aufgezeichnet, die bei einer horizontalen Schicht der Dicke H = 2m durch Impulse der Dauer $\Delta t = 1.363 \cdot 10^{-3}$ Sekunden und der Intensität 733.7

KN/m bzw. KNm/m verursacht werden.

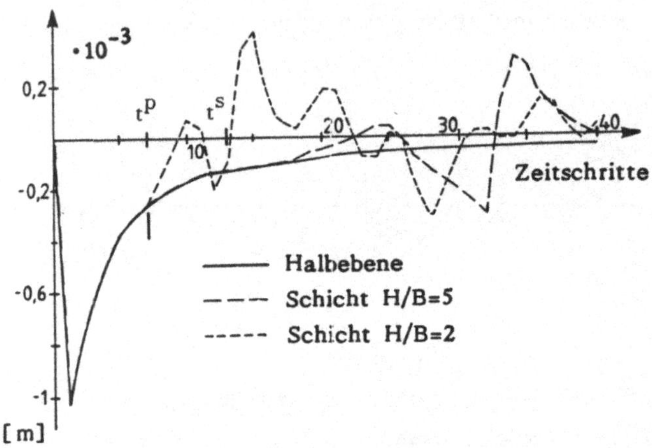

Bild 5.27: Zeitverlauf der Horizontalbewegung eines Fundaments
Einfluß unterschiedlicher Schichtdicken (φ = 0)

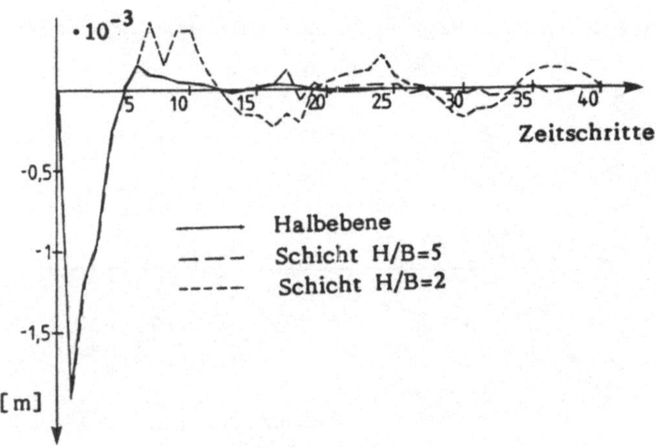

Bild 5.28: Zeitverlauf der Kippbewegung eines Fundaments
Einfluß unterschiedlicher Schichtdicken (φ = 0)

Diese Reflexionen werden noch deutlicher erkennbar, wenn die Reaktionen bei verschiedenen Schichtdicken verglichen werden. Es lässt sich bei allen drei Komponenten (Bilder 5.26 bis 5.28) die zu erwartende Tatsache ablesen:
je dicker die Schicht, desto später werden durch die Reflexionen schwingungsähnliche Bewegungen verursacht, und desto mehr ähnelt die Reaktion der der

Halbebenenlösung.

Bei genauerer Betrachtung läßt sich auch die Aufeinanderfolge zweier Reflexionen, die der schnelleren P-Welle und die der langsameren S-Welle, erkennen. So ist z.B. bei der Horizontalverschiebung und einer Schichtdicke H = 2B (Bild 5.27) nach $t^P = 2H/c_1 = 0.008$ Sek. ($\approx 6\Delta t$) eine erste Reflexion und nach $t^S = 2H/c_2 = 0.0178$ Sek. ($\approx 13\Delta t$) eine zweite, sogar stärkere Reflexion festzustellen. Genau diese Zeitspannen sind für eine P-Welle bzw. eine S-Welle notwendig, um die Entfernung vom Fundament zum Grundgebirge und zurück zu durchlaufen.

Liegt das Grundgebirge schief zur freien Oberfläche der Schicht (siehe Bild 5.25), wird i.a. infolge dieser Neigung die Reflexion der Wellen weniger auf das Fundament zurückwirken; d.h. die Reaktionen des Fundaments werden schneller gedämpft als im Falle des horizontalen Grundgebirges.

Dies bestätigt sich bei allen drei Fundamentreaktionen (Bilder 5.29 bis 5.31), wobei für größere Neigungswinkel φ die Dämpfung stärker ist.

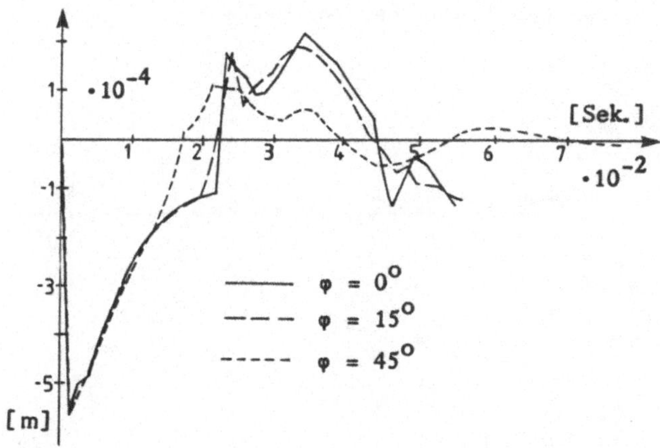

Bild 5.29: Vertikalbewegung eines Fundaments (H/B = 5)
Einfluß einer Neigung des Grundgebirges

So sind bei einer Neigung des Grundgebirges von $\varphi = 15^\circ$ die Abweichungen der Reaktionen von denen in der horizontalen Schicht noch gering. Bei $\varphi = 45^\circ$ hingegen sind die Fundamentbewegungen schwächer, da sich ein größerer Anteil der Wellen ohne Rückwirkung auf das Fundament ausbreiten kann.

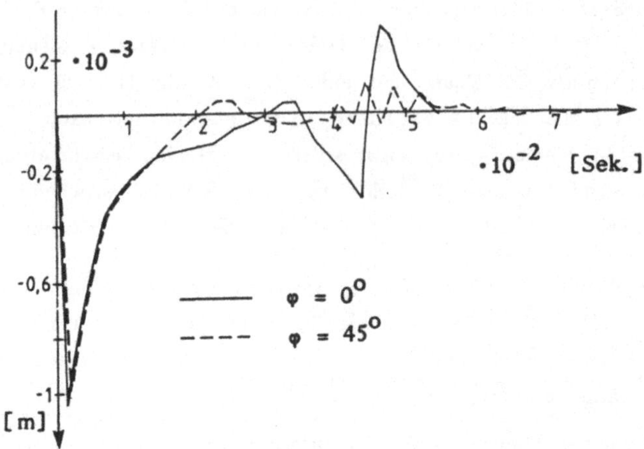

Bild 5.30: Horizontalbewegung eines Fundaments (H/B = 5)
Einfluß einer Neigung des Grundgebirges

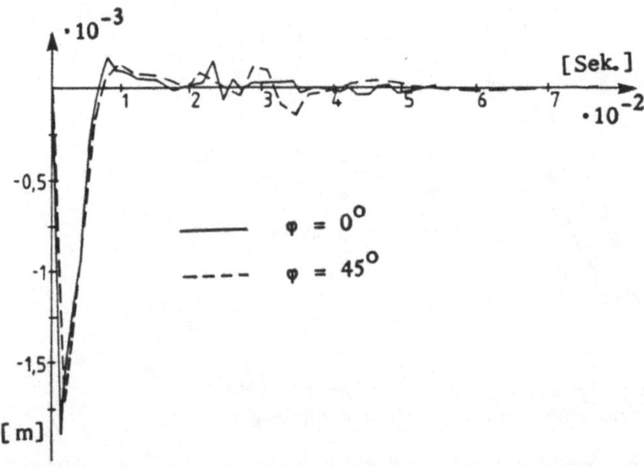

Bild 5.31: Kippbewegung eines Fundaments (H/B = 5)
Einfluß einer Neigung des Grundgebirges

Auch bei diesen Untersuchungen ist ein Vergleich mit der Lösung im Frequenzraum möglich und von besonderem Interesse, da Bodenschichten von der Schichtdicke H abhängige Resonanzen zeigen, also "Eigenfrequenzen" haben. Näherungsweise können diese "Eigenfrequenzen" einer horizontalen Schicht

- für transversale (horizontale) Schwingungen mit

$$\omega_n = \frac{2n-1}{2H} c_2 \pi \quad , \; n=1,2,...$$

- für longitudinale (vertikale) Schwingungen mit

$$\omega_n = \frac{2n-1}{2H} c_1 \pi \quad , \; n=1,2,...$$

bestimmt werden [8]. Diesen Faustformeln liegt die eindimensionale Theorie für einen einseitig, senkrecht eingespannten Balken mit der Länge H zugrunde.
Bei den Materialwerten des hier untersuchten Bodens ergibt sich z.B. für die vertikale Schwingung und eine Schicht der Dicke H = 2B der Wert $\omega_1 \approx 349$ [rad/sec] oder $a_{01} = \omega_1 B/c_2 \approx 1.56$. Der Frequenzgang zu dieser Schicht (Bild 5.32) zeigt sowohl bemerkenswerte Übereinstimmung zwischen den punktweise im Frequenzraum ermittelten Werten und der stetigen Kurve des (mit FFT) transformierten Zeitverlaufs als auch mit erstaunlicher Genauigkeit diese erste Resonanzstelle.

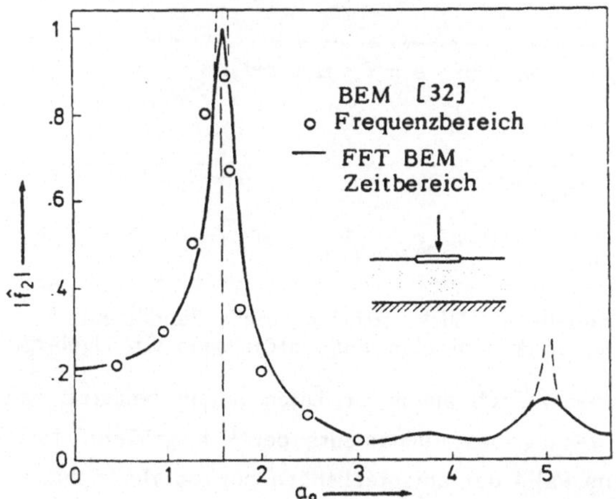

Bild 5.32: Frequenzabhängigkeit der Amplitude der Vertikalbewegung eines Fundaments auf einer Schicht (H = 2B)

5.3.2. WELLENFOKUSSIERUNG

Es ist bekannt, daß ein Zusammenhang zwischen der geographischen Verteilung von Erdbebenschäden in einem betroffenen Gebiet und der dortigen Topographie besteht. Der Grund liegt darin, daß es wegen bestimmter Bodenprofile oder auch wegen gewisser Oberflächenformen (Hügel oder Täler) örtlich begrenzt zu verstärkten Erschütterungen kommt, die durch eine Fokussierung der einlaufenden Wellen hervorgerufen wird.

Dies wird am folgenden Beispiel deutlich, bei dem ein Oberflächenfundament auf einer Schicht über muldenförmigem Grundgebirge untersucht wird (Bild 5.33). Dabei haben die beiden "offenen" Seiten der Schicht die Abmessung H = 2B, also die gleichen wie bei der horizontalen Schicht der Dicke H = 2B. Dazwischen jedoch sinkt das Grundgebirge in einer kreisförmigen Mulde (mit Radius r = 3.625 B, siehe Bild 5.33) ab.

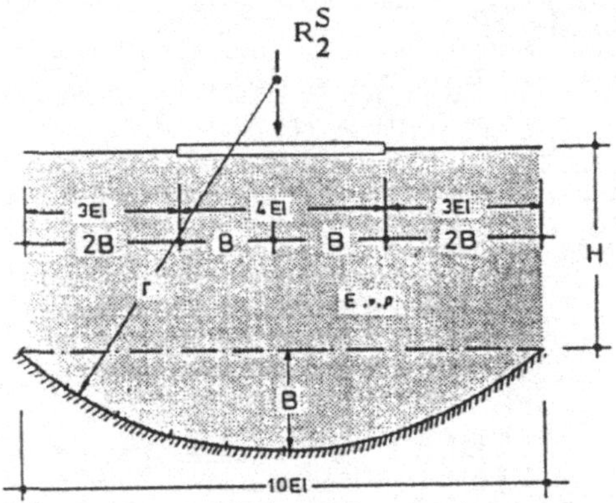

Bild 5.33: Geometrie und Diskretisierung eines Fundaments auf einer Schicht über muldenförmigem Grundgebirge

Wird das Fundament durch einen vertikalen Impuls belastet, zeigt der Zeitverlauf der Vertikal-Bewegung des Fundaments deutlich größere, fast doppelt so große Ausschläge wie im Falle der entsprechenden horizontalen Schicht (Bild 5.34). Dies ist nur durch eine Fokussierung der am Grundgebirge reflektierten Wellen auf das Fundament zu begründen.

Daß es bei dieser Fokussierung auf den "Brennpunkt" der Wellen ankommt, zeigt die Untersuchung verschiedener dreiecksförmiger Vertiefungen im Grundgebirge.
Wird ein großer Teil der von beiden Flanken der Mulde reflektierten Wellen auf das Fundament zurückgeworfen, z.B. bei $\beta = 15^o$, bleiben die Amplituden der Reaktionen (nach der ersten Reflexion) deutlich größer als bei der horizontalen

Schicht; die durch die Wellen transportierte Energie wird zwischen dem Fundament und der Mulde des Grundgebirges "gespeichert".

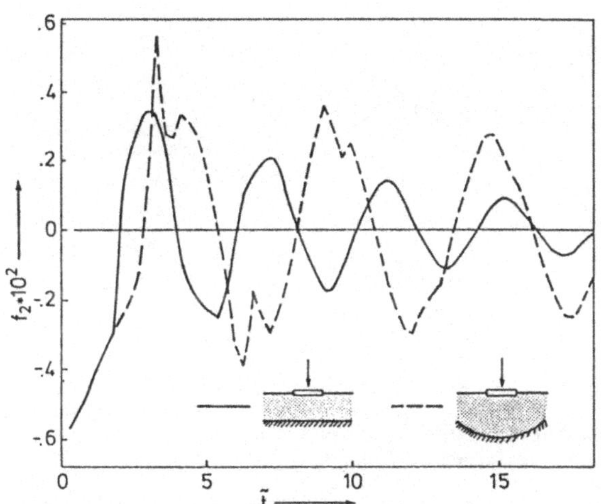

Bild 5.34: Verstärkung der Vertikalbewegung eines Fundaments infolge einer kreisförmigen Mulde im Grundgebirge

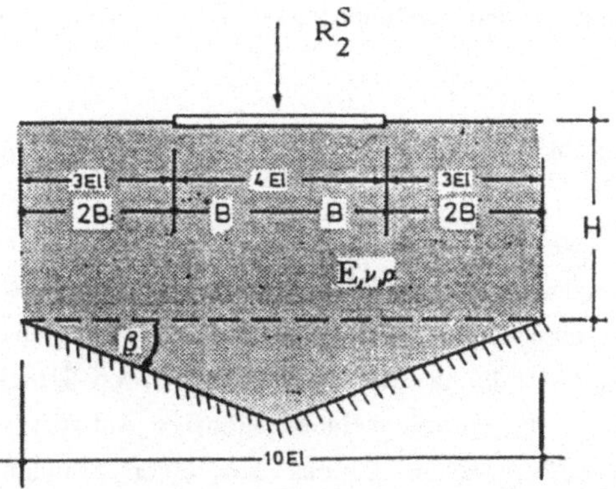

Bild 5.35: Geometrie und Diskretisierung eines Fundaments auf einer Schicht mit dreiecksförmigen Vertiefungen

Im Gegensatz dazu werden bei einer tiefen Mulde ($\beta = 45^{\circ}$) von den Flanken fast keine Wellen auf das Fundament zurückgeworfen, so daß für diesen Fall die Fundamentbewegungen durch die seitliche Abstrahlung ähnlich gedämpft werden wie bei der horizontalen Schicht.

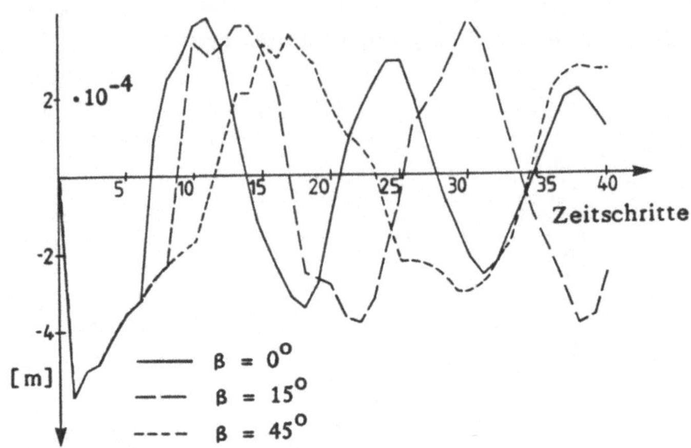

Bild 5.36: Vertikalbewegungen eines Fundaments über Mulden verschiedener Tiefe

Abgesehen von den hier ermittelten physikalischen Ergebnissen zeigt diese Untersuchung auch einen Vorteil der Randelementmethode auf:
Es ist sehr einfach, Art und Form der Ränder zu ändern und die dadurch verursachten Änderungen in den Zustandsgrößen zu studieren.

6. FLUIDE (AKUSTISCHE MEDIEN) UNTER DYNAMISCHEN RANDLASTEN

Dem Phänomen der Wellenausbreitung begegnet man bei einer Vielzahl von Ingenieurproblemstellungen. So ist in der Akustik die Schallausbreitung von Musik ebenso wie von Lärm eine interessante Fragestellung. Auch in der Fluidmechanik ist das Problem der Abstrahlung und der Streuung von Druckwellen, oder eng damit zusammenhängend, die vielleicht lebenswichtige Antwort auf die Frage nach dem Effekt des hydrodynamischen Drucks auf einen Staudamm während eines Erdbebens, von größter Bedeutung.

Zu beiden Problemkreisen - der Ausbreitung von Schall in der Luft und von Schallwellen im Wasser - werden Beispiele präsentiert. Damit soll insbesondere gezeigt werden, wie erfolgreich die Randelementmethode bei der Untersuchung von Außenraumproblemen bzw. bei halbunendlichen Gebieten eingesetzt werden kann.

6.1 SCHALLSCHUTZ DURCH HINDERNISSE

Die Ausbreitung von störenden Geräuschen, von Lärm, kann ebenso wie die von Erschütterungen zu einem Umweltschutzproblem werden, da durch deren bewußte oder auch unbewußte Wahrnehmung je nach Stärke der Schwingungen nicht nur das Wohlbefinden sondern auch die Leistungsfähigkeit oder gar die Gesundheit von Menschen beeinflußt werden kann.

Gerade bei der Schallausbreitung haben die aktuellen Gegebenheiten, insbesondere im offenen Gelände die Topographie, einen großen Einfluß auf die momentanen Wahrnehmungen an einem speziellen Punkt. Wird daran gedacht, durch bauliche Maßnahmen den Schallschutz z.B. für ein bestimmtes Wohngebiet zu verbessern, ist ein numerisches Verfahren, mit dem die Auswirkungen einer geplanten Maßnahme vorausberechnet werden können, sicher von großem Nutzen.

Besonders geeignet ist dafür die Methode der Randelemente, wie die folgenden zwei Beispielrechnungen, eine im Frequenzraum und eine im Zeitbereich, zeigen.

6.1.1. SCHALLDRUCKVERTEILUNG IM FREQUENZRAUM

Als zweidimensionales Modell einer Schallschutzmaßnahme entlang einer verkehrsreichen Straße wird eine 5m hohe, schallharte Mauer betrachtet, und dabei der Einfluß der Form - senkrecht und schlank, nur 1 m breit (Bild 6.1a) oder dammförmig mit einer Krone von 1 m und einem Fuß von 6.77 m Breite (Bild 6.1b) - untersucht.

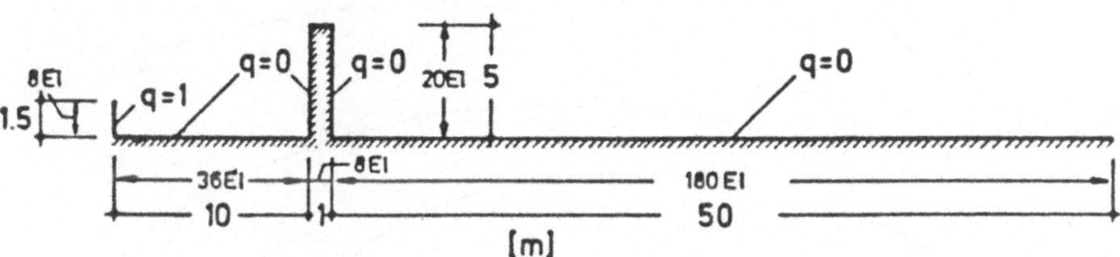

Bild 6.1a: Geometrie und Diskretisierung einer senkrechten Mauer und ihrer Umgebung

Zur Darstellung des Straßenlärms wird als Schallquelle ein 1.5 m hoher Bereich in 10 m Entfernung von der senkrechten Wand bzw. 7.11 m Entfernung vom Dammfuß gewählt. Es wird dort eine Erregung der Frequenz ω = 628 rad/Sek. ($\hat{=}$

100 Hz) mit einem horizontalen Druckfluß der Intensität q = 1 Pa/m angenommen.

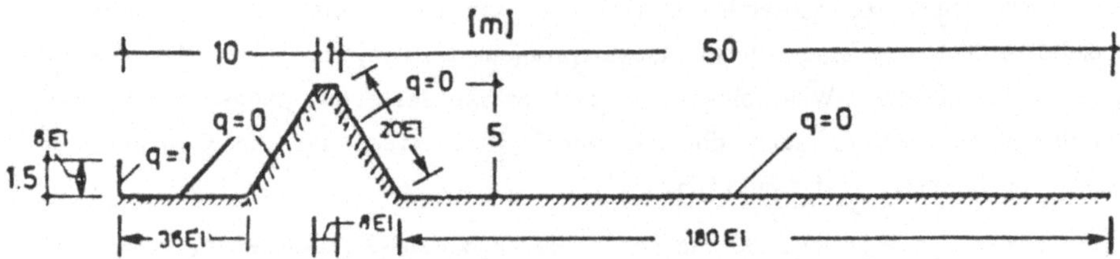

Bild 6.1b: Geometrie und Diskretisierung eines Schallschutzdammes und seiner Umgebung

Die notwendige Diskretisierung, d.h. die Zahl der Randelemente hängt von der Wellenlänge der Erregung bzw. von der Frequenz der Schallquelle ab. Da im Allgemeinen pro Wellenlänge 8-10 Elemente verwendet werden sollten, werden bei diesem Beispiel, bei dem die Wellenlänge 3.4 m ist, für die Oberfläche bis in 60 m Entfernung von der Schallquelle 216 Elemente, für die senkrechte 5 m hohe Mauer bzw. für den gleich hohen Damm 48 Elemente benutzt.

Der hervorgerufene Schalldruck ist infolge der Art der angenommenen Erregung in horizontaler Richtung deutlich stärker als vertikal und nimmt bei ungestörter Ausbreitung zwar mit wachsender Entfernung immer schneller ab (siehe Bild 6.2), ist jedoch in ca. 20 m Entfernung mit p = 8-9 Pa (≙ 97-98 Dezibel) noch sehr intensiv.

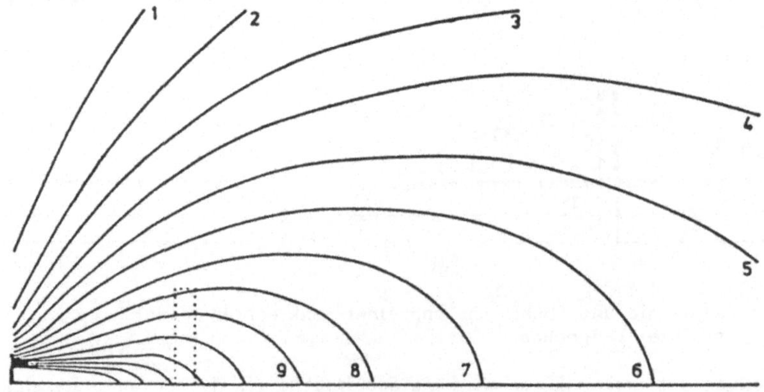

Bild 6.2: Schalldruckverteilung bei ungestörter Ausbreitung

Ein vollständig anderes Bild ergibt sich hinter Schallschutzmauern. Dabei zeigt ein

Vergleich der Resultate hinter beiden Typen - der senkrechten Wand und dem Wall mit unter 60 Grad geneigten Seiten - im Großen relativ geringe Unterschiede, die jedoch für Bauten im 30-40 m Bereich hinter der Mauer wesentlich sein können. Es zeigt sich nämlich dort hinter dem Wall in Bodennähe die doppelte Intensität des Schalldruckes p wie hinter der senkrechten Wand (Bilder 6.3a und 6.3b).

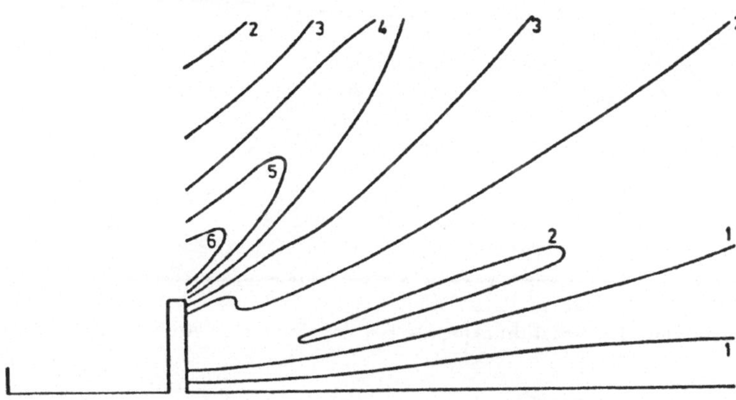

Bild 6.3a: Schalldruckverteilung hinter senkrechter Wand

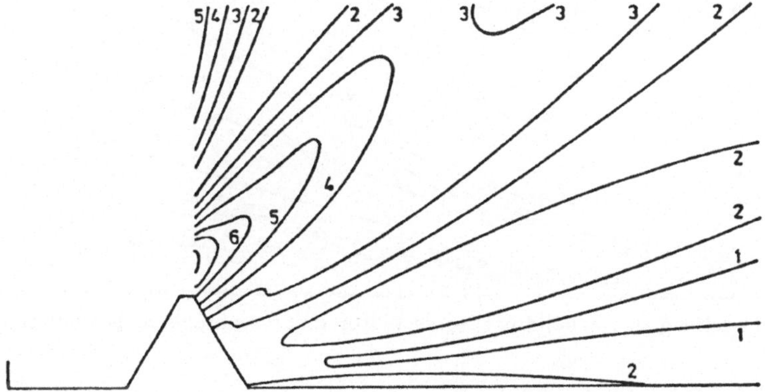

Bild 6.3b: Schalldruckverteilung hinter Wall mit schrägen Flanken

Noch verdeutlicht wird dies nach einer Umrechnung dieser Druckverteilung p in den Schalldruckpegel L_m, durch die Angabe in Dezibel dB (Bilder 6.4a, 6.4b).

Anmerkung:

Der Schalldruckpegel L_m in Dezibel [dB] berechnet sich nach der Formel

$$L_m = 20 \log_{10}(p_{eff}/p_o)$$

aus dem effektiven Schalldruck $p_{eff} = \sqrt{0.5(p_R^2 + p_I^2)}$ und der sogenannten Hörschwelle $p_o = 2 \cdot 10^{-5}$ Pa ($\hat{=}$ 0 dB).

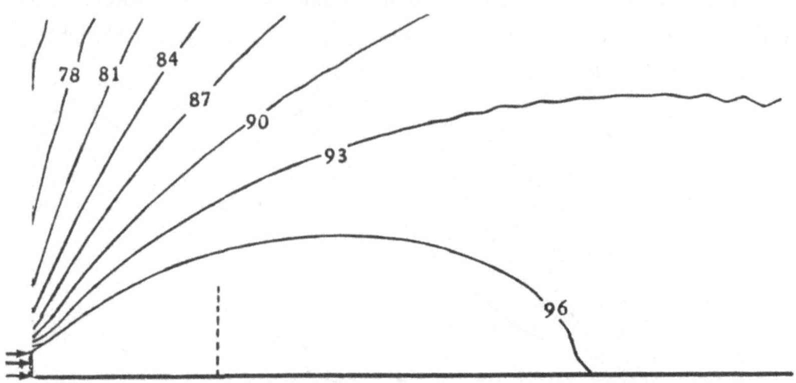

Bild 6.4a: Verteilung des Schalldruckpegels bei ungehinderter Ausbreitung

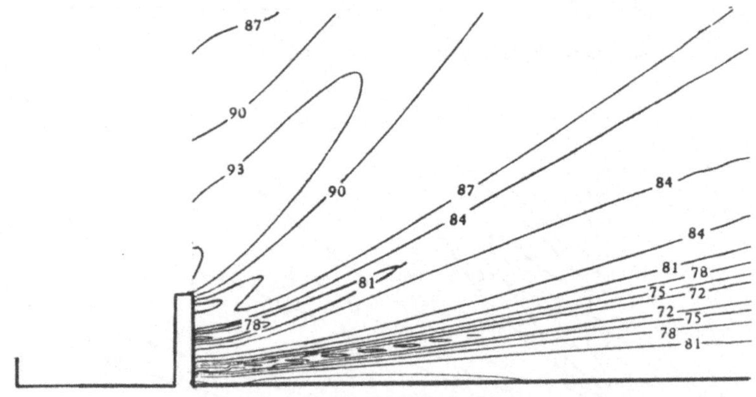

Bild 6.4b: Verteilung des Schalldruckpegels hinter einer senkrechten Schutzwand

Anmerkung:

Bei diesen hier verwendeten Randintegralgleichungen zur Helmholtz-Gleichung ist es in einer speziellen Formulierung möglich, die "Multi-Grid" Methode [z.B. 73] einzusetzen [5, 17]. Dabei zeigt sich (siehe Bild 6.5), daß ab ca. 120 Gleichungen der Unterschied in der CPU-Zeit (auf einer Cyber CDC 855), die zur Auswertung dieser Gleichungen notwendig ist, zwischen der iterativen "Multi-Grid"- Methode ($p_{max}+1$ $\hat{=}$ Anzahl der verwendeten Gitter) und einem direkten Gleichungslöser (L-U Zerlegung) beachtlich ist. Bei 1072 Gleichungen z.B. sind es 160 Sekunden gegenüber 2200 Sekunden, die zur Lösung der algebraischen Gleichungen benötigt werden.

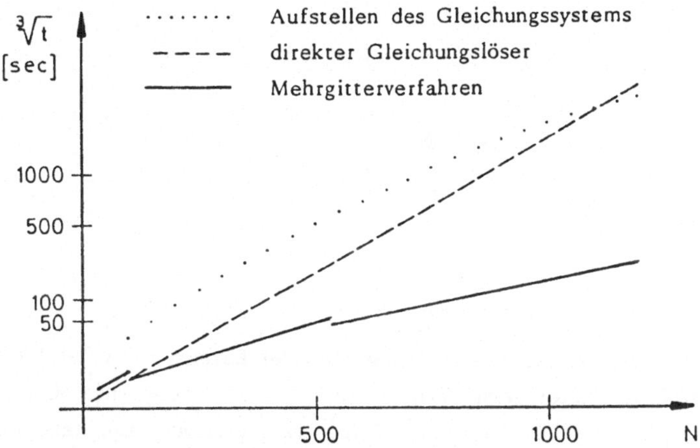

Bild 6.5: Rechenzeitvergleich Gauss-Elimination / Mehrgitterverfahren

6.1.2 ZEITVERLAUF DER SCHALLAUSBREITUNG

Die Einwirkungsdauer einer Lärmbelästigung ist ein sehr wesentliches Kriterium für die Beurteilung des Grades einer Störung. Dabei ist natürlich auch die zeitliche Veränderung der Schallintensität von besonderer Bedeutung, wenn die Frage nach der Zumutbarkeit oder Nicht-Zumutbarkeit einer Lärmquelle korrekt beantwortet werden soll.

Zur systematischen Untersuchung solcher Schallausbreitungsprobleme, d.h. zur Ermittlung des Zeitverlaufs und der Ortsabhängigkeit der Schallintensität bei transienten Schallquellen sind die in (4.2.-16) bzw. (4.2.-23) für drei- bzw. zweidimensionale formulierten, zeitabhängigen Randintegralgleichungen hervorragend geeignet.

Als Beispiel (Bild 6.6) wird die Auswirkung der Errichtung eines Schutzwalles mit einem dreiecksförmigen Querschnitt (gleichschenklig mit Seitenlänge L_2 = 5.6 m) auf die Schallausbreitung vor und hinter diesem Wall gezeigt. Die Geräuschquelle liegt L_1 = 7.20 m vor dem Wall, wirkt auf einem 1.5 m hohen Bereich mit einem impulsartigen, horizontal gerichteten Druckfluß von $4.412 \cdot 10^{-3}$ Sekunden Dauer und der Intensität 226.65 Pa/m.

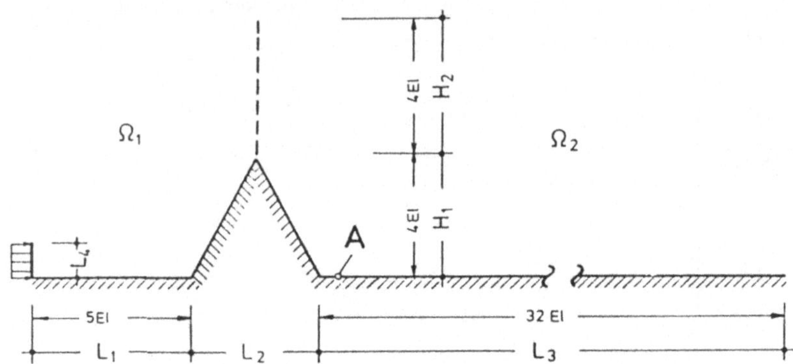

Bild 6.6: Geometrie und Diskretisierung von Wall und Umgebung

Zur Modellierung der Umgebung des Walles wird der Bereich von L_1 = 7.20 m vor und L_2 = 47.2 m hinter dem Wall durch 5 bzw. 32 Elemente diskretisiert, während der Wall mit seinen beiden Flanken in je 4 Elemente eingeteilt wird. Da das zu untersuchende Gebiet Ω dieses Außenraumproblems infolge des hineinragenden Walles keine konvexe Form hat, ist (siehe Anmerkung und Bild 3.11) zur Sicherung der Kausalität eine Unterteilung in zwei konvexe Teilgebiete Ω_1 und Ω_2 vorzunehmen; beide Gebiete werden entlang des "künstlichen" Randes, hier über H_2 = 6 m, eingeteilt in 4 Elemente, wieder gekoppelt (siehe Abschnitt 7.1).

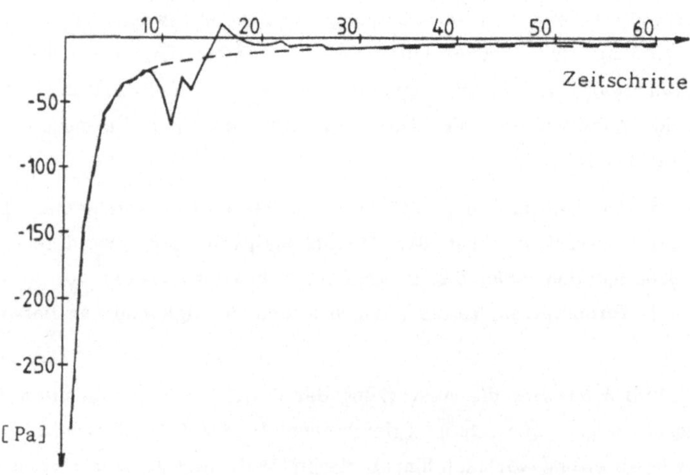

Bild 6.7: Zeitverlauf des Schalldrucks am Ort der Schallquelle

Der Schall, der sich als Wellenfront mit einer Geschwindigkeit von 340 m/s von seiner Quelle her ausbreitet, wird nach L_1 = 7.2 m auf den Fuß des Walls auftreffen und dadurch gebrochen und teilweise reflektiert werden.
Bild 6.7 zeigt die Auswirkung dieser Reflektion auf die Wahrnehmungen am Ort der Schallquelle. Die nur einen Zeitschritt lang wirkende Erregung erzeugt einen Anfangsschalldruck von 295 Pa, der durch die Schallausbreitung sehr schnell abnimmt. Nach 9-10 Zeitschritten Δt, d.h. nach ungefähr 0.042 Sekunden, ist deutlich wieder eine Zunahme des Schalldruckes auf mehr als den doppelten Wert, von ca. 25 auf 65 Pa zu registrieren (Bild 6.7). Diese $4.412 \cdot 10^{-3}$ Sekunden sind genau die Zeitspanne, die die Schallwellen benötigen, um die Strecke von $2L_1$ = 14.4 m zurückzulegen.

Die für die Praxis interessantere Frage nach der Schallintensität hinter dem Wall wird für den Punkt A (siehe Bild 6.6) durch den in Bild 6.8 aufgezeichneten Zeitverlauf des Schalldrucks beantwortet. Durch den Vergleich mit der Intensität ohne Schutzwall ist zweierlei festzustellen:

a) Wegen des durch den Wall erzwungenen "Umwegs" erreicht der Schall diesen Punkt um $9.5 \cdot 10^{-3}$ Sekunden später,
b) die Intensität wird durch den Wall auf ungefähr ein Viertel reduziert.

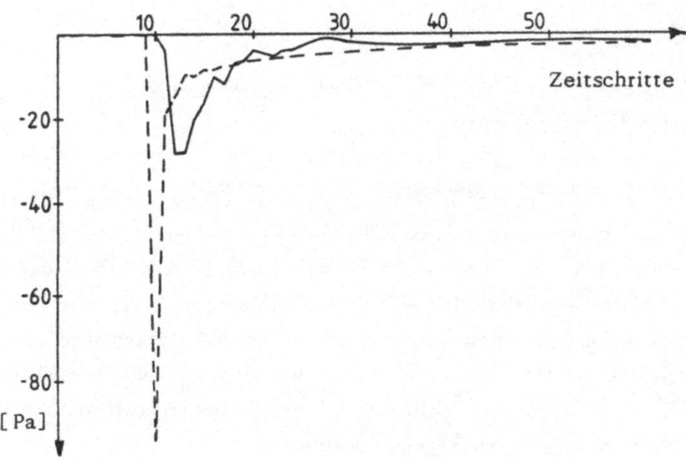

Bild 6.8: Zeitverlauf der Schallintensität im Punkt A hinter dem Wall

6.2 HYDRODYNAMISCHE DRUCKWELLEN IN STAUBECKEN

In der Fluidmechanik ist das Problem der Abstrahlung und der Streuung von Druckwellen oder, eng damit zusammenhängend, die vielleicht lebenswichtige Antwort auf die Frage nach dem Effekt des hydrodynamischen Drucks auf einen Staudamm während eines Erdbebens von größter Bedeutung. Seit Westergaard [83] im Jahr 1933 als erster eine Arbeit über dieses Problem veröffentlichte, haben sich eine Vielzahl von analytischen, in geringem Umfang auch numerischen Untersuchungen [z.B. 24, 25] damit beschäftigt. Das wichtigste Ergebnis ist die Erkenntnis, daß die Kompressibilität des Wassers nicht vernachlässigt werden darf und daß die Verformung des Dammes (bzgl. dynamischer Interaktion, siehe Abschnitt 7) den dynamischen Wasserdruck stark beeinflußt.

Zum Studium solcher Effekte ist die Randelement-Formulierung der skalaren Wellengleichung, (4.2.-16) bzw. (4.2.-23) für zwei- bzw. dreidimensionale Probleme, oder der Helmholtz-Gleichung (3.4.-19) für zwei- bzw. dreidimensionale Gebiete, ein sehr geeignetes Verfahren. Neben der korrekten Erfassung der Abstrahldämpfung, d.h. des Verlustes von Energie durch die Wellenausbreitung in offenen Gebieten, können damit sehr einfach Einflüsse infolge von Veränderungen der Topographie eines Gebietes erforscht werden.

6.2.1 ZWEIDIMENSIONALE MODELLIERUNG IM ZEITBEREICH UND IM FREQUENZRAUM

Die statische und dynamische Berechnung einer Staumauer erfolgt, da sich meist die Geometrie entlang ihrer Längsachse nur wenig ändert, häufig als zweidimensionales System [15]. Das durch sie begrenzte Wasserbecken hat in der zu untersuchenden Schnittebene zumeist endliche Abmessungen und wird als allseitig begrenztes Flüssigkeitsgebiet modelliert. Ist jedoch die Beckenlänge im Vergleich zu den übrigen Systemabmessungen, z.B. der Wassertiefe, sehr groß, kann bei der Ermittlung der hydrodynamischen Belastung auf die Mauer auch ein Becken halbunendlicher Ausdehnung zugrunde gelegt werden.

Um den Unterschied zwischen einer endlichen und einer halbunendlichen Beckenmodellierung aufzuzeigen, werden die in Bild 6.9 dargestellten Systeme untersucht. Die Diskretisierung des Beckens mit der Höhe $H = 100$ m und der Länge $L = 200$ m erfolgt mit $4 + 8 + 4 + 8 = 24$ gleich großen Elementen, in denen die beschriebenen (für p und q entsprechend (4.4.-26/27)) Ansätze verwendet werden.

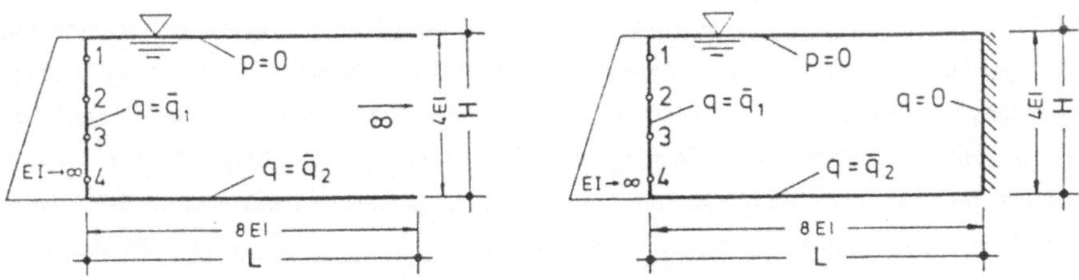

Bild 6.9: Wasserbecken halbunendlicher bzw. endlicher Abmessung

Die dynamische Anregung des Wasservolumens erfolgt dabei durch eine horizontale Beschleunigung $\ddot{u}_1$ des als steif angenommenen Untergrundes. Entlang der unteren horizontalen Flüssigkeitsberandung erfolgt wegen der angenommenen Reibungsfreiheit keine Übertragung der Anregung auf das Fluid ($\bar{q} = 0$), während über die ebenfalls steife ($E_i \rightarrow \infty$), an ihrem Fußpunkt beschleunigte Staumauer gleichmäßig über den Kontaktrand verteilt die Anregung $\bar{q} = \ddot{u}_1 \cdot \rho$ auf das Fluid einwirkt. Die Stirnseite des abgeschlossenen Systems sei während des gesamten Beobachtungszeitraums hart reflektierend ($\bar{q} = 0$).

Die vorgegebene Beschleunigung wird hier als Rechteckimpuls $\ddot{u}_1 = q_o H(t)[1-H(t-\Delta t)]/\rho$ über eine Zeitschrittgröße $\Delta t = 0.0173$ Sek. gewählt. Mit der Impulsintensität $q_o = 57.803$ N/m^3 ergibt dies eine Approximation eines "Einheits"-Impulses.

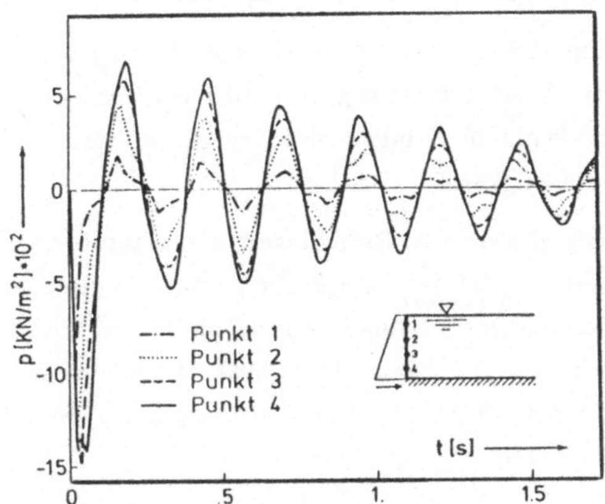

Bild 6.10a: Zeitverlauf des hydrodynamischen Drucks bei Horizontalimpuls Verteilung über die Dammwandung bei offenem Becken

Nach einem anfangs starken Druckaufbau zeigt sich im Falle des halbunendlichen 'offenen' Beckens mit fortschreitender Zeit eine deutliche

Abnahme der Belastung in allen 4 Mauerpunkten. Dieser Sachverhalt ist auf das Fehlen einer rechtsseitigen Begrenzung und der damit verbundenen Energieabstrahlung zurückzuführen. Der Betrag des Druckes entlang der Mauer nimmt erwartungsgemäß zu jedem Zeitpunkt von oben nach unten zu. Die Veränderung der einzelnen Druckwerte p_1 bis p_4 ist jedoch nicht gleichmäßig, da der zeitliche Druckverlauf in oberflächennahen Punkten naturgemäß stärker durch den 'freien Rand', an den tiefer gelegenen Stellen mehr durch den harten Beckenboden beeinflußt wird.

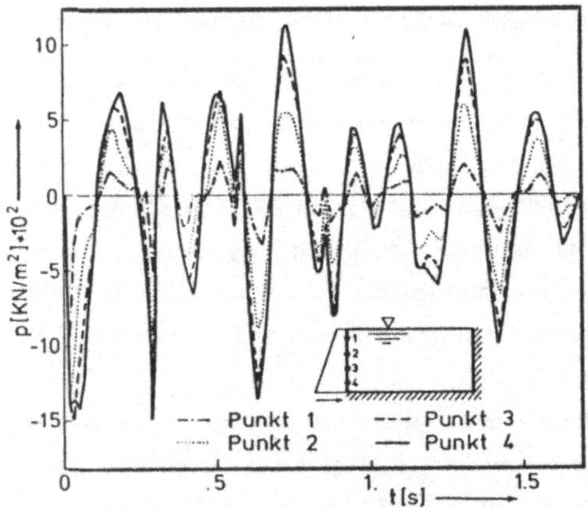

Bild 6.10b: Zeitverlauf des hydrodynamischen Drucks bei Horizontalimpuls Verteilung über die Dammwandung bei geschlossenem Becken

Die Ausbreitung des Druckes im abgeschlossenen Wasserbecken unterscheidet sich wesentlich von der Druckausbreitung im offenen Becken: der zeitliche Belastungsverlauf in den Punkten 1 bis 4 der Mauer ist geprägt durch starke Überhöhungen und Unregelmäßigkeiten.

Zur genaueren Betrachtung dieser auf Reflexionen zurückzuführenden Belastungsspitzen wird der Quotient F_{dyn}/F_{stat} eingeführt; dabei bezeichnet F_{dyn} bzw. F_{stat} die resultierende Gesamtlast infolge der dynamischen bzw. der statischen Wasserdruckverteilung. Für die hier gewählte Diskretisierung der Mauer in 4 Elemente (Länge l_i = H/4), in deren Mitte der hydrodynamische Druck die Werte p_i, 1, ..., 4 hat, folgt

$$F_{dyn} / F_{stat} = \frac{\sum_{i=1}^{4} p_i l_i}{.5\, \rho\, \bar{g}\, H^2} = \frac{\sum_{i=1}^{4} p_i}{2\, \gamma^w\, H} \quad .$$

Die zeitliche Änderung dieses Verhältnisses F_{dyn}/F_{stat} für das offene wird mit dem für das geschlossene Becken verglichen; dabei ist neben der horizontalen Impulsanregung der Mauer (Bild 6.11a) wiederum auch eine vertikale Anregung des Beckengrundes betrachtet worden (Bild 6.11b).

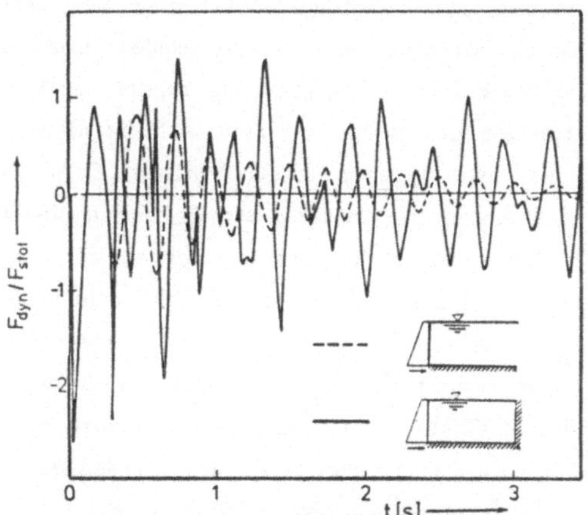

Bild 6.11a: Zeitverlauf des hydrodynamischen Gesamtdrucks bei Horizontalimpuls Vergleich offenes - geschlossenes Becken

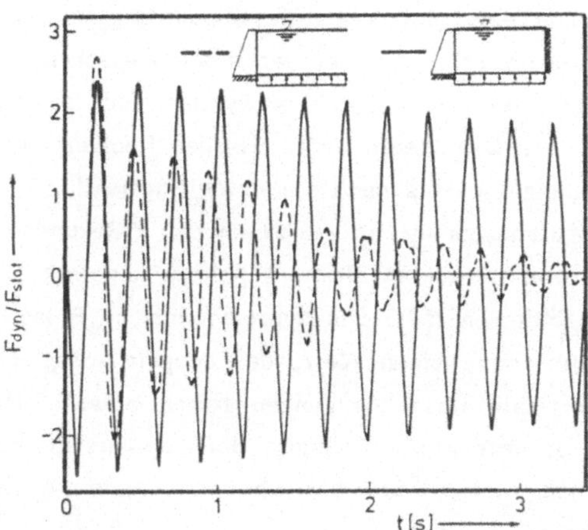

Bild 6.11b: Zeitverlauf des hydrodynamischen Gesamtdrucks bei Vertikalimpuls Vergleich offenes - geschlossenes Becken

Nach Aufbringen des Energieimpulses zum Zeitpunkt t = 0 ist zunächst in allen gezeigten Verläufen ein sprungartiges Anwachsen der dynamischen Mauerbelastung auf den ca. 2.5-fachen Wert des statischen Drucks festzustellen. Im Falle des

offenen Beckens erfolgt dann eine rasche Abnahme der Belastung, da die Druckwelle ins Unendliche läuft. Ein nahezu gänzliches Abklingen ist nach 3 - 4 Sekunden festzustellen.
Wird das Becken durch eine starre, unverschiebliche Wand abgeschlossen, zeigt sich, bei horizontaler Erregung, zum Zeitpunkt $t \approx 0.28$ Sek. erstmalig eine plötzliche Abweichung zwischen "offener" und "geschlossener" Lösung: Zu diesem Zeitpunkt trifft die im ersten Zeitintervall impulsartig angeregte Druckwelle nach einer Reflexion an der Stirnseite des Beckens erneut auf die Mauer und bewirkt dort eine starke Erhöhung der hydrodynamischen Gesamtlast. Diese reduziert sich anschließend auf ca. 1/3 des Anfangswertes bis, infolge der nächsten Reflexion, nach weiteren 0.28 Sek. erneut eine Störung zu verzeichnen ist. Der Einfluß der Reflexionen ist in konstanten zeitlichen Abständen ΔT (hier alle 0.28 Sek.) feststellbar, die sich nach der Formel $\Delta T_1 = 2L/c$ leicht ermitteln lassen. Die Stärke der Reflexionsstörungen nimmt mit fortschreitender Zeit deutlich ab, wodurch der Kurvenverlauf gleichmäßiger wird. Das System nähert sich dem eingeschwungenen Zustand. Auffallend im Vergleich zu den Ergebnissen des offenen Beckens ist, daß kein deutlicher Belastungsrückgang stattfindet. Dem System wird aufgrund seiner Abgeschlossenheit fast (bis auf die numerische Dämpfung) keine Energie entzogen; es ist ungedämpft.

Wird das geschlossene Becken einer vertikalen Beschleunigung unterworfen, kann sowohl an der starren Stirnseite als auch an der nichtelastischen Mauer $\bar{q} = 0$ angenommen werden. Infolge der Symmetrie von System und Belastung ist der Druckverlauf sehr gleichförmig. Die Welle läuft zwischen Beckengrund und Oberfläche hin und her. Sie gelangt jeweils nach einem Zeitintervall $\Delta T_2 = 2H/c$ (H=Wassertiefe) an ihren Ausgangspunkt zurück. Nach ca. 3 Sekunden bleiben die Maximalwerte des betrachteten Druckverhältnisses nahezu konstant, was auf das Ende der Einschwingphase schließen läßt. Die hydrodynamische Belastung erreicht jedoch nach diesem Zeitpunkt noch einen Wert, der doppelt so groß ist wie der statische Gesamtdruck. Vertikale Beschleunigungen haben offensichtlich bei geschlossenen Becken eine besonders große Wirkung. Bei halb-unendlichen 'offenen' Becken bewirkt jedoch auch hier - wie bei der horizonalen Anregung - die Energieabstrahlung eine starke Dämpfung.

Zeitverlaufsrechnungen sind auch im Falle des geschlossenen Beckens aus der Literatur nicht bekannt. Eine Möglichkeit der Ergebniskontrolle der hier ermittelten Zeitverläufe ergibt sich mittels einer Fast-Fourier Transformation in den Frequenzbereich. Neben dem transformierten Zeitbereichsresultat (———) wurde der Frequenzgang anhand einer Rechnung direkt im Frequenzbereich (^{o}) ermittelt. Zu Vergleichszwecken sind auch die von Chopra und Hall [25] nach der finiten Elementmethode (FEM) erhaltenen Ergebnisse (•) sowie die klassische Lösung des Problems (□) eingetragen (Bild 6.12). Die mit den sehr unterschiedlichen Verfahren erhaltenen Resultate stimmen sowohl für die horizontale als auch für die vertikale Erregungsrichtung sehr gut überein.

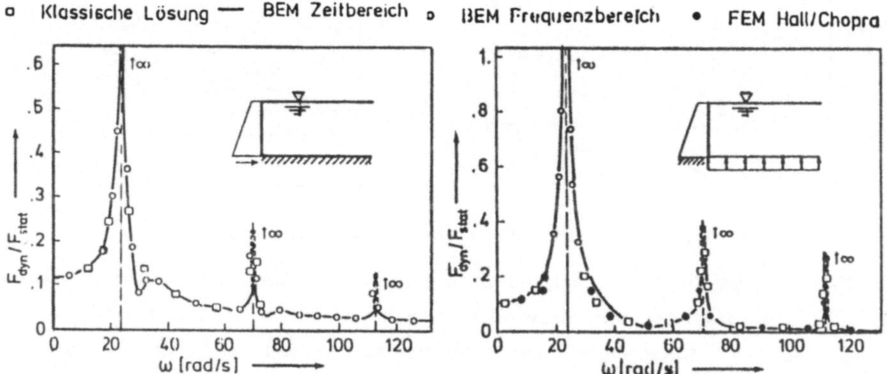

Bild 6.12: Vergleich von transformierter (FFT) Zeitbereichs- und Frequenzbereichslösung

Von besonderem Interesse bei der Auslegung eines Staudammsystems sind die Resonanzfrequenzen des Flüssigkeitskörpers. Wird die Viskosität vernachlässigt, nimmt der Frequenzgang des hydrodynamischen Druckes bei diesen Erregerfrequenzen unendliche Werte an, was mit den numerischen Verfahren nicht exakt nachvollzogen werden kann. Die Frequenzbereichsverfahren liefern an diesen Stellen im allgemeinen etwas höhere, also "genauere" Werte als die "Ein-Schritt"- Lösung mittels FFT des Zeitverlaufes. Letzteres Vorgehen hat jedoch vor allem den Vorteil, daß keine aufwendige Suche nach möglichen Resonanzstellen erforderlich ist.

Eine klassische, analytische Ermittlung des hydrodynamischen Druckes entlang der Staumauer ist lediglich für die zuvor untersuchten einfachen Geometrien, d.h. für horizontalen Beckenboden möglich [83]. In der Realität existieren solche Systeme jedoch kaum, da sich die Wassertiefe zumeist in einigem Abstand von der Mauer ändert. Mit den nachfolgenden numerischen Untersuchungen soll der Einfluß einer geneigten Kontur des Beckengrundes, speziell eines Anstiegs des Beckenbodens, auf die hydrodynamische Belastung des Dammes aufgezeigt werden.

Betrachtet werden die in Bild 6.13 dargestellten Systeme, für die, im Unterschied zu den zuvor behandelten Becken, ein ganz oder teilweise geneigter, starrer

Untergrund ($\bar{q}$ = 0) angenommen wird. Die Abmessungen (H=100m, L=200m), sowie die Zeitschrittweite Δt = 0.0173 Sek. und die Intensität des horizontalen Belastungsimpulses bleiben unverändert.

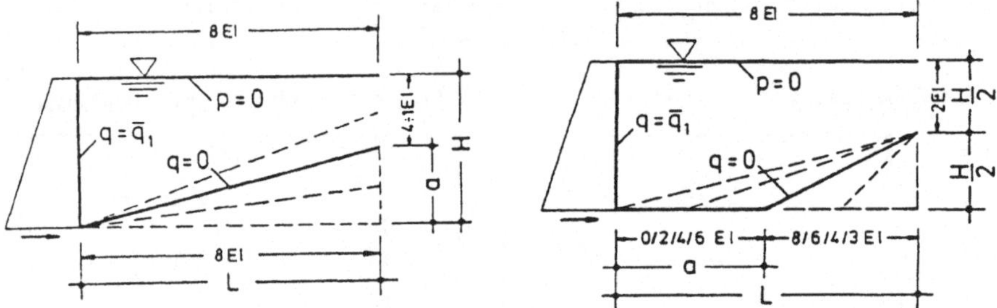

Bild 6.13: Offenes Becken mit unterschiedlich geneigtem Beckenboden

Im Falle des gleichmäßig geneigten Untergrundes wird über das Verhältnis a/L (= 0, 1/8, 1/4, 3/8) der Neigungswinkel α ($\hat{=}$ 0°, 7.1^{o}, 14°, 20.6^{o}) variiert. Die entsprechenden Zeitverläufe der normierten hydrodynamischen Gesamtlast F_{dyn}/F_{stat} sind im Bild 6.14 dargestellt. Mit zunehmender Steilheit des unteren Randes und der damit verbundenen Verkleinerung der Öffnung ist deutlich eine Vergrößerung der Gesamtlast festzustellen. Die Druckwellen können bei großem Winkel α, d.h. stark ansteigendem Beckenboden nicht mehr ungehindert abstrahlen; dies führt zu einem merklich langsameren Abklingen des Druckes im Becken. Im Bereich t > 0.6 Sek. erreicht die Mauerbelastung des fast geschlossenen Beckens (a/L = 3/8) den dreifachen Wert verglichen mit dem des ganz offenen Systems (a/L = 0). Es fällt auf, daß der durch den Impuls in allen Frequenzen angeregte Flüssigkeitskörper hauptsächlich in der ersten Eigenfrequenz schwingt. Diese ergibt sich aus der Dauer T^1 einer Schwingungsperiode (näherungsweise gleich dem zeitlichen Abstand zweier aufeinanderfolgender Druckmaxima) zu $\omega^1 = 2\pi/T^1$. Mit zunehmendem Steigungswinkel α wird die Schwingungsperiode kürzer, woraus sich auf eine Erhöhung der ersten Eigenfrequenz schließen läßt.

Als weiteres Beispiel wird der Fall untersucht, daß der Beckengrund in Dammnähe zunächst horizontal verläuft und erst in einigem Abstand von der Mauer allmählich ansteigt. Es werden vier verschieden lange horizontale Teilstücke a (= 0, 0.25l, 0.5l und 0.75l) betrachtet, wobei aber immer die seitliche "Öffnung" H/2 gleich bleibt.

Dabei ist festzustellen, daß für alle diese Topographien der Gesamtdruck nur sehr langsam abnimmt. Die nach dem Anfangsimpuls auftretenden Belastungsmaxima unterscheiden sich für die Fälle mit den Quotienten a/L = 0, 1/4, 1/2 kaum, was auf die jeweils gleiche rechtsseitige Öffnung zurückzuführen sein dürfte. Nur im Druckverlauf der Variante a/L = 3/4 zeigen sich infolge der dabei an dem verbleibenden stark geneigten Randstück (siehe Bild 6.13) verstärkt auf den Damm zurückwirkende Reflexionen kleinere Unregelmäßigkeiten (z.B. bei t ≈ 0.28 Sek.).

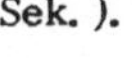

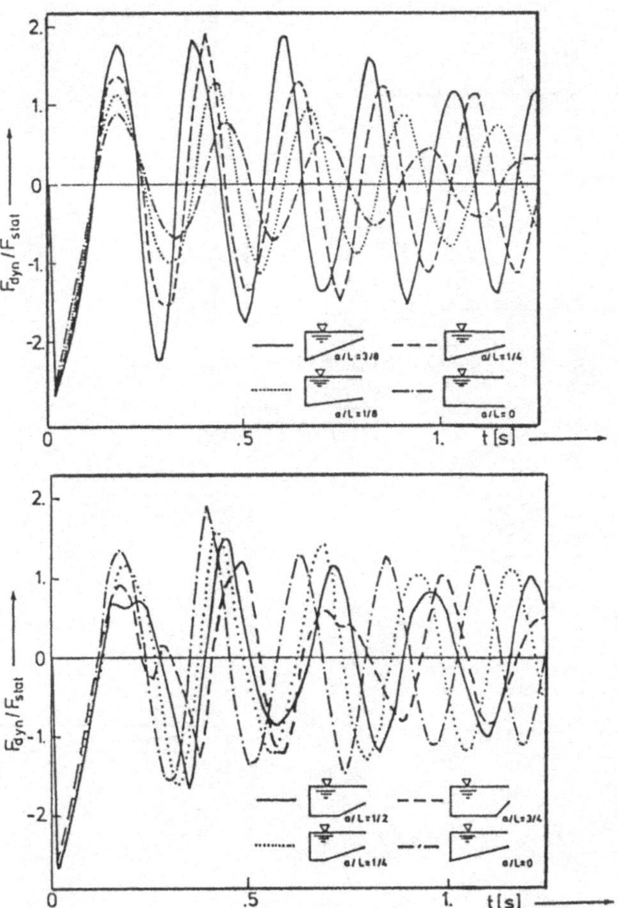

Bild 6.14: Abhängigkeit des hydrodynamischen Drucks von der Topographie des Beckenbodens

Die zeitliche Änderung der Druckwelle im Innern des offenen bzw. des geschlossenen rechtwinklig berandeten Beckens ist für den Fall horizontaler Impulsanregung in Bild 6.15 mittels der Isobaren zu dem Zeitpunkten $t_5 = 5\Delta t$

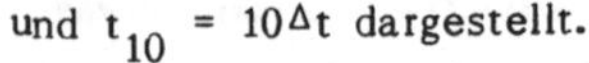

und $t_{10} = 10\Delta t$ dargestellt.

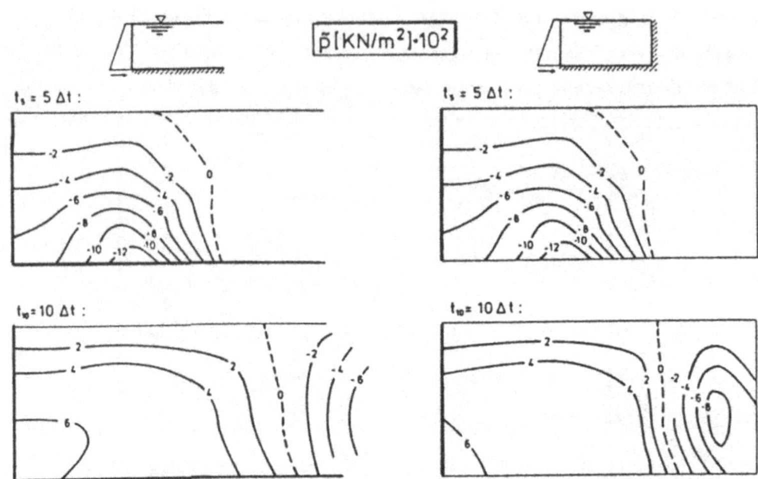

Bild 6.15: Hydrodynamischer Druck im Innern
Vergleich: offenes - geschlossenes Rechteckbecken

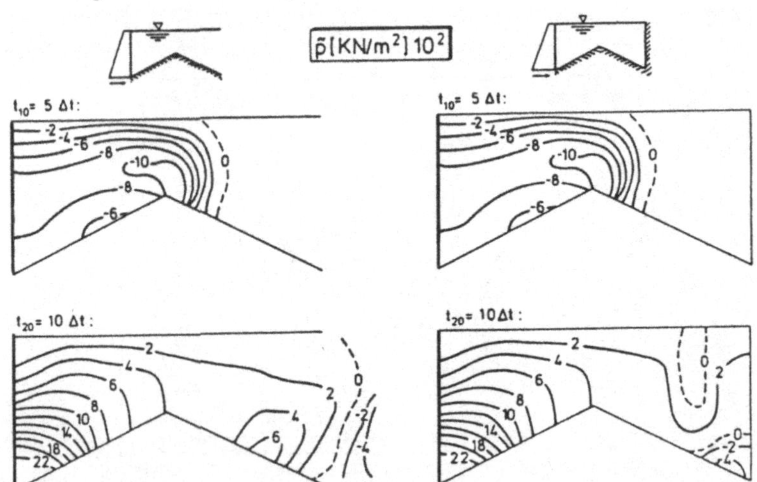

Bild 6.16: Hydrodynamischer Druck im Innern
Einfluß einer Erhebung des Beckenbodens

Bevor die Druckwelle die Stirnseite erreicht, d.h. hier $t < 8\Delta t$, unterscheidet sich die Lösung beim offenen nicht von der im geschlossenen Becken (siehe z.B. t_5). Werden hingegen die Druckverteilungen zum Zeitpunkt t_{10} betrachtet, zeigt sich im Falle des offenen Beckens deutlich der Einfluß der Wellenabstrahlung, während im geschlossenen Becken die reflektierte Welle in Richtung der Mauer zurückläuft.

Die Untersuchung eines Beckens mit dachförmig geneigtem unteren Rand (Bild 6.16) zeigt prinzipiell gleiches Verhalten der Druckwellen bezüglich Abstrahlung und Reflexion. Durch die Verengung in der Beckenmitte kommt es jedoch zu erhöhten Druckwerten im unteren Bereich der Staumauer.

Auch bei der Randelementmethode ist für viele Außenraumprobleme, wie hier für das halbunendliche Gebiet des "offenen" Beckens, ein Abbruch der Diskretisierung des Randes unumgänglich und deshalb die Kenntnis der Größe und der Auswirkungen des Abbruchfehlers sehr wesentlich. Zur Untersuchung dieses Fehlers sei ein offenes Becken der Höhe H = 100 m mit horizontalem Beckenboden betrachtet, bei dem der Boden und die freie Wasseroberfläche einmal auf L = 400 m, dann auf L = 800 m und schließlich auf L = 1600 m Länge diskretisiert wird (Bild 6.17).

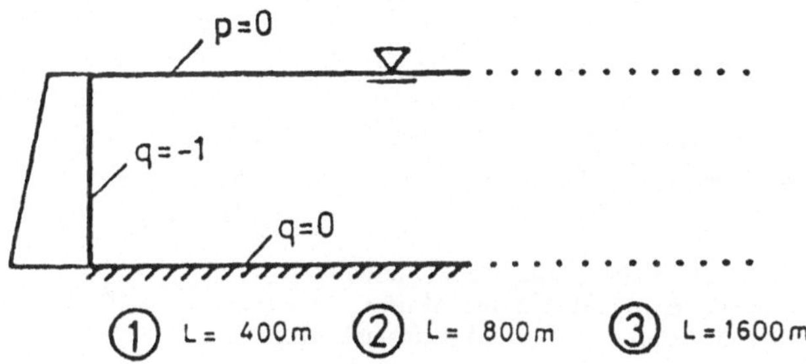

Bild 6.17: Wasserbecken mit halbunendlicher Abmessung und unterschiedlichem Abbruch der Diskretisierung

Als dynamische Anregung wirkt entlang der Staumauer ein harmonischer Druckfluß mit der Amplitude $\bar{q}$ = -1 Pa/m und der Frequenz ω = 60 rad/sec. Dies ergibt bei einer Schallgeschwindigkeit von c = 1438 m/sec. Druckwellen mit einer Wellenlänge von 150 m.

Die Lösung im Frequenzraum mittels der Integralgleichung (3.2.-10) erfolgte [17] mit linearen Elementansätzen und extrem feiner Diskretisierung - 100 Elemente bei L = 400 m und 340 Elemente bei L = 1600 m - um die Einflüsse der Diskretisierungsfehler möglichst auszuschließen.

Die im Bild 6.18 gezeigte Druckverteilung entlang des Beckenbodens macht deutlich, daß ein Abbruch bei der Diskretisierung eines unendlichen Randes sich nur in der Nähe des Abbruchs, bis zu einer Wellenlänge entfernt, bemerkbar macht. Diskretisiert man also einen unendlichen Randbereich soweit, daß die Länge dieses diskretisierten Bereichs die anderen Abmessungen des Gebiets erheblich übertrifft, kann man den Abbruchfehler vernachlässigen.

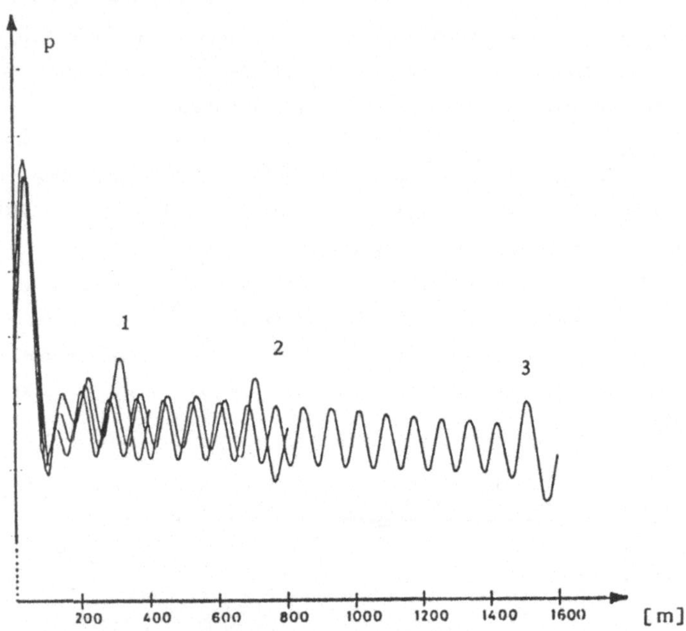

Bild 6.18: Druckverteilung entlang des Beckenbodens
bei harmonisch erregter starrer Mauer
Einfluß des Abbruchs der Randdiskretisierung

6.2.2 WELLENAUSBREITUNG IN EINEM DREI-DIMENSIONALEN BECKEN

Bei vielen Problemstellungen fordert die dreidimensionale Realität für eine wirklichkeitsnahe Beschreibung ein räumliches mechanisch-mathematisches Modell. Sind zudem die Auswirkungen transienter dynamischer Anregungen zu untersuchen, ist eine Formulierung direkt im Zeitbereich sinnvoll.

Mit den in Abschnitt 4.4.2 dargelegten Zeitschrittgleichungen ist es möglich, den Zeitverlauf der Druckwellenausbreitung in endlich oder unendlich ausgedehnten drei-dimensionalen Gebieten kompressibler Flüssigkeiten zu bestimmen.

Als Anwendungsbeispiel wird ein Becken mit den Maßen 1m x 1m x 3.25m (siehe Bild 6.19) betrachtet. In solchen Gebieten, bei denen die Ausdehnung in einer Dimension, hier in Richtung der x_3-Achse, größer ist als in den beiden anderen Richtungen (x_1- und x_2-Achse), stellt sich für den Fall, daß die Anregung nicht von der x_3-Richtung abhängt, in einem "mittleren" Bereich ein Wellenfeld ein, das dem eines zwei-dimensionalen Modells entspricht.

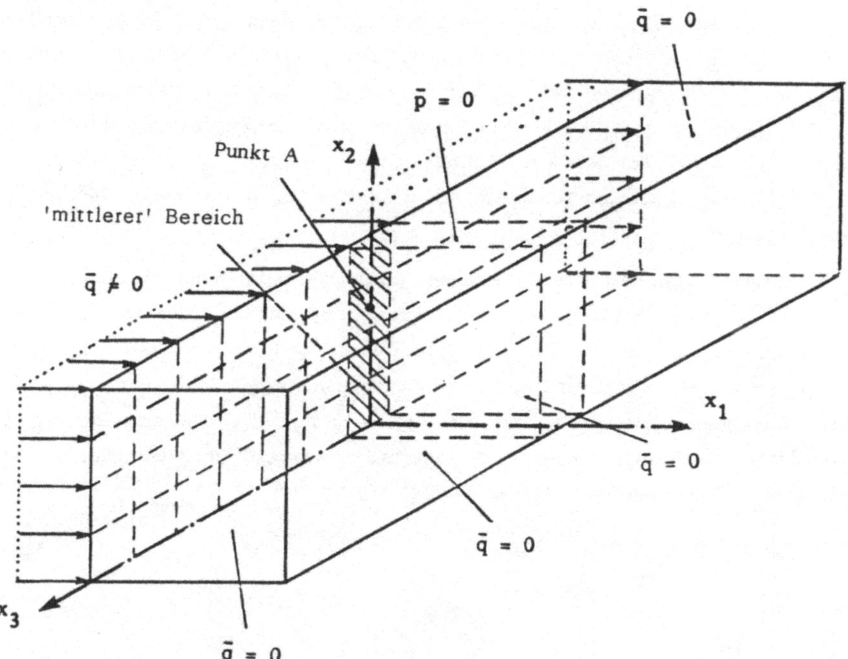

Bild 6.19: Räumliche Darstellung eines Beckens mit "mittlerem" Bereich und Angabe der Randbedingungen

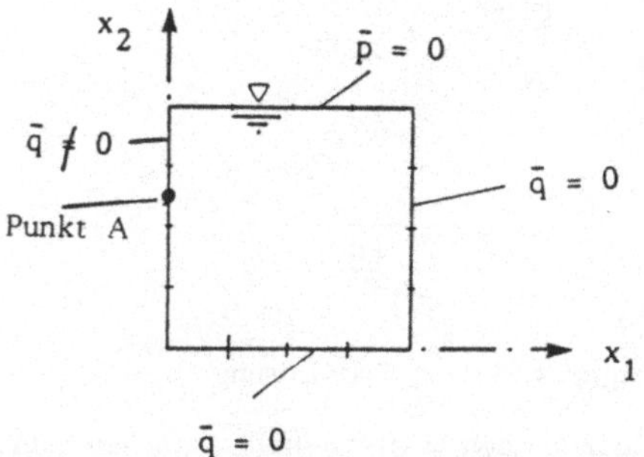

Bild 6.20: Geometrie und Diskretisierung eines geschlossenen zwei-dimensionalen Beckens ≙ "mittlerer Bereich" eines 3-D Beckens

Dies gilt solange, bis sich Auswirkungen von Reflexionen bemerkbar machen. Es ist für dieses Beispiel in diesem Bereich also möglich, die einander entsprechenden Lösungen, die mit Hilfe der zwei-dimensionalen Integralgleichung (4.2.-23) und die über die entsprechende drei-dimensionale Formulierung (4.2.-16) ermittelten

Approximationen miteinander zu vergleichen. Damit ist eine wechselseitige Kontrolle beider Randelementprozeduren gegeben.
Konkret wird für diesen Vergleich ein geschlossenes Becken mit freier Oberfläche gewählt, bei dem eine Wand (" 1 ") einen Zeitschritt $\Delta t = 1.5647 \cdot 10^{-4}$ Sekunden lang unter dem konstanten Druckfluß $\bar{q} = -1$ Pa/m steht. Zur Diskretisierung wird die Oberfläche in quadratische Elemente von 0.25 m Kantenlänge bzw. in der Ebene (Bild 6.20) der Rand in Randelemente gleicher Länge unterteilt, so daß bei der drei-dimensionalen Rechnung 240 Elemente und in der Ebene 16 Elemente benutzt werden.

Die Übereinstimmung der Resultate beider Lösungsprozeduren ist erstaunlich. Auch noch nach 100 Zeitschritten ist der Druckverlauf im Punkt A des im ersten Zeitschritt angeregten Randes bei der 3-D Lösung und bei der 2-D Lösung fast identisch. Bemerkenswert ist dies vor allem angesichts der doch sehr unterschiedlichen Integralgleichungen; so ist z.B. in 3-D nur die Abhängigkeit von der sogenannten retardierten Zeit t_r zu beachten, während in 2-D außerdem eine Zeitintegration durchgeführt werden mußte.

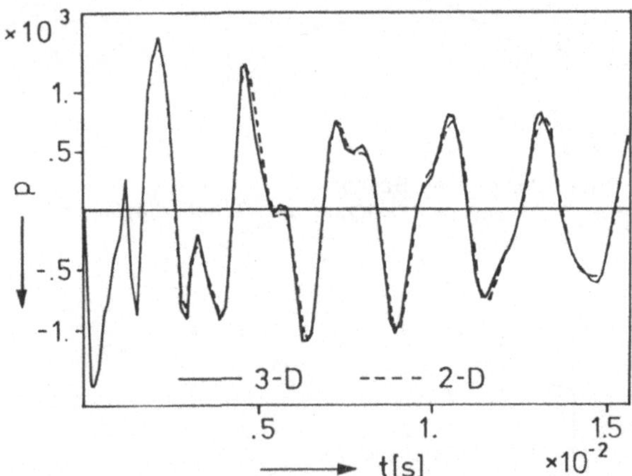

Bild 6.21: Druckverlauf im Punkt A: Vergleich 3-D / 2-D Lösung

Um auch für das drei-dimensionale Becken den Unterschied zwischen einem endlichen und einem halbunendlichen Modell aufzuzeigen, wird das Beckengebiet geöffnet, indem der Oberflächenbereich " 2 " weggelassen wird. Unter der gleichen impulsartigen Anregung wie vorher ergibt sich dann wie erwartet ein schnell abklingender Druckverlauf im Punkt A, da Energie über den offenen Rand hinaus transportiert wird. Bis zum achten Zeitschritt stimmt die Kurve für das einseitig offene Gebiet mit der für das geschlossene Gebiet überein (Bild 6.22).

Diese $8\Delta t = 1.25 \cdot 10^{-3}$ Sekunden sind genau der Zeitraum, den die am Rand " 2 " reflektierte Welle benötigt, um wieder den Punkt A zu erreichen.

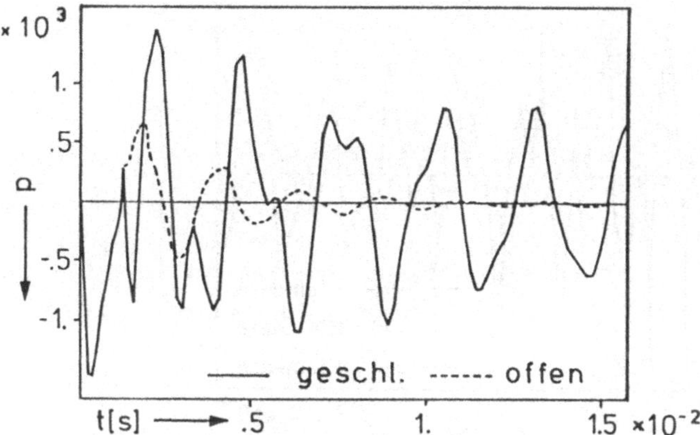

Bild 6.22: Druckverlauf im Punkt A
Vergleich: geschlossenes - einseitig offenes Becken

Die Diskretisierung, d.h. die Anzahl der Randelemente bestimmt die Größe der Einflußmatrizen und damit neben dem Speicherbedarf vor allem auch die Rechenzeit (siehe Bild 6.5). Außerdem erwartet man von einer feineren Diskretisierung eine höhere Genauigkeit der Ergebnisse.

Da bei einer drei-dimensionalen Berechnung der Aufwand bei einer Verfeinerung der Diskretisierung besonders schnell steigt, soll der Einfluß der Elementzahl auf die Genauigkeit an einem Beispiel, einem würfelförmigen Becken der Kantenlänge 1 m gezeigt werden. Die Randbedingungen, insbesondere die Dauer und Intensität der Anregung, bleiben unverändert wie beim gerade untersuchten Becken.

Betrachtet werden die Ergebnisse von drei verschiedenen Diskretisierungen. Bei Verwendung von quadratischen Elementen der Seitenlänge l_j und konstantem Verhältnis von Rand- und Zeitdiskretisierung $\beta = c\Delta t/l_j = 1.0$ sind dies

96	150	216	Elemente
0.250m	0.200m	0.167m	Seitenlänge l_j
1.7358	1.3908	1.1590	$\cdot 10^{-4}$Sek. = Δt

Es zeigt sich am Zeitverlauf des dynamischen Drucks im Mittelpunkt der impulsbelasteten Wand (Bild 6.23), daß bei einer zu groben Diskretisierung - hier bei 96 Elementen - die Lösung durch numerische Dämpfung sehr stark abklingt. In diesem geschlossenen System müßte die Energie erhalten bleiben und es sollte sich nach einem "Einschwing"-Vorgang ein zwar zeitabhängiger, aber stationärer Druckverlauf einstellen. Beides wird erst bei hinreichend feiner Diskretisierung erreicht.

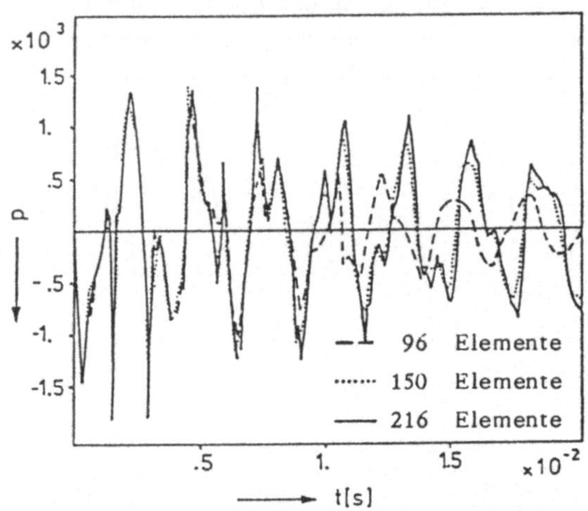

Bild 6.23: Druckverlauf im Mittelpunkt der impulsbelasteten Wand Einfluß der Diskretisierung

Der Parameter $\beta = c\Delta t/l_j$ steuert das Verhältnis zwischen zeitlicher und örtlicher Diskretisierung. Bei $\beta = 1.0$ breitet sich die Druckwelle in einem Zeitschritt gerade um l_j, also bei quadratischen Randelementen gerade ein Element weit aus. Der Einfluß dieses Parameters ist erheblich, wie sich am auch gerade schon betrachteten Druckverlauf im Mittelpunkt der impulserregten Wand zeigt.

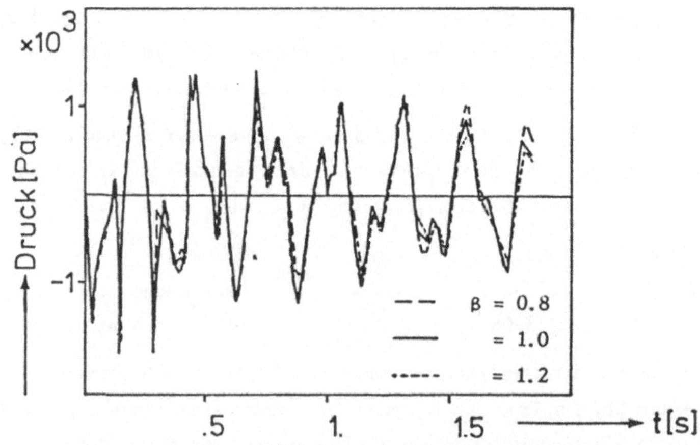

Bild 6.24a: Druckverlauf in der Mitte der impulsbelasteten Wand - Einfluß des Parameters β: 0.8 / 1.0 / 1.2

Liegt der Wert des Parameters β in der Nähe von 1.0 - im Bild 6.24a ist β =

0.8 / 1.0 / 1.2 bei 216 Elementen, d.h. l_j = 0.167 m - bewirkt dies nur relativ geringfügige Änderungen. So erhält man z.B. nur für β = 1.0 nach 12 bzw. 24 Zeitschritten ausgeprägte Druckspitzen, da nur dann die reflektierte Wellenfront genau in diesen Zeitpunkten den betrachteten Punkt erreicht. Bei den anderen β-Werten liegen die Reflexionen zwischen zwei betrachteten Zeitpunkten. Für alle diese β-Werte erhält man jedoch eine auch nach mehr als 200 Zeitschritten noch stabile Lösung.

Anders ist dies bei stärkeren Abweichungen vom Wert β = 1.0 (Bild 6.24b). Besonders kritisch sind "zu kleine" Parameterwerte; so oszilliert die Approximation bei der Wahl von β = 0.5, d.h. $\Delta t = 5.8 \cdot 10^{-5}$ Sekunden bereits von Anfang an relativ stark und wird nach $2.5 \cdot 10^{-3}$ Sekunden $\approx$ 45 Δt instabil. Ein "zu großes" β ergibt zwar stabile Approximationen, jedoch wird der Zeitverlauf dadurch stark geglättet, da nicht mehr alle durch Reflexionen verursachten Schwankungen in der Lösung registriert werden.

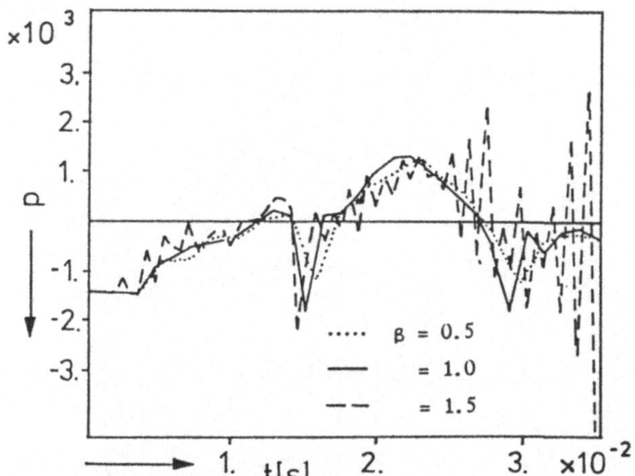

Bild 6.24b: Druckverlauf in der Mitte der impulsbelasteten Wand - Einfluß des Parameters β: 0.5 / 1.0 / 1.5

Auch beim räumlichen Modell eines Staubeckens ist neben der zeitlichen Änderung der dynamischen Druckwelle entlang der Beckenberandung die Ausbreitung der Druckwellen im Innern von Interesse. Als Beispiel dazu wird ein Staubecken mit den Abmessungen 1m x 1m x 2m (Bild 6.26) betrachtet, dessen Oberfläche durch 250 quadratische Elemente diskretisiert ist. Es wird nur das mittlere Element impulserregt, so daß in den ersten Zeitschritten, bis die Welle die unterschiedlichen Ränder erreicht hat, die Ausbreitung horizontal und vertikal identisch abläuft.

Horizontalschnitte **Vertikalschnitte**

1. Zeitschritt

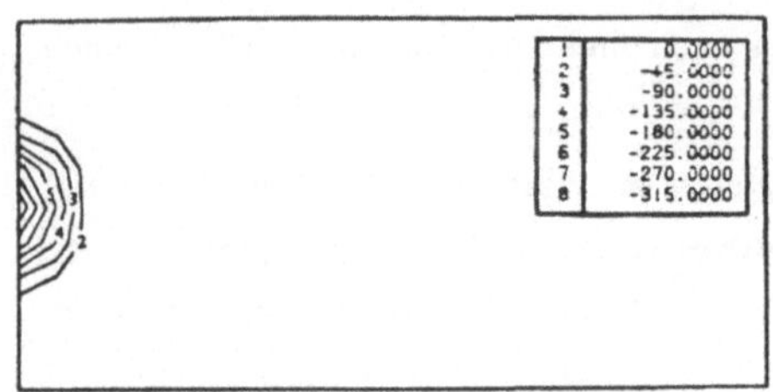

3. Zeitschritt

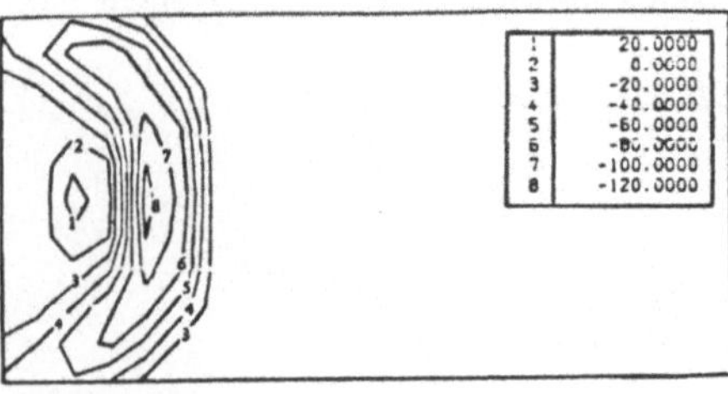

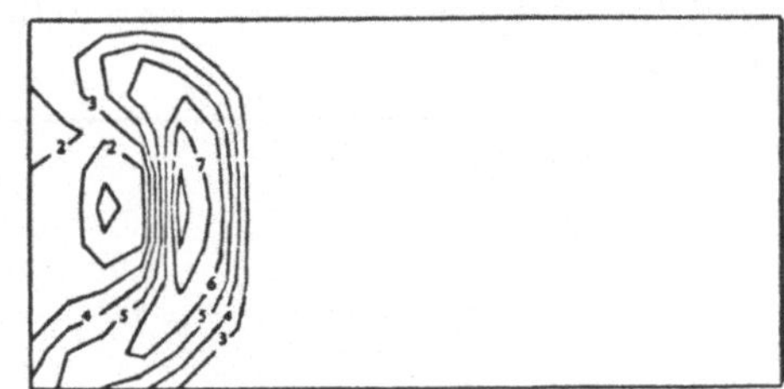

5. Zeitschritt

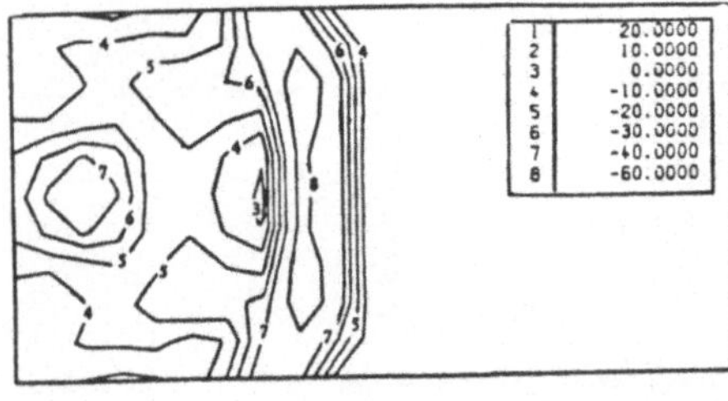

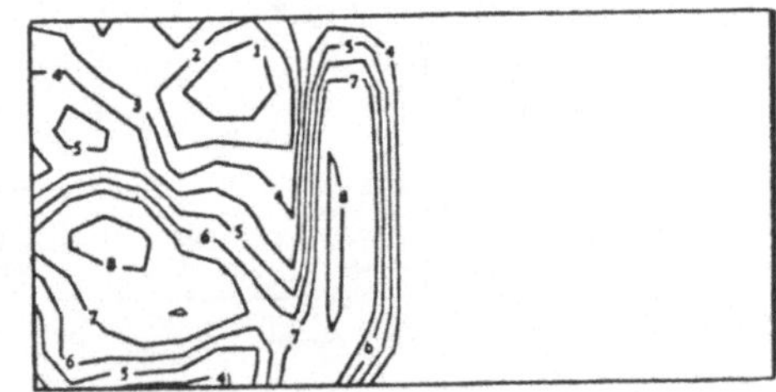

Bild 6.25: Wellenausbreitung im Innern eines 3-D Beckens

Bereits im dritten, noch stärker im fünften Zeitschritt ist aber der unterschiedliche Einfluß der Randbedingungen festzustellen (Bild 6.25):
im Horizontalschnitt ergibt sich wegen der symmetrischen Randbedingungen der beiden hart reflektierenden Wandungen ein symmetrisches Bild,
im Vertikalschnitt dagegen ist das Bild unsymmetrisch, da der harte Beckenboden und die freie Oberfläche unterschiedliche Randbedingungen haben.

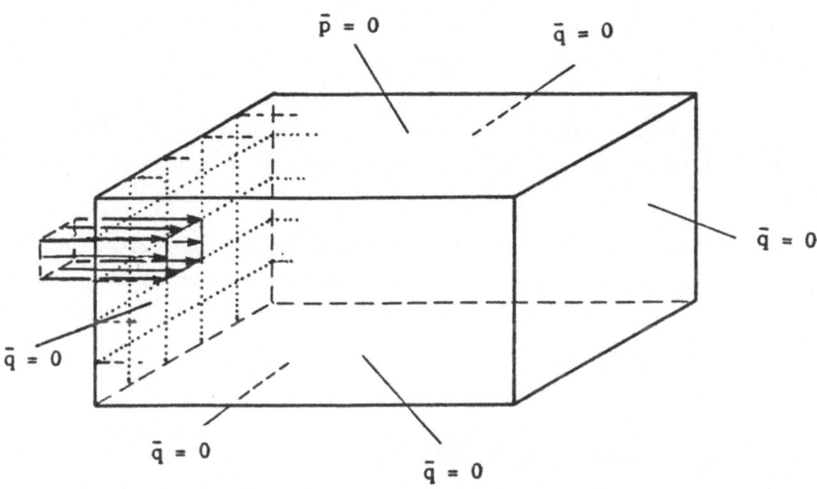

Bild 6.26: Geometrie und Diskretisierung des zur Innenpunktberechnung betrachteten Rechteckbeckens

7. DYNAMISCHE INTERAKTION VERSCHIEDENER STRUKTUREN

Zwischen einem Bauwerk und dem angrenzenden Baugrund entsteht unter der Einwirkung nicht-statischer Lasten immer dann dynamische Interaktion, wenn die Verschiebungen der Kontaktfläche beider Teilsysteme sich von den Verformungen des "Frei-Feldes", d.h. des Bodens ohne das Bauwerk, unterscheiden.

Obwohl in vielen Fällen dieser Verschiebungsunterschied gegenüber den sonstigen Bewegungen des Bauwerks vernachlässigbar klein ist und somit das Tragwerk auf starrem Untergrund betrachtet werden kann, gibt es doch eine Vielzahl von Situationen, in denen das Vorhandensein von Bauwerken die "freien" Verformungen des Baugrunds stark behindern. Großflächige Gründungen, hohe Gebäude auf weichem Untergrund und eng benachbarte Einzelfundamente sind einige der Fälle, bei denen Wechselwirkungseffekte auftreten und von Bedeutung sein können.

Die unter der Annahme eines starren Untergrunds ermittelte Schwingungsantwort eines solchen Tragwerks weicht häufig stark von den Ergebnissen einer Interaktionsberechnung ab. Der Grund hierfür ist in folgenden Faktoren zu sehen:

- Innerhalb des Bodens geht, in Abhängigkeit von dessen Struktur, eine beträchtliche Menge der Bewegungsenergie des Bauwerks durch Abstrahlung (geometrische Dämpfung) oder innere, hysteretische Materialdämpfung verloren
- Die Verformung des Baugrunds ist durch das Bauwerk behindert (kinematische Interaktion)
- Das Bauwerk-Boden System hat mehr Freiheitsgrade als ein Tragwerk auf starrem Untergrund und infolgedessen andere Eigenfrequenzen und Schwingungsformen.

Alle die hier aufgeführten Einflüsse und Auswirkungen dynamischer Interaktion treten auch zwischen Bauwerken und einer angrenzenden kompressiblen Flüssigkeit auf, so z.B. bei einem Staudamm und natürlich ebenfalls bei der Kopplung eines Bauwerks mit beiden Medien.

7.1. FINITE REALISIERUNG DER KOPPLUNG

Die Auswirkungen der dynamischen Interaktion auf die Zustandsgrößen einer Struktur sind nur durch die Kopplung der für diese Struktur geltenden Gleichungen mit denen des angrenzenden Mediums festzustellen. Dazu sind die in Abschnitt 2.4 angegebenen Kopplungsbedingungen den finiten Approximationen der Randintegralgleichungen, den Randelement-Gleichungen angepaßt zu formulieren und damit dann die Kopplung der separat erstellten Gleichungssysteme durchzuführen.

Die Kopplung zweier elastischer Gebiete Ω^1 und Ω^2 wird nach (2.4.-17/18) bei Verwendung der "natürlichen" Komponenten, d.h. der Normal- und Tangentialkomponenten durch

(7.1.-1) $$T_n^1 - T_n^2 = 0 \quad \text{und} \quad T_s^1 - T_s^2 = 0$$

(7.1.-2) $$u_n^1 + u_n^2 = 0 \quad \text{und} \quad u_s^1 + u_s^2 = 0$$

erreicht. Diese Bedingungen sind in allen Punkten der Kontaktfläche, bei der finiten Formulierung also in allen Knotenpunkten $\mathbf{x}^i$ der Kontaktfläche zu erfüllen. Das bedeutet, daß zumindest in der Kontaktfläche bzw. dem Kontaktrand die Elementeinteilung und die Wahl der Ansätze für beide Gebietsberandungen übereinstimmen muß.

Zur Realisierung dieser Kopplung sind die für die beiden Gebiete Ω^1 und Ω^2 geltenden algebraischen Gleichungssysteme so umzusortieren, daß die Zustandsgrößen in den Knotenpunkten der Kontaktfläche ("i") von den anderen ("a") getrennt stehen.

Die zeitunabhängigen Systeme (3.4.-9) bzw. (3.4.-15) der F r e q u e n z r a u m - Formulierung sind danach bei Zusammenfassung der Normal- und Tangentialkomponenten ($\mathbf{u} \mathrel{\hat{=}} [\mathbf{u}_n, \mathbf{u}_s]$) zu unterteilen in

$$\begin{bmatrix} \hat{T}^1_{ii} & T^1_{ia} \\ T^1_{ai} & \hat{T}^1_{aa} \end{bmatrix} \cdot \begin{bmatrix} \mathbf{u}^1_i \\ \mathbf{u}^1_a \end{bmatrix} = \begin{bmatrix} U^1_{ii} & U^1_{ia} \\ U^1_{ai} & U^1_{aa} \end{bmatrix} \cdot \begin{bmatrix} \mathbf{t}^1_i \\ \mathbf{t}^1_a \end{bmatrix} \tag{7.1.-3}$$

für die Zustandsgrößen auf dem Rand Γ^1 des Gebiets Ω^1, und ebenso

$$\begin{bmatrix} \hat{T}^2_{ii} & T^2_{ia} \\ T^2_{ai} & \hat{T}^2_{aa} \end{bmatrix} \cdot \begin{bmatrix} \mathbf{u}^2_i \\ \mathbf{u}^2_a \end{bmatrix} = \begin{bmatrix} U^2_{ii} & U^2_{ia} \\ U^2_{ai} & U^2_{aa} \end{bmatrix} \cdot \begin{bmatrix} \mathbf{t}^2_i \\ \mathbf{t}^2_a \end{bmatrix} \tag{7.1.-4}$$

für die Randgrößen auf Γ^2. Dabei ist anzumerken, daß auch die durch die Kollokationspunkte ξ bestimmten Zeilen dieser Gleichungssysteme entsprechend deren Lage, innerhalb ("i") oder außerhalb ("a") der Kontaktfläche, umsortiert wurden.

Die Kopplung durch die Übergangsbedingungen (7.1.-1) und (7.1.-2), d.h.

$$\mathbf{t}^1_i = \mathbf{t}^2_i = \mathbf{t}_i \qquad \text{und} \qquad \mathbf{u}^1_i = -\mathbf{u}^2_i = \mathbf{u}_i$$

ergibt folgendes gekoppelte Gleichungssystem

$$\begin{bmatrix} \hat{T}^1_{aa} & T^1_{ai} & 0 \\ T^1_{ia} & \hat{T}^1_{ii} & 0 \\ 0 & -\hat{T}^2_{ii} & T^2_{ia} \\ 0 & -T^2_{ai} & \hat{T}^2_{aa} \end{bmatrix} \cdot \begin{bmatrix} \mathbf{u}^1_a \\ \mathbf{u}_i \\ \mathbf{u}^2_a \end{bmatrix} = \begin{bmatrix} U^1_{aa} & U^1_{ai} & 0 \\ U^1_{ia} & U^1_{ii} & 0 \\ 0 & U^2_{ii} & U^2_{ia} \\ 0 & U^2_{ai} & U^2_{aa} \end{bmatrix} \cdot \begin{bmatrix} \mathbf{t}^1_a \\ \mathbf{t}_i \\ \mathbf{t}^2_a \end{bmatrix} \tag{7.1.-5}$$

Bei den Zeitschritt-Randelementgleichungen (4.4.-18) ist das Vorgehen zur Kopplung zweier elastischer Gebiete prinzipiell gleich. Es ist jedoch außerdem bei der Zeitdiskretisierung darauf zu achten, daß die Knotenpunkte und die Kollokationspunkte für die Kopplungspunkte auch zeitlich übereinstimmen. Bei der

Kopplung zweier Gebiete mit unterschiedlichen Materialdaten und damit unterschiedlichen Wellengeschwindigkeiten $c_\alpha^1 \neq c_\alpha^2$, $(\alpha = 1, 2)$, bedeutet dies, daß die Parameter

$$\beta^1 = c_1^{(1)} \cdot \Delta t / l_e \quad \neq \quad \beta^2 = c_1^{(2)} \cdot \Delta t / l_e$$

nicht gleich gewählt werden können. Da zu kleine β-Werte zur Instabilität des Verfahrens führen können (siehe Bild 6.24b), sind aus der Relation

$$\beta^2 / c_1^{(2)} = \beta^1 / c_1^{(1)} \tag{7.1.-6}$$

möglichst günstige Werte, d.h. in der Nähe von Eins liegende Werte für β^1 und β^2 zu wählen.

Zur Kopplung eines elastischen Gebiets mit einer angrenzenden kompressiblen Flüssigkeit sind die Übergangsbedingungen (2.4.-12/13) im Zeitbereich

$$T_n(\mathbf{x},t) = -\rho_F \dot{\Phi}(\mathbf{x},t) \quad \text{und} \quad \dot{u}_n(\mathbf{x},t) = -\psi(\mathbf{x},t)$$

bzw. (2.4.-15/16) im Frequenzraum

$$T_n(\mathbf{x},\omega) = -\rho_F i\omega\, \Phi(\mathbf{x},\omega) \quad \text{und} \quad i\omega\, u_n(\mathbf{x},\omega) = -\psi(\mathbf{x},\omega)$$

zu erfüllen. Die finite Realisierung dieser Bedingungen hängt von der Wahl der Ansätze ab. Wird die einfachste Möglichkeit - stückweise konstante Ansätze für alle Zustandsgrößen in den Randelementen, schrittweise konstant für T_i und ψ und schrittweise linear für u_i und Φ in den Zeitschritten - gewählt, ergibt sich als diskrete Form dieser Übergangsbedingungen [13] in den Randelementen Γ_e und dem Zeitschritt $m\Delta t$

$$T_{ne}^m = -\rho_F \frac{1}{\Delta t} (\Phi_e^m - \Phi_e^{m-1}) \qquad \mathbf{t}_n^{(m)} = -\rho_F \mathbf{D} \cdot [\mathbf{\Phi}^{(m)} - \mathbf{\Phi}^{(m-1)}] \tag{7.1.-7}$$

$$\frac{1}{\Delta t}(u_{ne}^m - u_{ne}^{m-1}) = -\psi_e^m \qquad \mathbf{\psi}^{(m)} = -\mathbf{D} \cdot [\mathbf{u}_n^{(m)} - \mathbf{u}_n^{(m-1)}] \tag{7.1.-8}$$

bzw. im Frequenzraum, ohne die Zeitabhängigkeit

$$T_{ne} = -\rho_F i\omega\, \Phi_e \qquad \mathbf{t}_n = -\rho_F \mathbf{D} \cdot \mathbf{\Phi} \tag{7.1.-9}$$

$$i\omega\, u_{ne} = -\psi_e \qquad \mathbf{\psi} = -\mathbf{D} \cdot \mathbf{u}_n \tag{7.1.-10}$$

Die Diagonalmatrix $\mathbf{D}$ enthält dabei für Zeitbereichsberechnungen die Werte $1/\Delta t$

und im Frequenzraum i ω.

Die für die beiden Gebiete erstellten Gleichungssysteme sind wiederum umzusortieren, sodaß die Knotenwerte in der Kontaktfläche ("i") getrennt von den anderen ("a") stehen. Im Frequenzraum ergibt dies die Systeme

$$\begin{bmatrix} \hat{T}^n_{nii} & T^n_{nia} & T^n_{sii} & T^n_{sia} \\ T^n_{nai} & \hat{T}^n_{naa} & T^n_{sai} & T^n_{saa} \\ T^s_{nii} & T^s_{nia} & \hat{T}^s_{sii} & T^s_{sia} \\ T^s_{nai} & T^s_{naa} & T^s_{sai} & \hat{T}^s_{saa} \end{bmatrix} \cdot \begin{bmatrix} u_{ni} \\ u_{na} \\ u_{si} \\ u_{sa} \end{bmatrix} = \begin{bmatrix} U^n_{nii} & U^n_{nia} & U^n_{sii} & U^n_{sia} \\ U^n_{nai} & U^n_{naa} & U^n_{sai} & U^n_{saa} \\ U^s_{nii} & U^s_{nia} & U^s_{sii} & U^s_{sia} \\ U^s_{nai} & U^s_{naa} & U^s_{sai} & U^s_{saa} \end{bmatrix} \cdot \begin{bmatrix} t_{ni} \\ t_{na} \\ t_{si} \\ t_{sa} \end{bmatrix}$$

(7.1.-11)

$$\begin{bmatrix} \hat{Q}_{ii} & Q_{ia} \\ Q_{ai} & \hat{Q}_{aa} \end{bmatrix} \cdot \begin{bmatrix} \Phi_i \\ \Phi_a \end{bmatrix} = \begin{bmatrix} P_{ii} & P_{ia} \\ P_{ai} & P_{aa} \end{bmatrix} \cdot \begin{bmatrix} \phi_i \\ \phi_a \end{bmatrix}.$$

Berücksichtigt man für die "Innen"-Knotenwerte außer (7.1.-9/10) auch die dritte, notwendige Übergangsbedingung (2.4.-14) $\hat{=}$ $t_{si} = 0$, wegen der angenommenen Reibungsfreiheit zwischen der Flüssigkeit und dem elastischen Rand , erhält man folgendes gekoppelte System:

$$\begin{bmatrix} \hat{T}^n_{naa} & T^n_{saa} & T^n_{sai} & T^n_{nai} & \rho_F U^n_{nai} \cdot D & 0 \\ T^s_{naa} & \hat{T}^s_{saa} & T^s_{sai} & T^s_{nai} & \rho_F U^s_{nai} \cdot D & 0 \\ T^s_{nia} & T^s_{sia} & \hat{T}^s_{sii} & T^s_{nii} & \rho_F U^s_{nii} \cdot D & 0 \\ T^n_{nia} & T^n_{sia} & T^n_{sii} & \hat{T}^n_{nii} & \rho_F U^n_{nii} \cdot D & 0 \\ 0 & 0 & 0 & P_{ii} \cdot D & \hat{Q}_{ii} & Q_{ia} \\ 0 & 0 & 0 & P_{ai} \cdot D & Q_{ai} & \hat{Q}_{aa} \end{bmatrix} \cdot \begin{bmatrix} u_{na} \\ u_{sa} \\ u_{si} \\ u_{ni} \\ \Phi_i \\ \Phi_a \end{bmatrix} =$$

(7.1.-12)

$$= \begin{bmatrix} U^n_{naa} & U^n_{saa} & 0 \\ U^s_{naa} & U^s_{saa} & 0 \\ U^s_{nia} & U^s_{sia} & 0 \\ U^n_{nia} & U^n_{sia} & 0 \\ 0 & 0 & P_{ia} \\ 0 & 0 & P_{aa} \end{bmatrix} \bullet \begin{bmatrix} t_{na} \\ t_{sa} \\ \Phi_a \end{bmatrix}$$

Je nach Vorgabe der Randbedingungen außerhalb der Kontaktfläche ist dieses System nochmals nach gegebenen und unbekannten "Außen" - Werten umzusortieren.

Im Zeitbereich (D enthält dann $1/\Delta t$) gilt dieses System bei homogenen Anfangsbedingungen formal genauss für den ersten Zeitschritt. Für die folgenden Zeitschritte ist zu beachten, daß die Kopplungsbedingungen (7.1.-7/8) Zustandsgrößen aus dem vorhergehenden Zeitschritt enthalten. Dies bewirkt, daß die Koeffizientenmatrix des gekoppelten Systems, die dem Vektor der Zustandsgrößen im m-ten Zeitschritt

$$[\, u^{(m)}_{na} \,,\, u^{(m)}_{sa} \,,\, u^{(m)}_{ni} \,,\, \Phi^{(m)}_{i} \,,\, \Phi^{(m)}_{a} \,]^T$$

zugeordnet ist, wie folgt erweitert werden muß:

$$\begin{bmatrix} {}^{(k)}T^n_{naa} & {}^{(k)}T^n_{saa} & {}^{(k)}T^n_{sai} & {}^{(k)}T^n_{nai} & \rho_F({}^{(k)}U^n_{nai} - {}^{(k-1)}U^n_{nai})\cdot D & 0 \\ {}^{(k)}T^s_{naa} & {}^{(k)}T^s_{saa} & {}^{(k)}T^s_{sai} & {}^{(k)}T^s_{nai} & \rho_F({}^{(k)}U^s_{nai} - {}^{(k-1)}U^s_{nai})\cdot D & 0 \\ {}^{(k)}T^s_{nia} & {}^{(k)}T^s_{sia} & {}^{(k)}T^s_{sii} & {}^{(k)}T^s_{nii} & \rho_F({}^{(k)}U^s_{nii} - {}^{(k-1)}U^s_{nii})\cdot D & 0 \\ {}^{(k)}T^n_{nia} & {}^{(k)}T^n_{sia} & {}^{(k)}T^n_{sii} & {}^{(k)}T^n_{nii} & \rho_F({}^{(k)}U^n_{nii} - {}^{(k-1)}U^n_{nii})\cdot D & 0 \\ 0 & 0 & 0 & ({}^{(k)}P_{ii} - {}^{(k-1)}P_{ii})\cdot D & {}^{(k)}Q_{ii} & {}^{(k)}Q_{ia} \\ 0 & 0 & 0 & ({}^{(k)}P_{ai} - {}^{(k-1)}P_{ai})\cdot D & {}^{(k)}Q_{ai} & {}^{(k)}Q_{aa} \end{bmatrix}$$

Dabei ist nach der Rekursionsformel (4.4.-18) der den jeweiligen Zeitschritt kennzeichnende Index $k = n-m+1$ zu setzen.

7.2 INTERAKTION ELASTISCHER STRUKTUREN

Bei der Bemessung von Bauwerken oder auch von Maschinenfundamenten ist es erforderlich, das dynamische Verhalten des mechanischen Systems unter der Einwirkung verschiedenster Kräfte vorherbestimmen zu können. Dabei ist in vielen Fällen die korrekte Erfassung der dynamischen Interaktion, der Wechselwirkung mit der Umgebung von großer Bedeutung. Dies wird durch die folgenden Beispiele belegt, die insbesondere die Bedeutung der dynamischen Interaktion für das Dämpfungsverhalten eigenerregter Systeme unterstreichen.

7.2.1 DER EINFLUSS GESCHICHTETEN BAUGRUNDS

Gewachsene Böden bestehen häufig aus mehreren Schichten, an deren Grenzen sich die Materialeigenschaften ändern. Dadurch entstehen dort mehr oder minder starke Reflexionen und Refraktionen von sich im Boden ausbreitenden Druck- und Scherwellen, die wiederum das Schwingungsverhalten damit gekoppelter Strukturen, z.B. eines Fundaments beeinflussen (siehe Abschnitt 5.3).

Als Beispiel sei erneut ein starres, masseloses Streifenfundament der Breite $2B = 2m$ auf der Oberfläche einer horizontalen Schicht der Dicke H betrachtet. Diese Schicht liege jedoch nicht auf starrem Grundgebirge, sondern auf einem zwar steiferen, jedoch elastischen Halbraum (Bild 7.1).

Als Materialdaten der Schicht werden die Dichte $\rho = 2000$ kg/m^3, die Poisson'sche Zahl $\nu = 0.33$ und der Elastizitätsmodul $E^S = 2.66 \cdot 10^5$ KN/m^2 gewählt; der darunterliegende Halbraum habe zwar gleiche Dichte ρ und Poisson'sche Zahl ν, jedoch größere Elastizitätsmoduli E^H, so daß deren Einfluß auf die Reflexionen und damit auf das Schwingungsverhalten des Fundaments festgestellt werden kann. Die betrachteten konkreten Fälle

$$E^H / E^S = 1.0 / 1.5 / 3.0 / 6.0 / \infty$$

haben bei angenommenem ebenen Verzerrungszustand in der Schicht die feste Druck- bzw. Scherwellengeschwindigkeit $c_1^S = 444$ m/s bzw. $c_2^S = 224$ m/s, im Halbraum jedoch mit größerem E-Modul wachsend

c_1^H = 444 / 544 / 769 / 1087 m/s und c_2^H = 224 / 274 / 387 / 548 m/s.

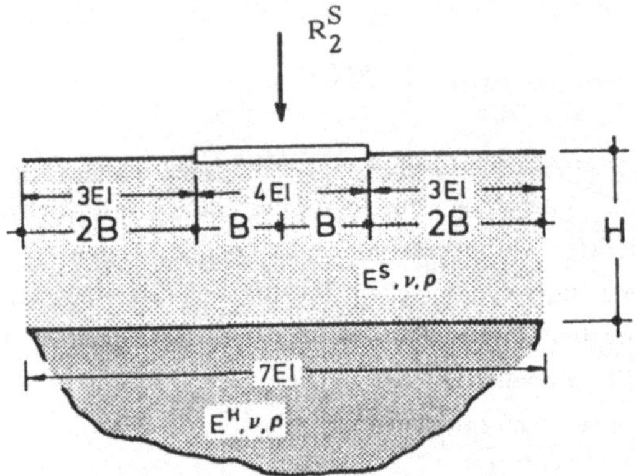

Bild 7.1: Geometrie und Diskretisierung eines Oberflächenfundaments auf einer Schicht über dem Halbraum

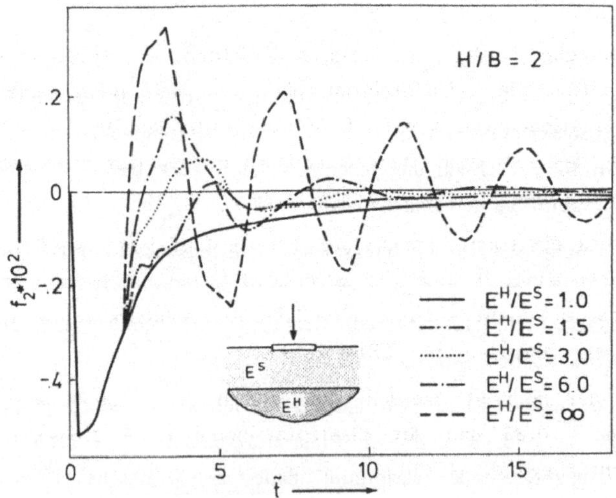

Bild 7.2: Zeitverlauf der vertikalen Fundamentantwort auf Vertikalimpuls Streifen-Fundament auf Schicht der Dicke H = 2B über Halbraum Abhängigkeit von den E-Moduli

Da für die Kopplung zwischen Schicht und Halbraum möglichst günstige, auf jeden Fall nicht zu kleine β-Werte (siehe Bild 6.24b) gewählt werden sollten, wurde bei einer Diskretisierung des Kontaktrandes in 7 Elemente eine Zeitschrittweite von Δt = 0.00135 Sekunden gewählt. Damit kann der gesamte betrachtete Wertebereich von E^H mit noch günstigen, zumindest zu stabilen Ergebnissen führenden β-Werten, nämlich mit

$$\beta^S = 0.7, \text{ sowie } \beta^H_{(1.5)} = 0.85,\ \beta^H_{(3.0)} = 1.21 \text{ und } \beta^H_{(6.0)} = 1.71$$

untersucht werden.

Betrachtet wird die Vertikalbewegung des starren Fundaments infolge eines vertikalen Rechteckimpulses R_2 = 740 KN/m von Δt = 0.00135 Sekunden Dauer. In Bild 7.2 ist der Zeitverlauf dieser Verschiebungskomponente für die verschiedenen oben genannten Quotienten E^H/E^S bei einer Schichtdicke von H = 2B gezeigt. Die beiden Grenzfälle - der durchgehende Halbraum $E^H/E^S = 1$ und die Schicht über starrem Grundgebirge $E^H/E^S = \infty$ - sind bereits bekannt (siehe Bild 5.26).

Der Einfluß der unterschiedlichen Elastizitätsmoduli von Schicht und Halbraum ist erwartungsgemäß zu Beginn, für $0 < \tilde{t} < 1.9$ ($\tilde{t} = tc_2^S / B$) nicht erkennbar: Die Druckwelle mit der Geschwindigkeit c_1^S benötigt diesen Zeitraum, um nach einer harten oder weichen teilweisen Reflexion an der Grenze Schicht - Halbraum wieder das Fundament zu erreichen.
Im Bereich $\tilde{t} > 1.9$ zeigt sich deutlich der Einfluß der unterschiedlichen Bodenwerte. Die Reflexionen sind extrem im Falle eines starren Untergrundes und verschwinden für den homogenen Halbraum. Da ein weicher Untergrund einen großen Anteil der Wellen nicht reflektiert, sondern "abstrahlen" läßt, ist für $E^H/E^S = 1.5$ lediglich der Einfluß einer ersten Reflexion deutlich zu erkennen. Im Bereich $\tilde{t} > 10$ liegt die Verschiebung bereits sehr nahe an der für den Halbraum.
Im Falle des 6-fach steiferen Untergrunds unter der Schicht strahlt nur noch ein geringerer Energieanteil dorthin ab. Das Fundament schwingt mehrfach um seine Ruhelage und seine Bewegungen liegen deutlich "näher" an denen im Fall des starren Grundgebirges.
Außerdem ist festzustellen, daß sich mit abnehmendem Steifigkeitsverhältnis E^H/E^S die Dauer einer Schwingungsperiode verlängert; dies läßt auf eine Abnahme der ersten Eigenfrequenz schließen.

Die entsprechende Vertikalbewegung für den Fall einer Schicht der Mächtigkeit H = 5B (Bild 7.3) verhält sich im Wesentlichen ähnlich. Infolge der größeren Schichtdicke tritt jedoch der Einfluß der vollständig oder teilweise reflektierten Wellen erst später auf ($\tilde{t} = 4.8$) und hat zu diesem Zeitpunkt, da bereits mehr Energie seitlich abstrahlen konnte, eine geringere Intensität. Schon nach zwei Reflexionen, bei $\tilde{t} \approx 10$, liegen hier die Flexibilitätskurven für alle betrachteten Fälle ($1 < E^H/E^S < 6$) nahe der Halbraumlösung.

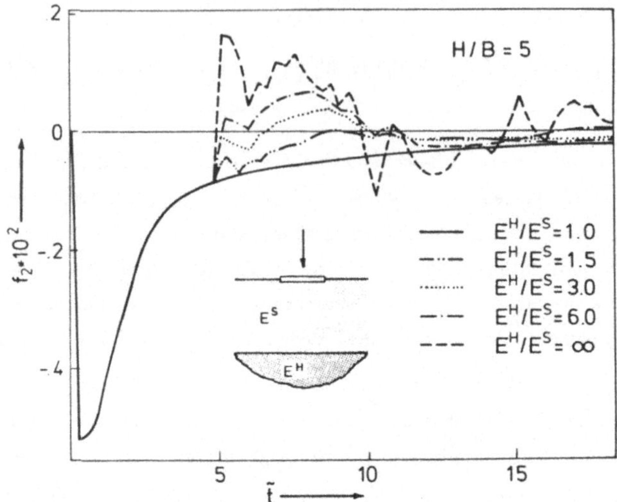

Bild 7.3: Zeitverlauf der vertikalen Fundamentantwort auf Vertikalimpuls Streifen-Fundament auf Schicht der Dicke H = 5B über Halbraum Abhängigkeit von den E-Moduli

Aus Untersuchungen solcher Art kann die sogenannte Einflußtiefe, d.h. die Schichtdicke im Verhältnis zur Fundamentbreite ermittelt werden, bei der infolge der seitlichen Abstrahlung die Reflexionen so stark gedämpft sind, daß keine nennenswerte Verstärkung der Fundamentbewegungen mehr festzustellen ist.

Im Falle harmonischer Erregungen ist es sinnvoll, die Untersuchungen im Frequenzraum durchzuführen. Es entfällt der dabei doch beträchtliche Aufwand der Zeitschrittverfahren; der Aufwand zur Berechnung der Lösung für eine Erregerfrequenz entspricht etwa dem für den ersten Zeitschritt, allerdings sind komplexe Zahlen zu benützen.

Außerdem ist es im Frequenzraum auf einfache Weise, durch Benutzung eines komplexen E-Moduls E^*

$$E^* = E + i\omega C = E(1 + i\frac{\omega C}{E}) = E(1 + i\xi)$$

oder auch eines komplexen Gleitmoduls G^* möglich, die Materialdämpfung des Bodens zu berücksichtigen [73, 80]. Darin gibt C den viskosen Dämpfungswert des Bodens und ξ den Verlustfaktor an, wobei im Allgemeinen $C = C(\omega) \approx 1/\omega$ und ξ frequenzunabhängig angenommen wird. Diese sogenannte hysteretische Dämpfung wird meist durch ξ in Prozent, [38], also dem Verhältnis von Imaginär- zu Realteil des komplexen E-Moduls angegeben.

Als erstes Beispiel einer solchen Untersuchung im Frequenzraum (mit die Integralgleichungen (3.2.-4) approximierenden Randelementgleichungen unter Verwendung konstanter Elementansätze) sei unter der Annahme ebenen Verzerrungszustandes eine Schicht der Dicke H = 2B und der Poisson'schen Zahl $\nu = 0.4$ gezeigt [54], für die halb-analytische Vergleichsrechnungen existieren [38].

Bei Zugrundelegung von $G^S = 100\ \text{MN/m}^2$ und einer Materialdämpfung von $\xi = 0.05$ wird der Einfluß des Schubmoduls G^H des unter der Schicht liegenden Halbraums bestimmt. Dabei wird außer den beiden Grenzfällen des starren Grundgebirges ($\hat{=}\ G^S/G^H = 0$) und des homogenen Halbraums ($G^S/G^H = 1.0$) ein Halbraum mit $G^H = 4G^S$ betrachtet.

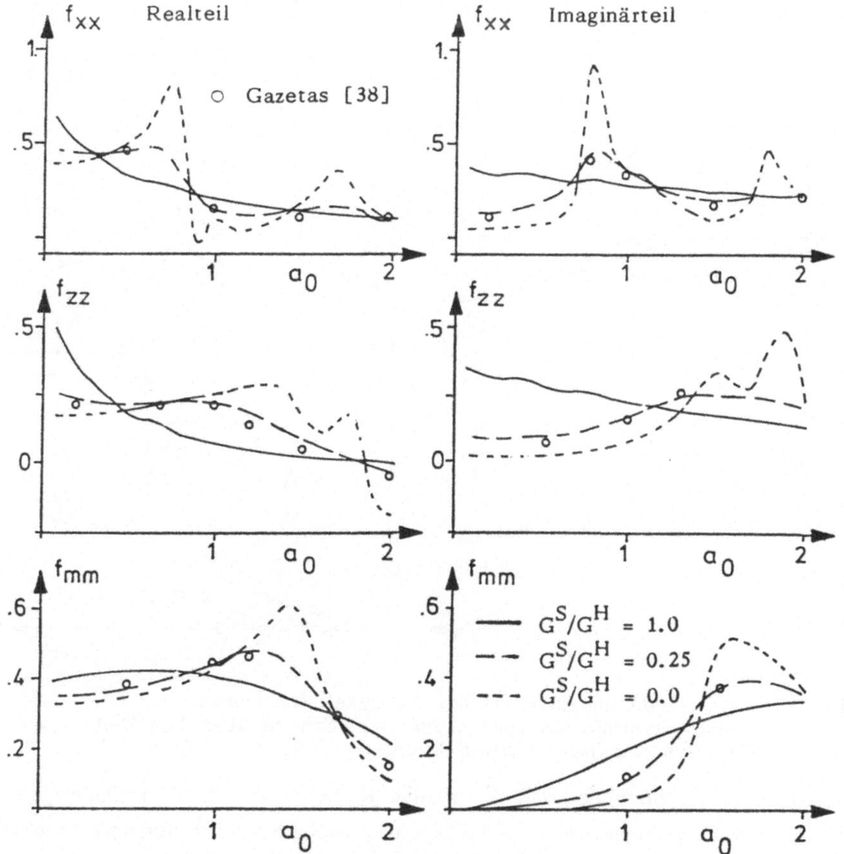

Bild 7.4: Real- und Imaginärteile der Nachgiebigkeitsfunktionen eines Streifen-Fundaments auf einer Schicht über dem Halbraum Einfluß der Gleitmodulverhältnisse

Aus den dynamischen Nachgiebigkeiten (Bild 7.4) ist deutlich abzulesen, daß bei einer Schicht - sowohl über dem starren Grundgebirge wie über einem elastischen, aber steiferen Halbraum - die geometrische Dämpfung erst bei Frequenzen oberhalb der ersten "Eigenfrequenz" erkennbar ist. Dies ist beim homogenen Halbraum (G^S/G^H = 1.0, siehe auch Bild 5.14) anders; dort ist über das gesamte Frequenzspektrum dieser Energieverlust durch Abstrahlung zu beobachten.

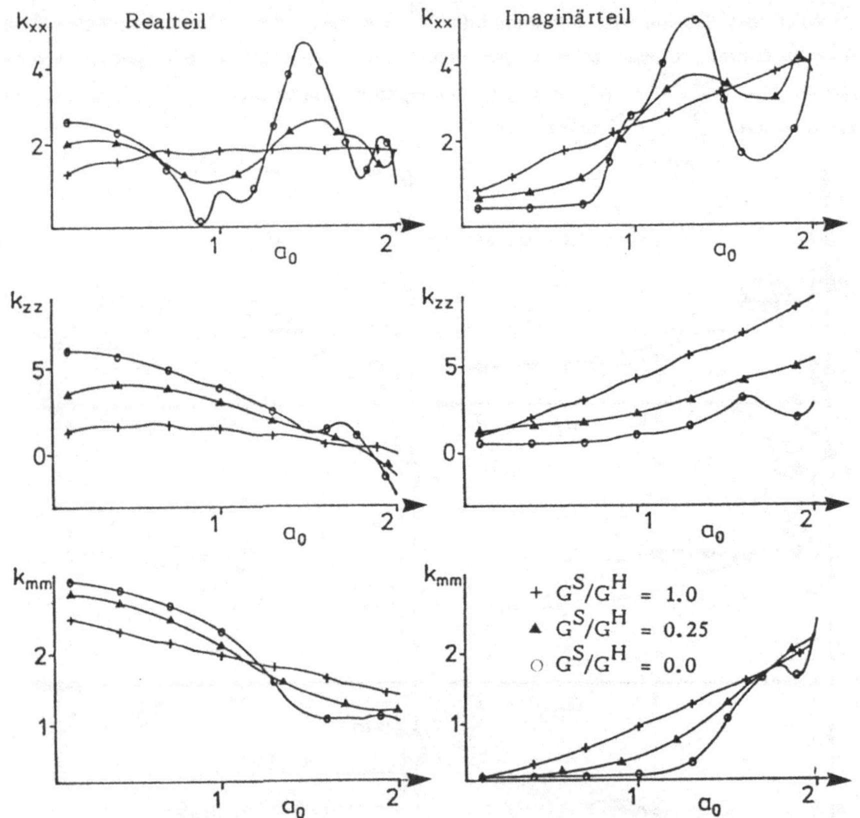

Bild 7.5: Real- und Imaginärteile der Steifigkeitsfunktionen eines Streifen-Fundaments auf einer Schicht über dem Halbraum Einfluß des Gleitmodulverhältnisse

Außerdem ist festzustellen, daß die reellen Komponenten der Verschiebungen für niedrige Erregungsfrequenzen im Falle eines nachgiebigen Halbraums unter der Schicht größer sind als bei einer Schicht über starrem Grundgebirge. Dies gilt bereits für kleine positive Werte von G^S/G^H und nimmt mit wachsender Nachgiebigkeit des Halbraums immer mehr zu.

Die dynamischen Steifigkeiten (Bild 7.5) zeigen - wie erwartet - das genau umgekehrte Verhalten; für niedrige Frequenzen und positive Quotienten G^S/G^H liegen die reellen Werte bei allen drei Komponenten unter denen für die Schicht über starrem Grundgebirge.

In beiden Darstellungen werden die Resonanzextrema mit wachsender Nachgiebigkeit des Halbraums deutlich kleiner und manchmal sogar fast vollständig unterdrückt. Außerdem werden sie zu kleineren Frequenzwerten hin verschoben.

Im Übrigen ist bei allen Komponenten sowohl im Realteil als auch im Imaginärteil der Nachgiebigkeitsfunktionen hervorragende Übereinstimmung (Bild 7.4) zwischen den Randelementapproximationen und den von Gazetas [38] halb-analytisch bestimmten Werten festzustellen.

Bekanntlich ist einer der wesentlichen Vorteile der Randelementmethode gegenüber Gebietsmethoden der deutlich geringere Diskretisierungsaufwand. Damit ist es mit Randelementverfahren sehr viel leichter möglich, reale dreidimensionale Probleme auch in einem dreidimensionalen Modell numerisch zu untersuchen.
Als ein solches dreidimensionales Modell wird hier nun ein starres Kreisfundament [60] auf einer Schicht über dem Halbraum betrachtet (Bild 7.6, [71]).

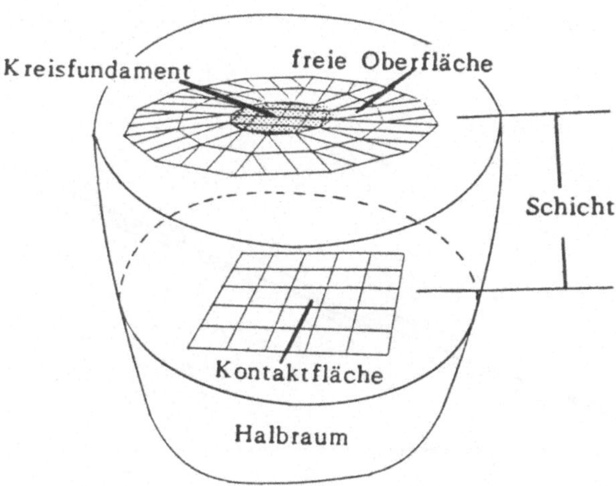

Bild 7.6: Geometrie und Art der Diskretisierung eines Kreisfundaments auf einer Schicht über elastischem Halbraum

Das Fundament hat den Radius R = 10 m und die Schicht die Dicke H = 3R = 30m. Bei konstanter Poisson'scher Zahl $\nu = 0.25$ und der Materialdämpfung ξ =

0.05 werden verschiedene Verhältnisse der Schubmoduli G^S/G^H und der Dichtewerte ρ^S/ρ^H von Schicht und Halbraum untersucht. Da dimensionslose Größen eingeführt wurden, sind die aktuellen Werte dieser Größen bei der Bestimmung der Abhängigkeit der Impedanzmatrixkoeffizienten von der dimensionslosen Frequenz $a_o = \omega R/c_2$ nicht wesentlich.
Die numerische Lösung erfolgte über die Randelementgleichungen (3.4.-8) unter Verwendung von 232 Elementen, wobei 10x10 = 100 Elemente zur Diskretisierung einer Trennfläche (6m x 6m) zwischen der Schicht und dem Halbraum, 24 Elemente für das Fundament und 108 Elemente für die freie Oberfläche verwendet

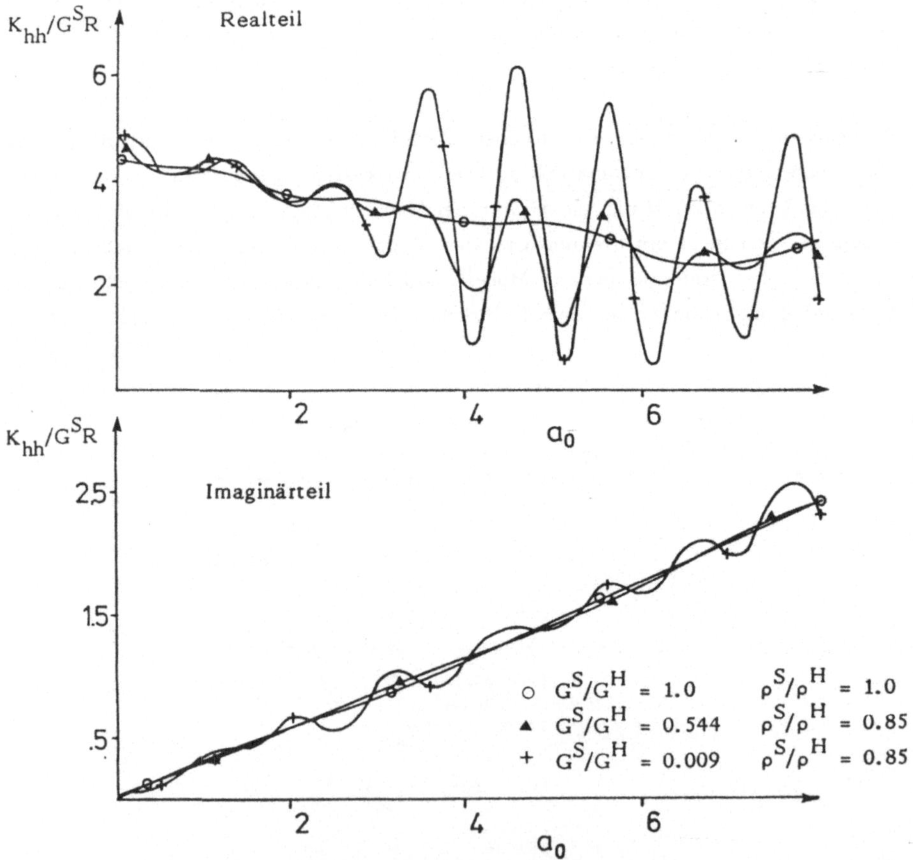

Bild 7.7: Real- und Imaginärteil der Impedanzfunktion K_{hh}/G^SR
Kreisfundament auf Schicht über Halbraum
Einfluß der Variation der Gleitmoduli und der Dichte

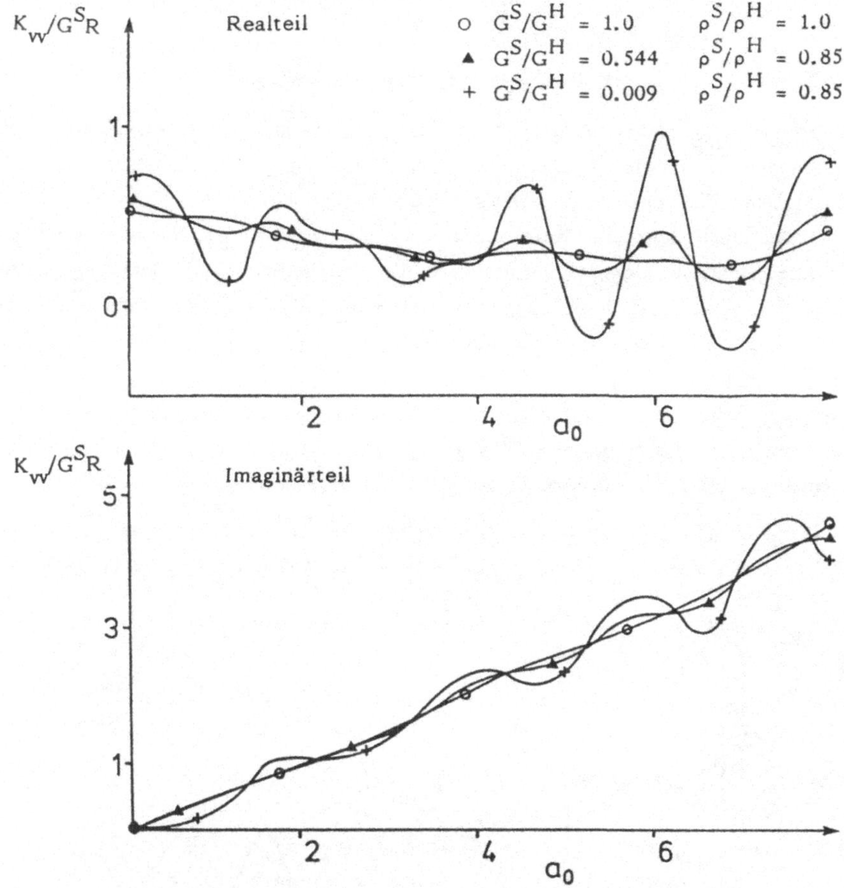

Bild 7.8: Real- und Imaginärteil der Impedanzfunktion $K_{vv}/G^S R$
Kreisfundament auf Schicht über Halbraum
Einfluß der Variation der Gleitmoduli und der Dichte

Die in den Bildern 7.7 und 7.8 angegebenen Funktionen sind Komponenten der sogenannten Impedanz- oder dynamischen Steifigkeitsmatrix K_{ij}. Diese gibt den Zusammenhang zwischen einer Last P_j in Richtung des Freiheitsgrades j (eine Verschiebung oder eine Drehung) und den dadurch hervorgerufenen Bewegungen $w_i^{(j)}$ eines Systems, hier des starren Fundaments, mit der Beziehung

$$P_j = K_{ij} \; w_i^{(j)}$$

an. Daraus ergibt sich, daß z.B. K_{vv} der Amplitude der vertikalen harmonischen Last P_v entspricht, die erforderlich ist, eine Vertikalverschiebung der Amplitude

Eins zu erzeugen. Mit den hier eingeführten Bezeichnungen (siehe für den Zeitbereich (5.2.-8)) ist **K** definiert durch

$$\mathbf{K} = \mathbf{A}^T \cdot \mathbf{L} \cdot [\mathbf{U}^{-1} \cdot (0.5\mathbf{I} + \mathbf{T})] \cdot \mathbf{A}$$

Aus diesen Impedanzfunktionen der drei-dimensionalen Untersuchung eines Kreisfundaments ist im Großen und Ganzen ein Verhalten abzulesen, das dem eines Streifen-Fundaments bei ebener Lösung ähnlich ist.
So werden auch hier die Resonanzextrema mit wachsender Nachgiebigkeit des Halbraums deutlich kleiner. Insbesondere die imaginären Werte der Steifigkeiten eines Fundaments über dem homogenen Halbraum ($G^S/G^H = 1$) stimmen in ihrem Verhalten überein; diese die Dämpfung anzeigenden Werte steigen mit wachsender Frequenz linear an.
Dabei zeigt sich jedoch gleichzeitig ein Unterschied: Im 3-Dimensionalen bleibt dieses Verhalten auch für $G^S/G^H = 0.544$ noch erhalten. Erst bei fast starrem Grundgebirge ($G^S/G^H = 0.009$) treten deutliche Abweichungen auf.

Ein Vergleich mit halb-analytisch bestimmten Werten [63] für eine Schicht mit $G^S/G^H = 0.8$ und $\rho^S/\rho^H = 0.85$ ergibt relativ gute Übereinstimmung (Bild 7.9)

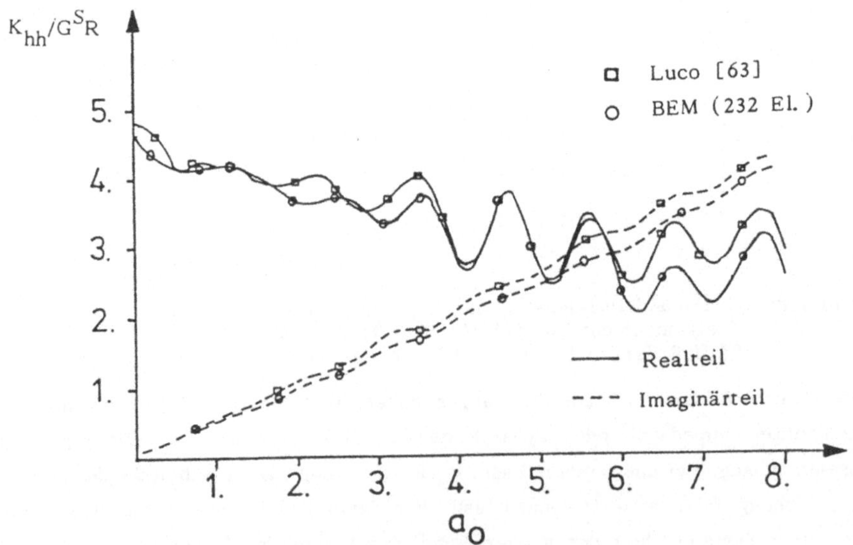

Bild 7.9: Real- und Imaginärteil der Impedanz $K_{hh}/G^S R$
Kreisfundament auf einer Schicht über dem Halbraum
Vergleich mit halb-analytische Lösungswerten [63]

7.2.2 DIREKTE BAUWERK - BODEN KOPPELUNG

In Gebäude eingeleitete Erschütterungen führen ebenso wie in und an Gebäuden erzeugte Schwingungen zu zusätzlichen Beanspruchungen, können Schäden am Bauwerk verursachen oder das Wohlbefinden von Personen im Gebäude sehr beeinträchtigen. Für beide Problemkreise ist es wichtig, nicht nur die Fälle "selten auftretende Erschütterungen" und "dauernd auftretende periodische Erschütterungen" [44] untersuchen zu können, sondern von diesen Einschränkungen frei zu sein, wie das bei der hier vorgestellten Zeitschritt - Randelemente Methode der Fall ist.

Als Beispiel für die direkte Lösung eines gekoppelten dynamischen Systems Bauwerk - Boden wird das Verhalten eines elastischen Erddamms von H = 5m Höhe, Scheitel- bzw. Basisbreite B = 4m bzw. L_2 = 12m (siehe Bild 7.10) auf ebenem elastischen Halbraum untersucht [11].

Das Material des Dammes mit den Daten Poisson'sche Zahl $\nu^D = 0.25$, Dichte $\rho^D = 2000\ kg/m^3$ und Elastizitätsmodul $E^D = 2.\cdot 10^5\ KN/m^2$ ist weicher als das des Bodens, für den bei konstanter Dichte $\rho^B = 4000\ kg/m^3$ und Poisson'scher Zahl $\nu^B = 0.33$ die zwei E-Moduli $E^B = 4\cdot 10^5\ KN/m^2$ und $E^B = 8\cdot 10^5\ KN/m^2$ gewählt wurden, um die Auswirkungen des Bodenmaterials auf die Wechselwirkungseffekte zu studieren. Außerdem wird zum Vergleich auch das Verhalten auf starrem Untergrund ($E^B \rightarrow \infty$) und für den Fall gleichen Materials angegeben.

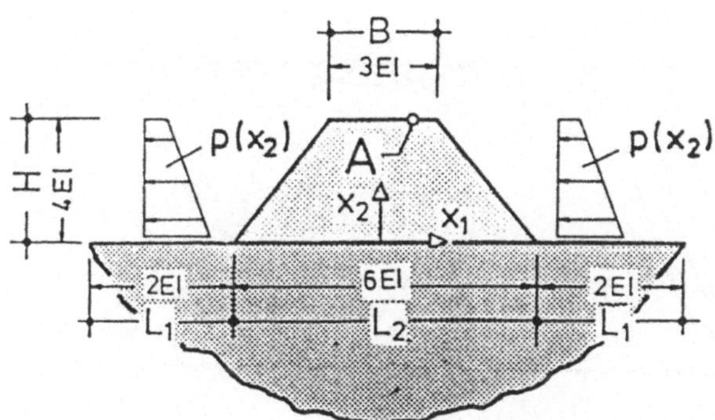

Bild 7.10: Geometrie und Diskretisierung des Damm - Boden Systems

Anstelle einer impulsartigen, nur $\Delta t = 0.00577$ Sekunden lang wirkenden horizontalen Einheits-Beschleunigung

$$u_j = \delta_{j1}\, H(t)[1 - H(t-\Delta t)]\ ,\ t \geq 0$$

der Dammbasis werden entgegengesetzt wirkende horizontale Lasten $\bar{T}_1$, die Trägheitskräfte des Dammes, entlang den beiden Dammflanken aufgebracht. Diese auch nur einen Zeitschritt Δt lang wirkenden Lasten sind durch

$$\bar{T}_j = -\rho^D \delta_j^1\, H(t)[1-H(t-\Delta t)]p(x_2)$$

mit

$$p(x_2) = 0.5[L_2 - (L_2-B)x_2/H]$$

gegeben.

Die Diskretisierung des Dammes erfolgt mit 3 Elementen auf der Dammkrone, je 4 Elementen auf jeder der beiden Dammflanken und 6 Elementen entlang der Trennlinie zum Boden. Zusätzlich zu den Trennlinienelementen wird der Untergrund durch 3 Elemente auf den beiden freien Oberflächen seitlich des Dammes dargestellt.

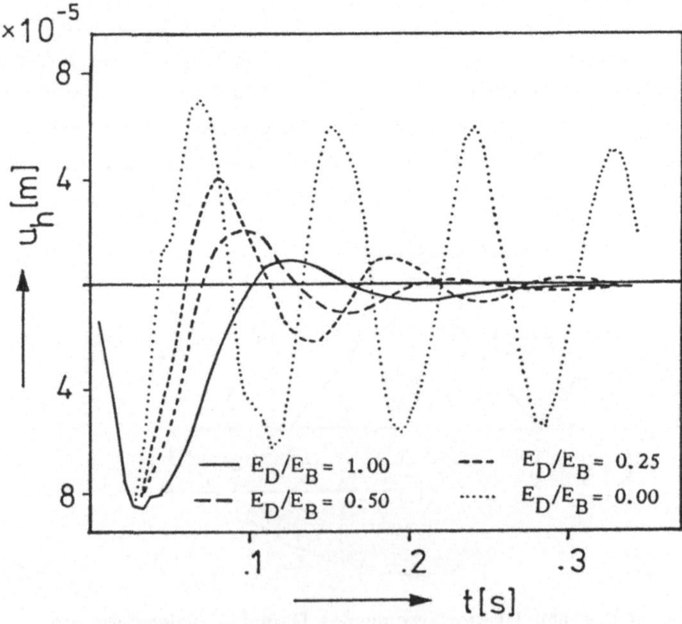

Bild 7.11: Zeitverlauf der Horizontalverschiebung des Punktes A Abhängigkeit vom Untergrund

In Bild 7.11 bzw. 7.12 ist die Zeitabhängigkeit der horizontalen bzw. vertikalen

Verschiebung des Punktes A der Dammkrone über die ersten 100 Zeitschritte aufgezeichnet. Dabei wird sehr gut deutlich, daß auf Grund der Wechselwirkung zwischen dem Bauwerk und dem unendlich ausgedehnten Baugrund die Bewegung der Struktur (hier des Punktes A) durch die "Abstrahlung" von Energie stark gedämpft werden, desto stärker je weicher der Boden.

Außerdem ist klar zu erkennen, daß durch die Koppelung mit dem Boden die Eigenfrequenz des Dammes verschoben wird. Je weicher der angekoppelte Untergrund ist, desto langwelliger wird die durch den Impuls angeregte Grundschwingung, also desto niedriger wird die erste "Eigenfrequenz" des Gesamtsystems.

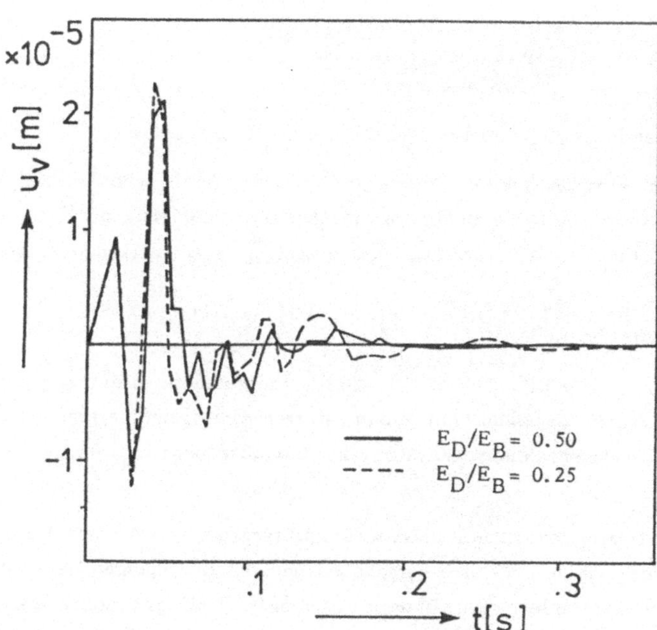

Bild 7.12: Zeitverlauf der Vertikalverschiebung des Punktes A Abhängigkeit vom Untergrund

Eine entsprechende Untersuchung direkt im Frequenzbereich (mit der Gleichung (3.2.-4)) bestätigt diese Einflüsse der Kopplung.

Betrachtet wird dabei (Bild 7.13) ein dreiecksförmiger Erddamm der Höhe H = 91.44 m (300 ft) und einer Basisbreite L_2 = 274.32 m (900 ft). Als Materialdaten des Dammes werden die Dichte ρ_D = 2075 kg/m^3 [4.137

$lb/s^2/ft^4$], der Elastizitätsmodul $E_D = 5.61 \cdot 10^5$ KN/m^2 [$1.17 \cdot 10^7$ lb/ft^2] und die Poisson'sche Zahl $\nu_D = 0.45$ gewählt, da für einen Damm mit diesen Werten und einer Lagerung auf starrem Untergrund Vergleichsresultate aus Finite-Element Berechnungen [26] und einer Randelementlösung [22] bekannt sind.

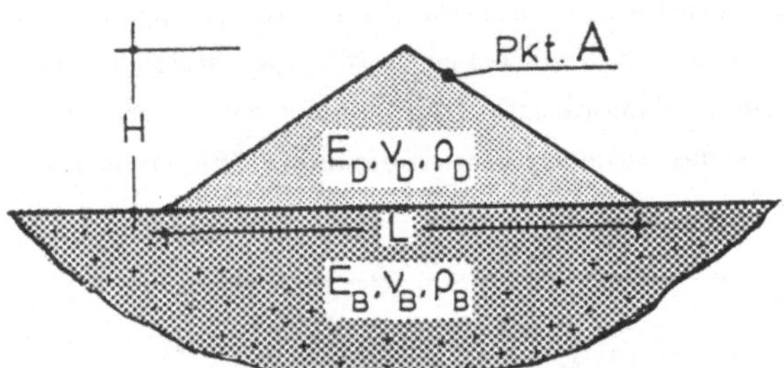

Bild 7.13: Geometrie und Diskretisierung des Damm-Boden Systems

Entsprechend dem Vorgehen beim vorher geschilderten Zeitbereichsbeispiel (Bild 7.10) werden auch hier anstelle einer horizontalen Beschleunigung der Dammbasis auf beide Dammflanken auch horizontal, aber entgegengesetzt wirkende Lasten

$$\bar{T} = \delta_{j1}\, p(x_2) = -\delta_{j1}\, p_o\, 0.5(1-x_2/H)$$

mit der Intensität $p_o = 0.4788$ KN/m^2 [10 lb/ft^2] aufgebracht. Der Frequenzgang des Dammes bei fester Kopplung mit einem starren Untergrund ergibt in Übereinstimmung mit den Vergleichsresultaten die Grundfrequenz $\omega_1 = 7.7$ rad/sec (Bild 7.14).

Koppelt man den Damm jedoch mit elastischem Untergrund, wird diese Resonanzfrequenz in Richtung kleinerer Werte verschoben und die Bewegungen des Dammes werden durch die Abstrahlung von Energie gedämpft. Dies gilt auch, wenn das Material des Bodens steifer als das des Dammes ist. Jedoch werden beide Einflüsse stärker, je nachgiebiger der Untergrund wird.

Im Bild (7.14) ist der Realteil, der Imaginärteil und die Amplitude der Horizontalverschiebung im Punkt A des Dammes (Bild 7.13) über einen Frequenzbereich von $1 < \omega < 10$ rad/sec. angegeben. Dabei ist außer dem Damm auf starrem Untergrund die Kopplung mit 5-fach bzw. 10-fach steiferem Boden ($E_B = 5E_D$ bzw. $E_B = 10E_D$) und der Poisson'schen Zahl $\nu_B = 0.333$ untersucht worden.

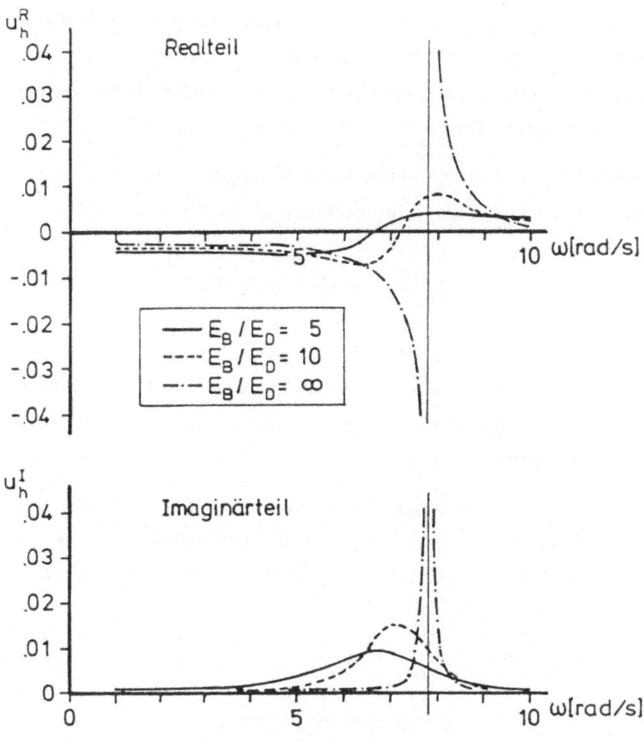

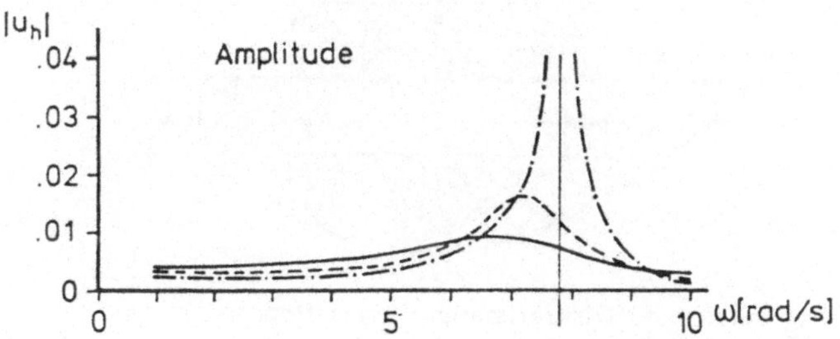

Bild 7.14: Horizontalverschiebung des Punktes A
Abhängigkeit von der Erregerfrequenz ω - Einfluß des Untergrunds

In vielen Fällen ist die Berücksichtigung des Eigengewichts eines Bauwerks bei der Lösung einer Problemstellung nicht wesentlich. Dies gilt jedoch nicht immer. So ist z.B. bei der Untersuchung der Auswirkungen einseitiger Kontaktbedingungen zwischen einem Bauwerk und dem Baugrund das Eigengewicht bzw. die Eigengewichtsverteilung entlang der Kontaktfläche das wesentliche Kriterium für das "Abheben" an bestimmten Punkten (siehe Abschnitt 7.2.3).

Bei der Formulierung durch Randintegralgleichungen wird das Eigengewicht $b_j = -\rho g \delta_{j2}$ im Zeitbereich durch das Gebietsintegral (siehe 4.2.-10)

$$-\rho g \int_{0}^{t} \int_{\Omega} \overset{*(k)}{u_2}(\mathbf{x}, \xi, t, \tau)\, d\Omega_{\mathbf{x}}\, d\tau \qquad (7.2.-1)$$

erfasst. In dieser Form ist die Berücksichtigung des Eigengewichts bei endlichen Strukturen Ω zwar möglich und auch korrekt, jedoch sehr umständlich. Es sollte eine Transformation in ein Randintegral durchgeführt werden; dies ist für andere Fundamentallösungen gelungen [58].

Als Beispiel für die Auswirkungen des Eigengewichts auf die Verteilung der Kontaktkräfte entlang einer Koppellinie sei ein rechteckiger Block von 4 m Länge und 3 m Höhe betrachtet, der auf elastischen oder starren Untergrund gestellt wird (Bild 7.15).

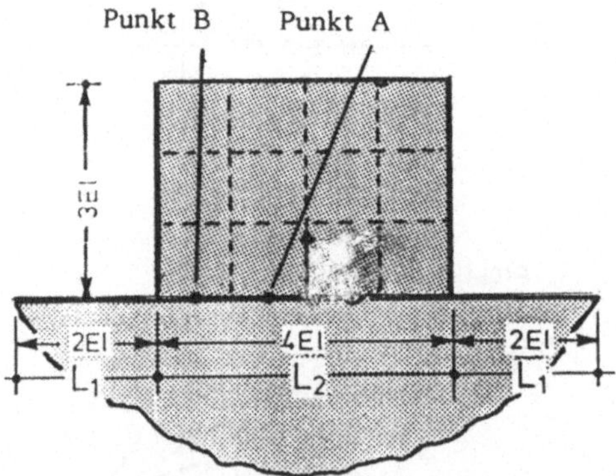

Bild 7.15: Geometrie und Diskretisierung eines Rechteckblocks auf einer Halbebene

Der Block habe die Materialdaten Elastizitätsmodul $E = 2 \cdot 10^5$ KN/m^2, Dichte ρ = 2000 kg/m^3 und die Poisson'sche Zahl ν = 0.25, so daß seine Gesamtmasse 24000 kg/m zu einer Gesamtlast von 235.36 KN/m führt, die sich entlang der Kontaktlinie verteilen muß.

Der Zeitverlauf der sich einstellenden Normalspannungen - in Bild 7.16 für das Element mit dem Mittelpunkt A, in Bild 7.17 für das mit dem Mittelpunkt B - zeigt deutliche Unterschiede für die verschiedenen Bereiche der Kontaktlinie.

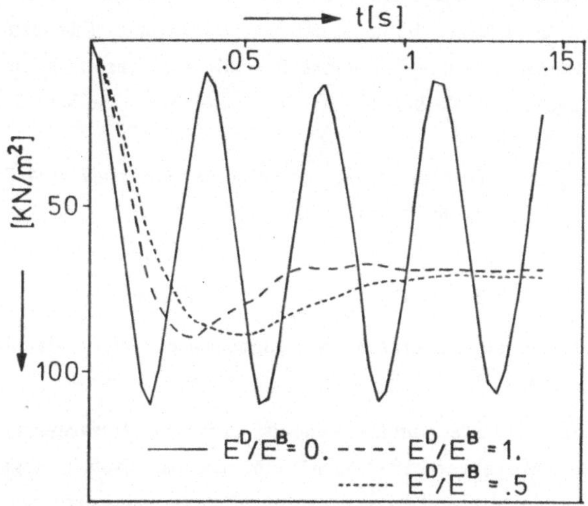

Bild 7.16: Zeitverlauf der Normalspannung im Punkt A bei Block mit Eigengewicht auf Halbebene - Abhängigkeit von der Steife des Bodens

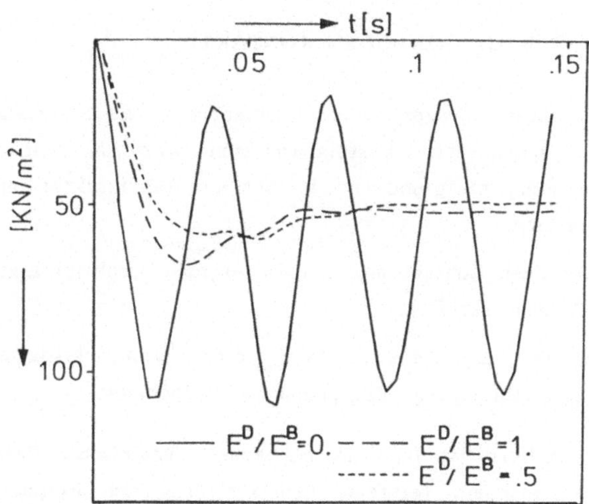

Bild 7.17: Zeitverlauf der Normalspannung im Punkt B bei Block mit Eigengewicht auf Halbebene - Abhängigkeit von der Steife des Bodens

Für beide betrachteten Fälle eines elastischen Bodens - $E_B = E$ sowie $E_B = 0.5E$ - stellt sich nach einiger Zeit eine konstante Normalspannungsverteilung entlang der Kontaktlinie ein. Im Punkt A (Bild 7.16) ergibt sich nach ungefähr 40 Zeitschritten ($\Delta t = 0.002885$ Sekunden) beim weicheren Boden der größere Wert 72 KN/m^2 gegenüber 69 KN/m^2 beim steiferen Untergrund. Für den mehr in der Mitte des Kontaktbereichs liegenden Punkt B stellt sich bereits nach kürzerer Zeit ($\approx 30\ \Delta t$) das umgekehrte Verhalten ein: beim weicheren Boden 45 KN/m^2, beim steiferen Material 49 KN/m^2.
Trotz der relativ groben Diskretisierung des Kontaktbereiches in 4 Elemente zeigt die festgestellte Verteilung der Normalspannungen

bei $E_B = E$: 69 - 49 - 49 - 69 KN/m^2
bei $E_B = 0.5E$: 72 - 45 - 45 - 72 KN/m^2

daß sich bei nachgiebigem Untergrund das Eigengewicht nicht gleichmäßig auf die Kontaktfläche verteilt.

Im Falle des starren Untergrundes pendeln sich die Normspannungen in allen Elementen um den Mittelwert 59 KN/m^2 ein. Da das System abgeschlossen ist, wird die durch das "Loslassen" des schweren Blocks induzierte Schwingung nicht gedämpft.

7.2.3 EINSEITIGER BAUWERK-BODEN KONTAKT

Bei numerischen Untersuchungen der Verschiebungs- und Spannungsantwort von Bauwerken unter dynamischen Lasteinwirkungen wird im Allgemeinen voller Kontakt zwischen dem Untergrund und der betrachteten Struktur angenommen. In Wirklichkeit gilt jedoch:

(a) Bauwerke halten den Kontakt mit dem Untergrund durch ihr Eigengewicht und nicht durch Adhäsionskräfte.

(b) Das Material des Baugrundes ist fähig, große Druckbelastungen zu tragen, kann jedoch nur sehr geringe Zugspannungen aufnehmen.

Als Folge davon verliert das Bauwerk bei hohen dynamischen Beanspruchungen, z.B. bei starken Erdbeben, teilweise und kurzzeitig den Kontakt zum Boden. Dieses transiente Abheben hat, wie die meisten bisherigen Untersuchungen [z.B. 77, 79, 84] zeigen, für das Bauwerk häufig positive Auswirkungen; anscheinend instabile Gebäude haben wahrscheinlich aus diesem Grund schon starke Erdbeben unbeschadet überstanden [51]. Das Verhalten des Bauwerks ist jedoch auch bei Berücksichtigung des Abhebens stark durch die Charakteristiken der dynamischen Erregung und die Parameter der Struktur abhängig. Die Reduzierung der dynamischen Belastung infolge des Abhebens variiert zwischen wenigen und mehr als 100 Prozent. Bei anderen Relationen zwischen der Grundfrequenz der Struktur und der Periode der Anregung können sich aber auch genau entgegengesetzte Resultate einstellen.

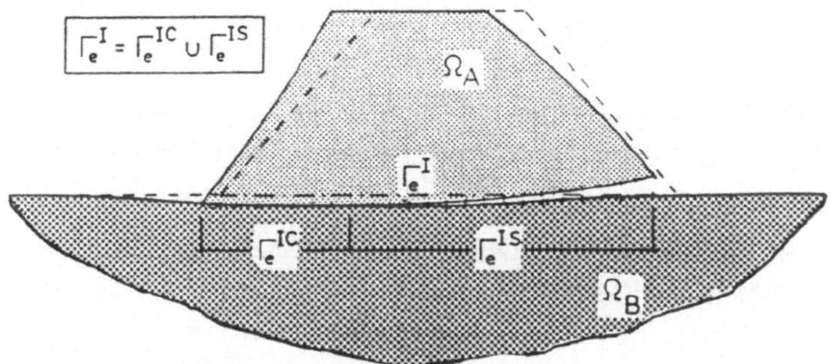

Bild 7.18: Geometrie eines Erddamms auf elastischem Untergrund mit Abheben im Kontaktbereich

Eine numerische Untersuchung eines solchen einseitigen Kontaktproblems direkt im Zeitbereich ist mit dem Zeitschritt-Randelement Verfahren (siehe Gln. (4.4.-14), [18]) möglich, da in jedem Zeitschritt die den einseitigen Kontakt beschreibenden Übergangsbedingungen

$$u_n^A = -u_n^B = u_n^I \qquad \text{auf } \Gamma^I$$

solange

$$T_n^A = T_n^B = T_n^I \leqq 0$$

kontrolliert werden können. In tangentialer Richtung wird während des Kontakts festes Haften (ohne Reibung), d.h.

$$T_s^A = T_s^B = T_s^I \quad \text{und} \quad u_s^A = -u_s^B = u_s^I$$

angenommen.

Wird zu einem Zeitpunkt t_m, bzw. in einem Zeitschritt $[(m-1)\Delta t,\ m\Delta t]$ in einem Element oder in einem Bereich Γ^{IS} des Kontaktrandes Γ^I eine Zugspannung festgestellt

(7.2.-2) $$T_n^I > 0 \quad \text{auf } \Gamma^{IS} \quad \text{für } \tau \in [(m-1)\Delta t,\ m\Delta t] \quad ,$$

sind in dem dann abhebenden Randelement die Randbedingungen eines freien

Randes vorzuschreiben:

$$T_n^{IA} = T_n^{IB} = 0 \text{ und } T_s^{IA} = T_s^{IB} = 0 \quad \text{auf } \Gamma^{IS}$$

Die sich dann unbehindert entwickelnden Verschiebungen u_n^{SA} und u_s^{SA}, sowie u_n^{SB} und u_s^{SB} müssen jedoch auf geometrische Kompatibilität überprüft werden. Vernachlässigt man die tangentialen Relativverschiebungen, kann diese Verträglichkeitskontrolle durch Überprüfen der Größe

$$\Delta u_n^S := u_n^{SA} - u_n^{SB} \tag{7.2.-3}$$

erfolgen. Dabei wird angenommen, daß die Struktur Ω_A sich stärker verformt, so daß durch $\Delta u_n^S \geqq 0$ das Überlappen bzw. Aufsetzen eines Elements auf dem Untergrund festgestellt wird.

Numerisch ist der erneute Kontakt in einem Element nur mit einem kleinen zulässigen "Fehler" ε_u zu kontrollieren; d.h. es wird die modifizierte Kontakt-Bedingung

$$|\Delta u_n^S| \leqq |\varepsilon_u| \tag{7.2.-4}$$

verwendet.

Ein kleines negatives ε_u, d.h. $\varepsilon_u \leqq \Delta u_n^S < 0$ bewirkt eine Wiederherstellung des vollen Kontakts bereits bei einer kleinen, klaffenden Fuge zwischen den Elementen,

und ein positives ε_u, d.h. $0 < \Delta u_n^S \leqq \varepsilon_u$, "Schließen" erst nach Auftreten einer Überlappung der Größe ε_u.

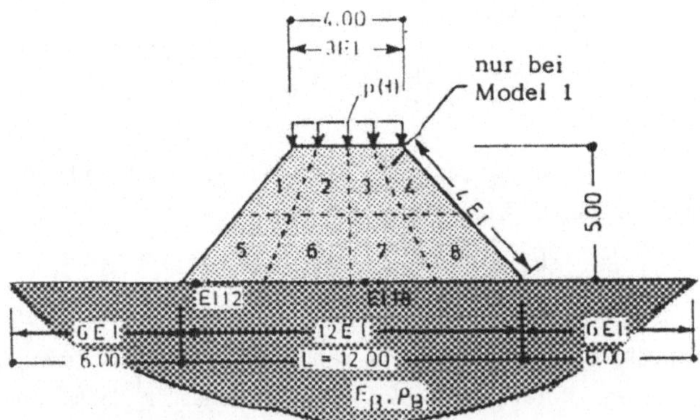

Bild 7.19: Diskretisierung und Belastung eines Erddamms auf elastischem Untergrund

Auf der Basis dieser Kontakt-Abfragekriterien (7.2.-2) und (7.2.-4) sind die Zeitschritt-Randelementalgorithmen ((4.4.-18) mit den eine Kopplung realisierenden Modifikationen (7.1.-12/13)) unter Berücksichtigung des Eigengewichtstermes (7.2.-1) zu verwenden (Modell 1). Dazu ist über die Unterteilung der Ränder in Randelemente hinaus der Damm in Flächenelemente zu diskretisieren (siehe Bild 7.19) und auch über das Gebiet zu integrieren.

Außerdem ist zunächst eine Berechnung des dynamischen Lastfalls "Eigengewicht" bis zum Erreichen der "statischen Ruhelage" (siehe Bilder 7.16 und 7.17) durchzuführen, bevor das System zusätzlich durch eine dynamische Last erregt wird.

Eine andere, einfachere Möglichkeit (Modell 2) besteht darin, das Eigengewicht des Bauwerks in der Abhebebedingung zu berücksichtigen. Dabei wird angenommen, daß sich dieses Eigengewicht gleichmäßig auf alle Kontaktelemente verteilt und auch zeitlich unverändert bleibt. Das Bauwerk verliert dann den Kontakt mit dem Boden erst nach Überschreiten einer Zugspannung in der Kontaktlinie von der Größe der Rand-Druckspannung σ_G infolge des Eigengewichts; damit lautet in diesem einfacheren Modell [85] das dynamische Abhebekriterium:

$$(7.2.-5) \qquad T_n^A = T_n^B > |-\sigma_G| = \gamma\ F^A/L_2\ [KN/m^2] \ .$$

Als Beispiel, insbesondere hinsichtlich der unterschiedlichen Ergebnisse bei diesen beiden Kontaktmodellen, wird ein Erddamm mit der Höhe H = 5 m, mit einer Dammkrone von L_1 = 4 m und einer Basis von L_2 = 12 m Breite betrachtet (Bild 7.19). Der elastische Untergrund des Damms bestehe aus dem gleichen Material wie der Damm und habe die Materialdaten: Elastizitätsmodul $E_D = 2\cdot 10^5$ KN/m^2, Poisson'sche Zahl $\nu_D = 0.25$ und Dichte ρ_D = 2000 kg/m^3 bzw. spezifisches Gewicht γ_D = 19.62 KN/m^3. Damit haben Druck- bzw. Scherwellen in diesem Material die Geschwindigkeit c_1 = 346.4 m/s bzw. c_2 = 200 m/s.

Zur Diskretisierung des Dammrandes wurden an beiden Flanken je 4 Elemente, auf der Dammkrone 3 Elemente und entlang der Basis 12 Elemente gewählt. Die freie Oberfläche auf beiden Seiten des Dammes ist auf 6 m Entfernung durch je $2\cdot 3$ = 6 Elemente approximiert worden. Bei einer konstanten Zeitschrittdauer von Δt = 0.002885 Sekunden ergibt sich für den wichtigsten Randbereich, den Kontakt- bzw. Kopplungsbereich, ein Zeitschritt-Randelementverhältnis von β = 0.999 (siehe Bild 6.24) und entlang den am gröbsten diskretisierten Dammflanken der noch zulässige β-Wert 0.625.

Als dynamische Belastung wirkt auf der Dammkrone ein vertikaler Rechteckimpuls der Intensität 693 KN/m^2 von einer Zeitschrittlänge Dauer.

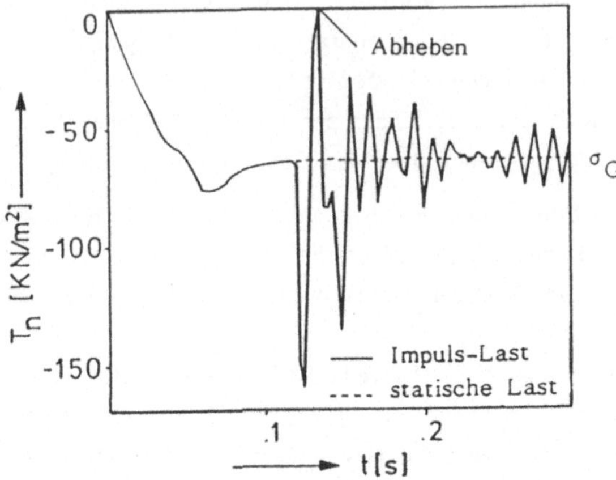

Bild 7.20: Zeitverlauf der Randspannung T_n im Eckelement 12

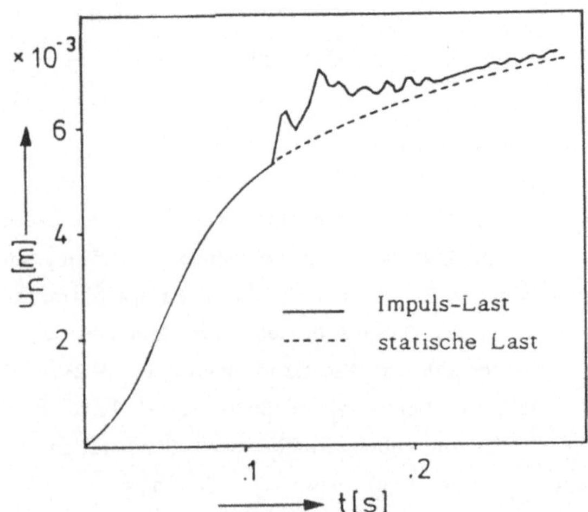

Bild 7.21: Zeitverlauf der Normalverschiebung u_n des Eckelements 12

Dieser Rechteckimpuls wird bei Modell 1 erst nach Erreichen eines zeitlich konstanten Wertes der Randspannungen im Kontaktbereich, nach ungefähr 35 Zeitschritten (siehe Bild 7.20) aufgebracht. Dadurch treten erst nach 5 weiteren Zeitschritten, der Zeit, die die Druckwelle benötigt, um von der Dammkrone aus zum Kontaktbereich zu gelangen, deutliche Abweichungen von der "Eigengewichtslösung" auf. Wegen der hohen Energieabstrahlung in dem unendlich ausgedehnten Baugrund klingt die Impulsantwort nach dieser sprunghaften Anfangsauslenkung

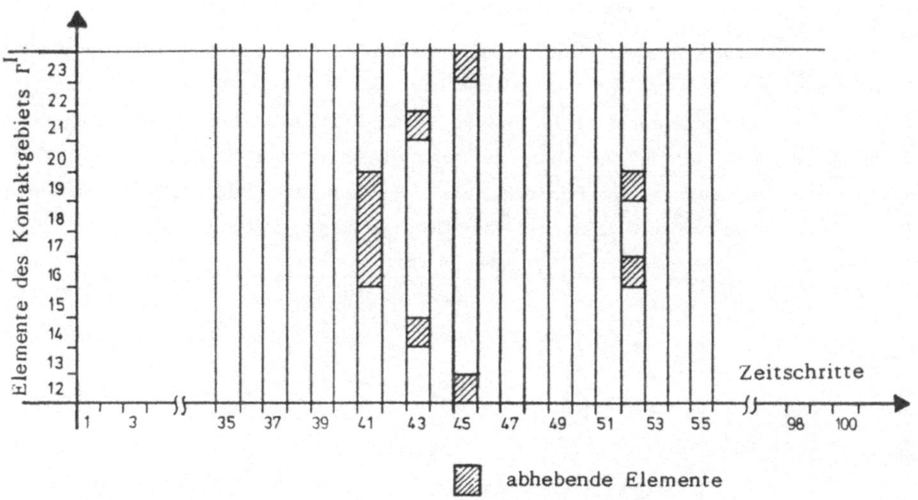

Bild 7.22: Zeitverlauf des Kontaktverhaltens der Koppelelemente

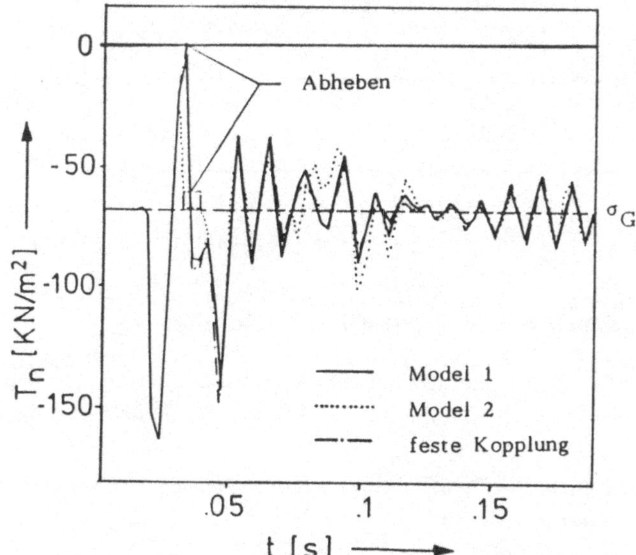

Bild 7.23: Zeitverlauf der Randspannung T_n im Eckelement 12
Vergleich: Model 1 - Model 2 - feste Koppelung

schnell ab (Bilder 7.20 und 7.21).

An der Spannungsantwort (Bild 7.23) ist die für diese Belastung und diesen Untergrund nur sehr geringe Bedeutung der einseitigen Kontaktbedingung abzulesen. Das Eckelement hebt nur im 45ten Zeitschritt einen Zeitschritt lang vom Untergrund ab. In der Mitte der Dammbasis ist der Einfluß etwas größer. Wie im Zeitverlauf des Kontaktverhaltens der Elemente (Bild 7.22) zu erkennen ist, sind dort zeitweise 4 Elemente vom Untergrund abgehoben.

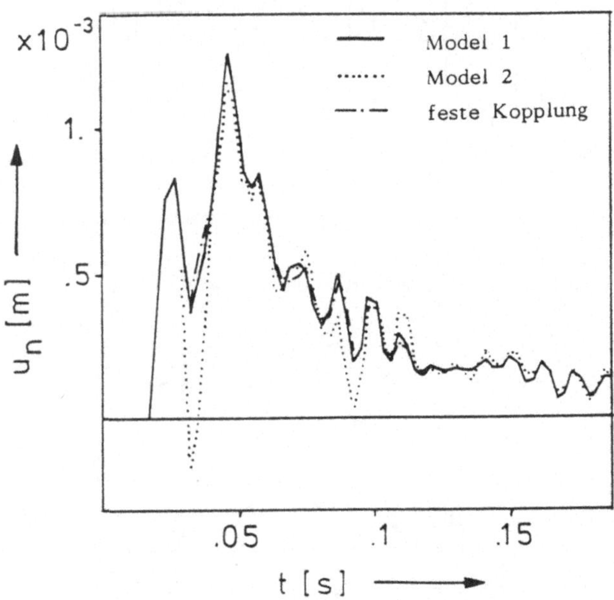

Bild 7.24: Zeitverlauf der Normalverschiebung u_n des Eckelements
Vergleich: Modell 1 - Modell 2 - feste Kopplung

Auch beim Modell 2 ist die dynamische Antwort auf Grund der Impulslast 5-6 Zeitschritte nach ihrem Aufbringen im ersten Zeitschritt am Koppelrand zu registrieren.

Um die Zeitverläufe beider Modelle vergleichen zu können, ist von den Ergebnissen der ersten Modellrechnung (Bilder 7.20/21) die "Eigengewichtsantwort" zu subtrahieren. Nach dem Superpositionsprinzip erhält man danach die Impulsantwort des Modells 1, die nach einer Zeitverschiebung (um 35 Δt, so daß die Impulszeitpunkte übereinstimmen) der des Modells 2 gegenübergestellt werden kann.

Trotz der insgesamt geringen Zahl von Abhebereaktionen zeigt dieser Vergleich deutlich, daß beim einfacheren Modell 2 infolge der falschen Annahme einer gleichmäßigen und gleichbleibenden Verteilung des Eigengewichts über dem Koppelrand das Auftreten des Abhebens überschätzt wird.

Ein wichtiger Gesichtspunkt bei der Anwendung der Kontaktbedingung (7.2.-4) ist die numerische Stabilität. Zur Beantwortung der Frage nach der "richtigen" bzw. sinnvollen Wahl des zulässigen Fehlers ε_u wird ein weiteres Beispiel untersucht. Dazu wird die einfachere Berechnung nach Modell 2 durchgeführt, da im Hinblick auf dieses Problem kein prinzipiell anderes Ergebnis zu erwarten ist.

Betrachtet wird der gerade untersuchte Staudamm mit den gleichen Daten und der gleichen Diskretisierung (Bild 7.25), allerdings nun unter der Einwirkung von horizontalen Impulslasten

$$T_1(x_2,t) = -\rho_D a\, H(t)[1- H(t-\Delta t)]p(x_2)$$

mit $\quad p(x_2) = 0.5[L_2- (L_2-B)x_2/H] \quad$ und $a = 18.75\ m/s^2$

auf den beiden Dammflanken. Dies entspricht den Trägheitskräften des Dammes bei einer Horizontalbeschleunigung $\ddot{u}_1 = a$ des Dammfußes.

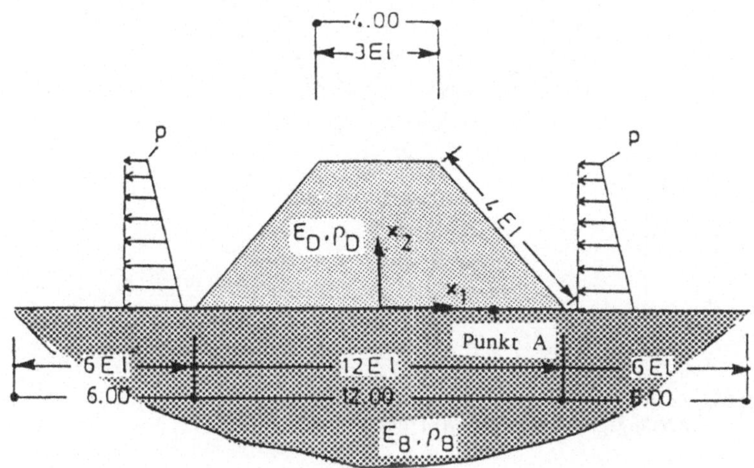

Bild 7.25: Geometrie und Diskretisierung eines Dammes auf elastischem Halbraum

Die Ergebnisse sind stark von der Wahl dieser Abfrageschranke ε_u abhängig. Dies zeigt sich an den Zustandsgrößen in allen Kontaktelementen, so z.B. an der Normalverschiebung im Punkt A des Koppelrandes.

Es ist festzustellen, daß bei einem zugelassenen Spalt von $\varepsilon_u = -10^{-5}$ m noch stabile Ergebnisse erzielt werden, während mit $\varepsilon_u = -10^{-4}$ m die Einflüsse der einseitigen Randbedingung nicht mehr voll erfasst werden können. Läßt man eine geomtrische Inkompabilität von $\varepsilon_u = +10^{-4}$ m, also ein Überlappen vor Schließen des Kontaktelements zu, so zeigt die Lösung ein instabiles Verhalten.

Die so ermittelte sinnvolle und stabile Fehlergröße $\varepsilon_u = -10^{-5}$ m beträgt im vorliegenden Beispiel 2 % der Maximalverschiebung. Dieses Kriterium entspricht den von anderen Autoren - z.B. in der Elastostatik [1] - angegebenen. Allerdings bedürfen diese Ergebnisse noch einer Überprüfung durch das genauere Modell 1 [18].

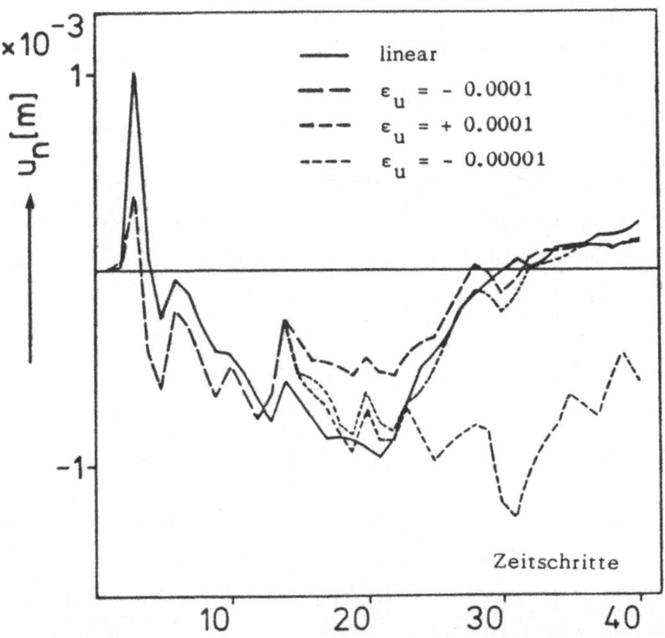

Bild 7.26: Zeitverlauf der Normalverschiebung im Punkt A Abhängigkeit von der Abfrageschranke ε_u

7.3 INTERAKTION ELASTISCHE STRUKTUR - FLÜSSIGKEIT

Bei einer großen Zahl von sehr verschiedenartigen Ingenieurproblemen ist die dynamische Interaktion zwischen einer elastischen Struktur und einer damit in Kontakt stehenden Flüssigkeit ein wichtiger Aspekt.
Insbesondere wenn seismische Aktivitäten zu berücksichtigen sind, können flüssigkeitsgefüllte Behälter, off-shore Bauwerke, unter Wasser liegende Behälter oder Pipelines, aber auch Staudämme nicht nur infolge der Oberflächen-Wellen, die durch Erdbeben erzeugt werden, zusätzlich belastet werden, sondern auch durch hydrodynamische Druckwellen, die sich im Innern der Flüssigkeit fortpflanzen.

Als Beispiel aus der Reihe der aufgezählten Problemkreise wird im Folgenden das System "Staudamm - aufgestautes Wasser - Beckenboden/Wandung" untersucht.

Der Entwurf und die Überprüfung eines Dammes auf Erdbebensicherheit fordert numerische Verfahrensweisen, die alle wesentlichen Aspekte, insbesondere die dynamische Interaktion zwischen Damm und Wasser aber auch des Untergrunds erfassen können. Dies ist wichtig, da sich gezeigt hat, daß nicht nur die Ausbreitung der Druckwellen bei Berücksichtigung der Kompressibilität des Wassers (siehe Abschnitt 6.2) und die Interaktion zwischen Staudamm und Untergrund (siehe Abschnitt 7.2.2 und 7.2.3) die Reaktion des Dammes auf ein Erdbeben beeinflussen, sondern auch die Wechselwirkung zwischen Wasser und Beckenboden bzw. seiner seitlichen Berandung [36, 37] einen bedeutenden Anteil der Energie absorbieren kann.

Strenge analytische Lösungen für Schwingungsinteraktionsprobleme zwischen elastischen Sperren-Konstruktionen und kompressiblen Flüssigkeitskörpern sind nur für wenige geometrisch regelmäßige, einfache Staubeckenformen bekannt [z.B. 70], wobei der oft bedeutende Einfluß eines nachgiebigen Beckengrundes außerdem nicht erfasst ist.
Die Anwendung finiter Elementmethoden zur Lösung solcher hydrodynamischer Probleme [z.B. 70] ist wegen der numerischen Realisierung der Wellenabstrahlung mit Schwierigkeiten verbunden.

Der in vieler Hinsicht besonders geeignete Weg, solche Probleme durch Randintegralgleichungen zu beschreiben und näherungsweise mittels Randelementprozeduren zu lösen, ist für zeitharmonische Anregungen im Frequenzraum bereits relativ detailiert untersucht [41, 49, 50, 59], meist jedoch nur bezüglich der Interaktion Damm - Flüssigkeit.

Die hier vorgestellten Beispiellösungen sind deshalb vorwiegend direkt im Zeitbereich unter Benutzung der Zeitschritt-Randelementalgorithmen (4.4.-18) und (4.4.-21) berechnet. Die dynamische Kopplung erfolgt wie in (7.1.-12/13) beschrieben.

7.3.1 WECHSELWIRKUNG STAUDAMM - WASSER

Wie in Abschnitt 6.2 dargelegt wurde, ist die Ausbreitung hydrodynamischer Druckwellen in Staubecken und damit eng verbunden der hydrodynamische Gesamtdruck auf eine Staumauer in hohem Maße von der Topographie des Staubeckens beeinflußt. Dabei wurde jedoch angenommen, daß der Staudamm starr ist, also keine dynamische Interaktion zwischen den Druckwellen im Wasser und den Druck- und Scherwellen im Damm erfolgt.
Nach den Ergebnissen bei der Untersuchung der Auswirkungen der Kopplung zwischen einem Damm und dem Boden (siehe Abschnitt 7.2.2) ist zu erwarten, daß auch die Interaktion mit dem anstehenden Wasser ähnliche Effekte hat.

Als Beispiel wird der bereits hinsichtlich der Kopplung mit dem Boden untersuchte Damm von H = 5 m Höhe mit einer Scheitel- bzw. Basisbreite B = 4 m bzw. L_1 = 12 m (Bild 7.27, siehe auch Bild 7.10) erneut betrachtet.

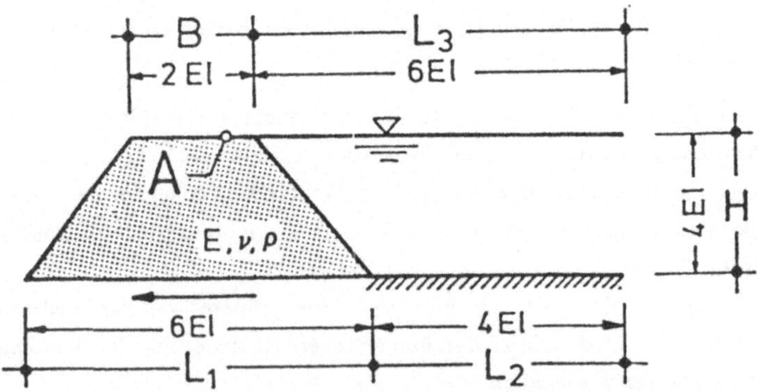

Bild 7.27: Geometrie und Diskretisierung des Damm-Wasser Systems

Im Material des Dammes mit den Daten Poisson'sche Zahl ν = 0.25, Dichte ρ_D = 200 kg/m^3 und Elastizitätsmodul E = $2.0 \cdot 10^5$ KN/m^2 breiten sich Druck- bzw. Scherwellen bei Annahme ebenen Verzerrungszustands mit der Geschwindigkeit c_1 = 346.4 m/s bzw. c_2 = 200 m/s aus. Das an rechten Flanke des Dammes anstehende Wasser hat die Dichte ρ_W = 1000 kg/m^3 und eine Wellengeschwindigkeit von c = 1438 m/s.

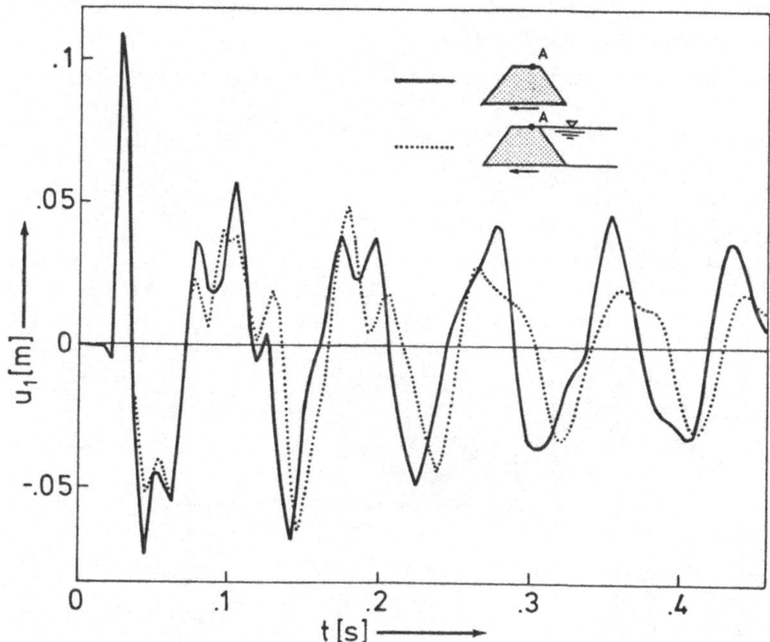

Bild 7.28: Zeitverlauf der Horizontalverschiebung im Punkt A der Dammkrone bei horizontaler Impulsanregung des Dammfußes Vergleich: ohne - mit Berücksichtigung dynamischer Interaktion

Die Diskretisierung des Dammrandes, des Beckens und der freien Wasseroberfläche ist so gewählt worden (Bild 7.27), daß bei einem möglichst geringen Aufwand hinreichende Genauigkeit, vor allem aber ein für beide Medien "zulässiges" Verhältnis zwischen zeitlicher und örtlicher Elementlänge möglich war.
Bei Verwendung von 6 Elementen bzw. 2 Elementen für die Dammbasis bzw. Dammkrone und 4 Elementen für die Dammflanke ergibt eine Zeitschrittgröße Δt = 0.0046 Sekunden für den elastischen Damm die beiden β_D-Werte 0.80 und 1.0. Die Diskretisierung der freien Wasseroberfläche auf L_3 = 12 m und des Beckenbodens auf L_2 = 8 m durch 6 Elemente bzw. 4 Elemente entspricht mit dieser Zeitschrittgröße Δt einem β-Wert von 3.3; die Einteilung der 6.40 m langen Dammflanke, entlang der der Kontakt zum angestauten Wasser entsteht, bewirkt dort einen β_W-Wert von 4.13. Wie sich gezeigt hat, ist die Berechnung mit dieser Diskretisierung numerisch stabil und hinreichend genau.

Als Erregung des Systems werden zwei Fälle gewählt:
Eine impulsartige, einen Zeitschritt Δt =0.0046 Sekunden erzwungene Verschiebung aller Fußpunkte des Dammes von $\bar{u}$ = 0.22 m in horizontaler Richtung und zum Vergleich auch in vertikaler Richtung.

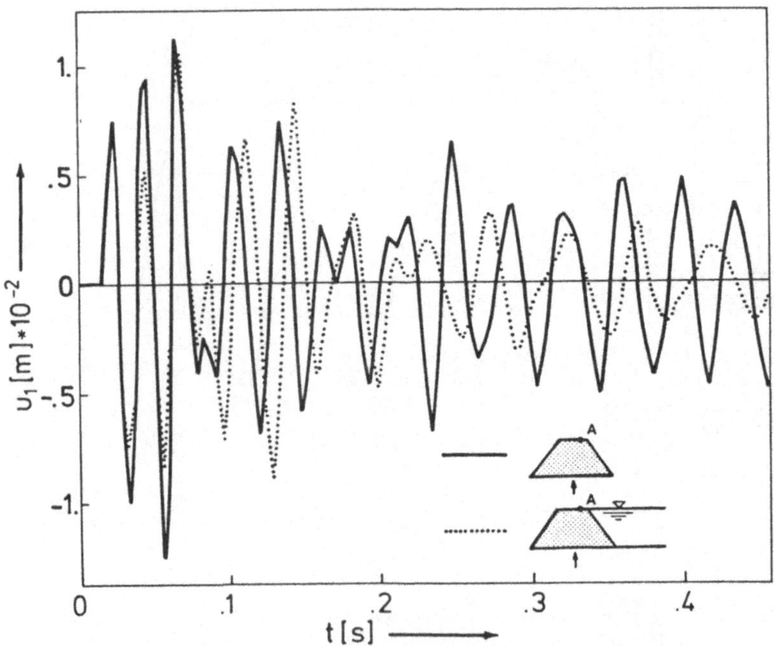

Bild 7.29: Zeitverlauf der Horizontalverschiebung
im Punkt A der Dammkrone
bei vertikaler Impulsanregung des Dammfußes
Vergleich: ohne - mit Berücksichtigung dynamischer Interaktion

Der Einfluß des Wassers im Staubecken auf die horizontale Verschiebung im Punkt A der Dammkrone wird durch die Gegenüberstellung mit der Bewegung des Dammes ohne Berücksichtigung der dynamischen Interaktion besonders deutlich. Direkt nach der starken, nach ca. 3 Zeitschritten (≈ 0.0145 Sekunden) im Punkt A auftretenden Anfangsauslenkung zeigt sich durch den Einfluß der Kopplung mit der Flüssigkeit bereits ab der zweiten Schwingungsamplitude eine gedämpfte Bewegung. Dieser Unterschied nimmt auf Grund des Energieentzugs durch die Flüssigkeit mit der Zeit deutlich zu.

Die anfangs etwas unruhigen Schwingungen glätten sich, sowohl für den Fall des horizontal angeregten Damms (Bild 7.28) wie auch bei der vertikalen Anregung (Bild 7.29), und zwar mit und ohne Berücksichtigung der Interaktion nach

ungefähr 0.2 Sekunden. Danach stellen sich Grundschwingungsformen ein. Beim horizontal angestoßenen, ungekoppelten Damm hat diese eine Schwingungsdauer von 0.083 Sekunden, bei der vertikalen Anregung dagegen eine von ungefähr 0.038 Sekunden. In beiden Fällen wird durch die Koppelung des Dammes mit dem Wasser und die damit berücksichtigte dynamische Interaktion diese Grundfrequenz erniedrigt:
im einen Fall von 75 rad/sec auf ungefähr 70 rad/sec, im anderen Fall von 165 rad/sec auf ca. 116 rad/sec.

Diese Verschiebung der Grundschwingungsfrequenzen des Dammes kann natürlich noch offensichtlicher am Frequenzgang einer Struktur abgelesen werden.

Dazu sei ein Betondamm von dreiecksförmigem Querschnitt (Bild 7.30) mit der Höhe H = 100 m sowie der Basis L_1 = 75 m betrachtet. Als Materialdaten dieses Dammes ist der Elastizitätsmodul $E = 3.45 \cdot 10^7$ KN/m^2, die Poisson'sche Zahl $\nu = 0.17$ und die Dichte $\rho = 2483$ kg/m^3 gewählt worden. Damit ergeben sich unter Annahme eines ebenen Verzerrungszustands die Wellengeschwindigkeiten $c_1 = 3864$ m/sec und $c_2 = 2436$ m/sec.

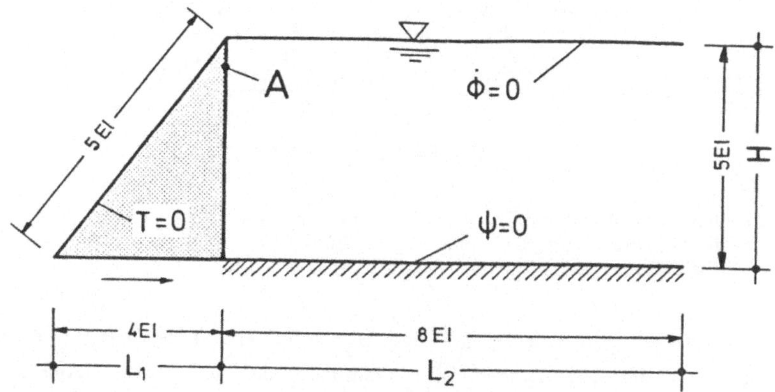

Bild 7.30: Geometrie und Diskretisierung eines Betondamms gekoppelt mit einem offenen Becken.

Die Diskretisierung des Dammes erfolgt durch 4 Elemente an der Dammbasis, durch 5 Elemente entlang der freien Dammflanke und ebenfalls 5 Elemente auf dem Kontaktrand. Die Berandung des damit gekoppelten Wassergebiets wird außer durch die 5 Elemente des Koppelrandes durch je 8 Elemente auf der freien Wasseroberfläche und entlang des starren Beckenbodens diskretisiert (Bild 7.30).

Erregt man die Dammbasis harmonisch durch Vorgabe horizontaler Verschiebungen, läßt sich die Abhängigkeit der Reaktion des Dammes von der Erregerfrequenz ω im Frequenzraum über den Randelement-Algorithmus (3.4.-15) mit der Kopplung nach (7.1.-12) ermitteln.

Betrachtet man das Ergebnis im Punkt A der senkrechten Dammflanke (siehe Bild 7.30), z.B. die Horizontalverschiebungsamplitude in Abhängigkeit von der Frequenz ω über den Bereich $0 < \omega < 130$ rad/Sek., zeigen sich deutlich beide auch im Zeitbereich festgestellten Einflüsse.

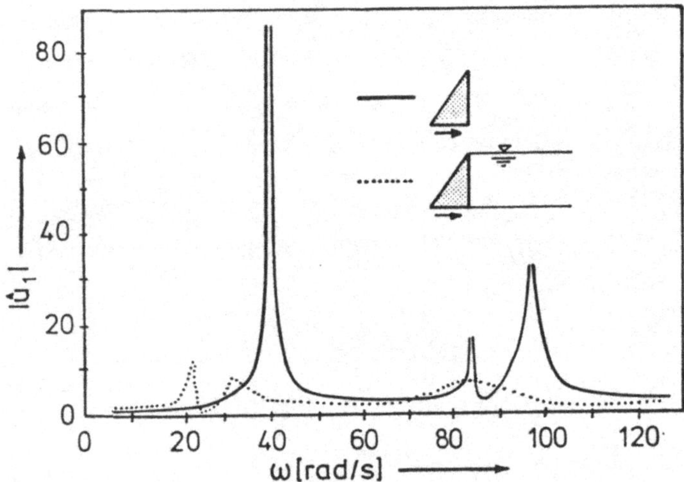

Bild 7.31: Horizontalverschiebungsamplitude in Punkt A bei harmonischer Erregung der Dammbasis Einfluß der dynamischen Interaktion

Die bei $\omega_1 \approx 40$, sowie $\omega_2 \approx 84$ und $\omega_3 \approx 98$ klar erkennbaren Resonanzfrequenzen des dreiecksförmigen Betondamms, die zu großen Amplitudenverstärkungen führen, werden durch die dynamische Koppelung des Damms mit dem anstehenden Wasser des Staubeckens zu kleineren Werten hin verschoben oder verschwinden durch die gleichzeitig auftretende Dämpfung ganz. Allerdings ist außerdem die zusätzliche Resonanzfrequenz des halb-unendlichen Beckens bei $\omega_0 \approx 23$ (siehe Bild 6.12) festzustellen.

7.3.2 WECHSELWIRKUNG WASSER - UNTERGRUND

Die Begrenzung eines Wasserbeckens durch starre Ränder führt, insbesondere bei einem senkrechten Auftreffen der Druckwellen zu Reflexionen und als Folge davon zu erheblichen Überhöhungen in der hydrodynamischen Gesamtlast auf einem Staudamm (siehe Abschnitt 6.2). In der Realität steht jedoch nur selten ein solcher unverformbarer Fels an, und außerdem bilden sich normalerweise Ablagerungen auf dem Boden eines Staubeckens. Solch nachgiebiger Boden bewirkt eine beachtliche Energie-Dissipation, da von ihm einfallende hydrodynamische Druckwellen absorbiert werden.

Dieser Absorptionseffekt kann die dynamische Antwort eines Dammes auf Erbebenanregungen grundsätzlich verändern. So wird z.B. die Reaktion eines Betondammes auf vertikale Bodenerschütterungen überschätzt, wenn ein starrer Beckenboden angenommen wird [35].

Meist wird diese Energiedissipation in den Beckenboden näherungsweise durch Randbedingungen modelliert, die die teilweise Absorption der hydrodynamischen Druckwellen simulieren. Es hat sich jedoch gezeigt [62], daß bei Verwendung solcher Randbedingungen die Energieabsorption überschätzt werden kann. Es ist deshalb notwendig, explizit die dynamische Interaktion zwischen dem Wasser und dem begrenzenden Boden bzw. der Beckenwand zu betrachten.

Eine sehr gute Möglichkeit, solche Untersuchungen durchzuführen, bietet sowohl im Frequenzraum wie auch im Zeitbereich die Randelementmethode. Als Beispiele dafür seien im Folgenden die Auswirkungen der Berücksichtigung der dynamischen Interaktion zwischen dem Wasser des Staubeckens und einem nachgiebigen Beckengrund sowie einer nicht-starren Beckenwandung vorgeführt. Dabei ist der Damm selbst als starr angenommen worden, damit bei der Untersuchung eindeutig nur der Effekt der jeweils gerade betrachteten Interaktion festgestellt wird.

Als erstes wird ein 'offenes' Becken mit einer maximalen Tiefe H = 100 m und einer Länge L = 200 m betrachtet, dessen Beckengrund nun im Unterschied zu dem bereits durchgeführten Untersuchungen (siehe Abschnitt 6.2.1) aus nachgiebigem Material besteht. Dabei wird der Elastizitätsmodul variiert - $E^B = 3 \cdot 10^5$ KN/m^2 und $E^B = 3 \cdot 10^6$ KN/m^2 - , während die Dichte $\rho = 2000$ kg/m^3 und die Poisson'sche Zahl $\nu = 0.4$ als konstant bleibend angenommen wird.

Als finites Modell des Beckens (siehe Bild 7.32) ist eine Randdiskretisierung mit 6 Randelementen entlang der starren, senkrechten Dammflanke und je 12 Randelementen für die freie Wasseroberfläche und für den Beckenboden gewählt worden. Über die Elemente des Beckenbodens erfolgt nach (7.1.-12/13) die Kopplung mit den entsprechenden Randelementen des elastischen Halbraums.

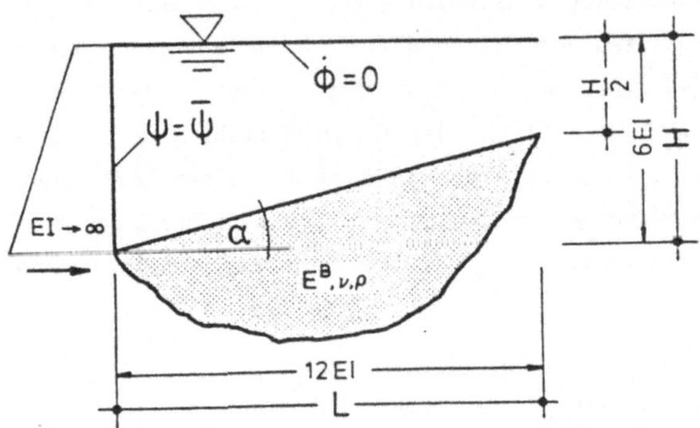

Bild 7.32: Geometrie und Diskretisierung eines offenen Beckens mit elastischem Beckenboden

Die dynamische Anregung des Wasservolumens wirkt nur über den als steif angenommenen Damm, also über seine steife, senkrechte Flanke.

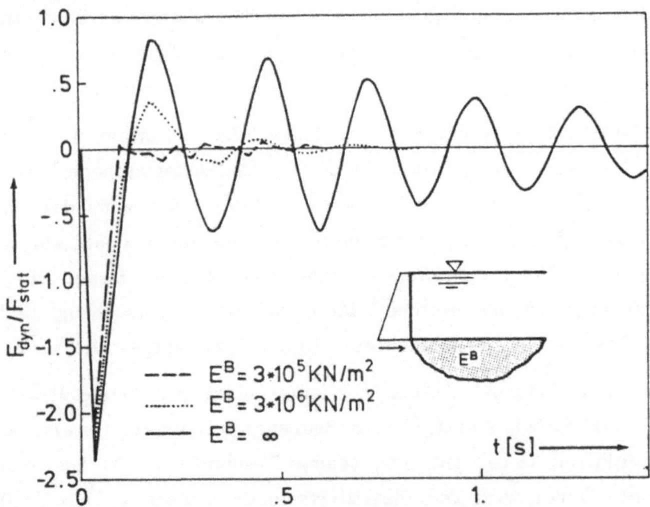

Bild 7.33: Zeitverlauf des relativen hydrodynamischen Gesamtdrucks infolge Horizontalimpuls bei horizontalem Boden Abhängigkeit von der Nachgiebigkeit des Bodens.

Um einen Vergleich mit den Ergebnissen bei einem steifen Beckengrund (siehe Abschnitt 6.2.1) durchführen zu können, wird die gleiche horizontale

Beschleunigung, die Approximation eines "Einheits"-Impulses vorgegeben. Allerdings wird hier, um zulässige β-Werte - zum Beispiel, $\beta^W = 2.98$ und $\beta^B = 1.18$ bei $E^B = 3\cdot 10^5$ KN/m^2 und damit $c_1 = 567$ m/s im Fall des horizontalen Beckenbodens - für beide zu koppelnden Gebiete zu ermöglichen, ein Rechteckimpuls der doppelten Dauer $\Delta t = 0.036$ Sekunden, aber dafür halber Intensität $\bar{\Phi}$ = 28.9 m/s^3 aufgebracht.

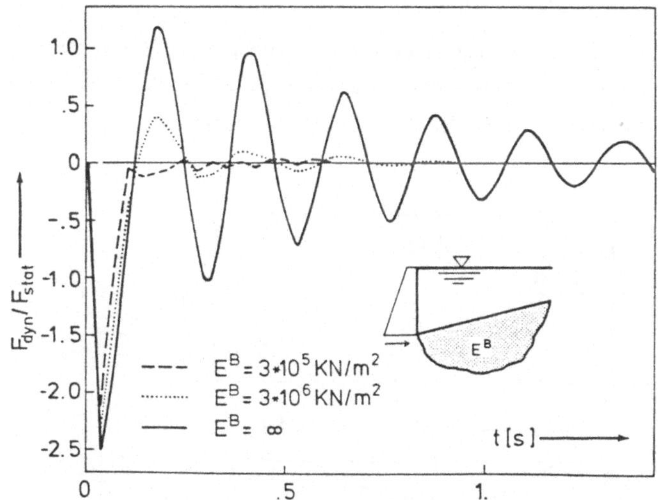

Bild 7.34: Zeitverlauf des relativen hydrodynamischen Gesamtdrucks infolge Horizontalimpuls bei geneigtem Boden ($\alpha = 14^o$) Abhängigkeit von der Nachgiebigkeit des Bodens

Die Auswirkung der dynamischen Interaktion auf den hydrodynamischen Gesamtdruck F_{dyn} ist beachtlich und offensichtlich stark vom Bodenmaterial abhängig. Während bei unendlich steifem Untergrund der Gesamtdruck zwar infolge der Wellenabstrahlungen ins "unendliche" Becken, durch die rechtsseitige Öffnung langsam abnimmt, zeigt sich ein praktisch sofortiges Verschwinden dieses Druckes bei sehr nachgiebigem Beckenboden ($E^B = 3\cdot 10^5$ KN/m^2); die Druckwelle werden fast vollständig vom weichen Boden absorbiert.

Der zehnfach steifere, elastische Boden reflektiert einen deutlich höheren Anteil der hydrodynamischen Druckwellen. Jedoch auch in diesem Fall ist die Dämpfung des Systems so stark, daß der hydrodynamische Gesamtdruck auf den Damm nach ungefähr 0.6 Sekunden bereits fast vollständig verschwunden ist. (Bild 7.33).

Ein vom Damm aus langsam ansteigender Beckenboden ($\alpha = 14^o$) bewirkt keine oder nur geringe Änderungen im Zeitverlauf des hydrodynamschen Gesamtdrucks F_{dyn}, wenn dieser Beckenboden nachgiebig ist.

Ist der Beckengrund aber starr, wird infolge der Neigung des Bodens ein größerer Teil der Wellen auf den Damm zurückgeworfen, so daß die Amplituden zu Anfang größer sind. Außerdem ist die Dämpfung, die ja dann allein infolge der Abstrahlung durch die verkleinerte "Öffnung" eintritt, dann deutlich geringer.

Zur Abgrenzung der Dämpfungseffekte auf Grund der Wellenabstrahlung ins "unendliche" Becken von denen der Wellenabsorption durch einen nicht-starren Beckenboden wird auch ein geschlossenes Becken untersucht.

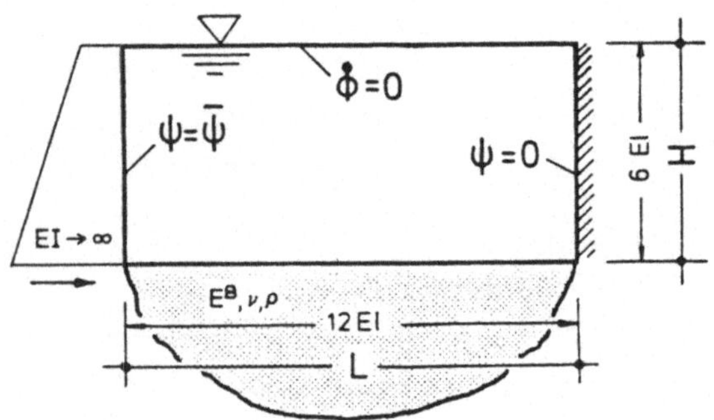

Bild 7.35: Geometrie und Diskretisierung eines geschlossenen Beckens mit elastischem Boden.

Die Beckenrückwand ist als starr angenommen, so daß bei einer Variation der Bodensteifigkeit allein deren Einfluß auf die Energiedissipation festgestellt werden kann.

Es zeigt sich wiederum die beim offenen Becken bereits festgestellte hohe Absorptionsfähigkeit eines nachgiebigen Beckenbodens. Es sind zwar noch zweimal die nach jeweils ungefähr 0.28 Sekunden (≈ 6 Zeitschritten) auf den Damm zurückwirkenden reflektierten Druckwellen zu beobachten. Nach ungefähr 0.7 Sekunden ist jedoch auch bei diesem "geschlossenen" Becken der hydrodynamische Gesamtdruck auf den Damm fast vollständig verschwunden, wenn die dynamische Interaktion mit nachgiebigem Untergrund berücksichtigt wird.

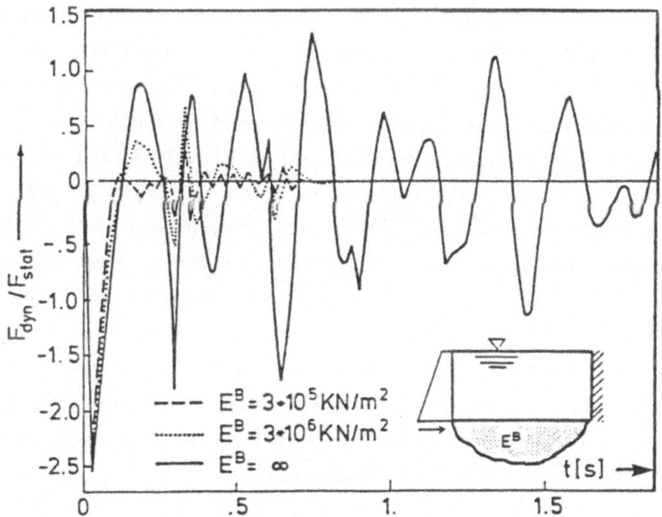

Bild 7.36: Zeitverlauf des relativen hydrodynamischen Gesamtdrucks infolge Horizontalimpuls - bei geschlossenem Becken Abhängigkeit von der Nachgiebigkeit des Bodens.

Zur Abrundung der Untersuchungen über die Bedeutung der dynamischen Interaktion für den hydrodynamischen Gesamtdruck auf eine Staumauer wird schließlich noch ein geschlossenes Becken mit starrem Beckenboden aber nachgiebiger, also energieabsorbierender Rückwand untersucht (Bild 7.37).

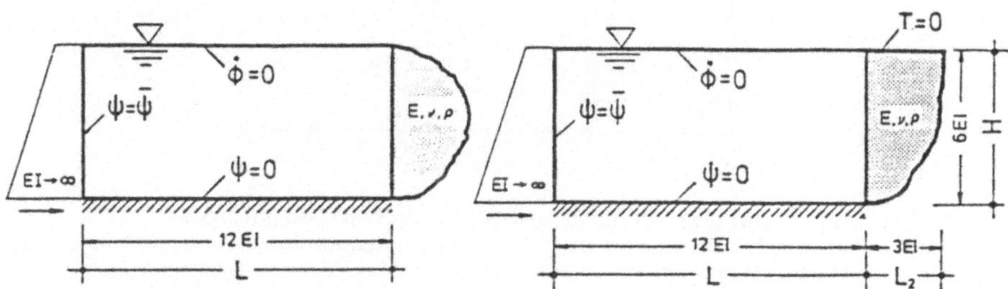

Bild 7.37: Geometrie und Diskretisierung eines geschlossenen Beckens mit elastischer Rückwand
a) ohne bzw. b) mit Modellierung der Bodenoberfläche

Ein Vergleich des Zeitverlaufs der hydrodynamischen Mauerbelastung bei einer starren Rückwand mit dem Resultat bei einer Wand aus nachgiebigem Material (E = $3 \cdot 10^5$ KN/m^2) zeigt deutlich den erwarteten Dämpfungseffekt. Nach 0.28 Sekunden, der Zeit, nach der die Druckwellen nach harter oder teilweiser Reflexion an der Rückwand wieder auf den Damm treffen, weichen die Lösungen voneinander ab. Die Energieabsorption der elastischen Rückwand dämpft die Schwingung deutlich und verschiebt auch deren Frequenz. Jedoch ist der Effekt bedeutend geringer als im Falle des elastischen Beckenbodens (Bild 7.38). Die Ursache dürfte sein, daß beim elastischen Boden die Druckwellen während des gesamten Ausbreitungsvorgangs absorbiert werden, während die elastische Rückwand nur im Moment des Auftreffens einen Teil der Wellen absorbiert, den anderen Teil jedoch reflektiert. Dieser an der Rückwand reflektierte Teil behält seine Energie dann bis zum nächsten Auftreffen bei. Dies gilt zumindest am Anfang des Ausbreitungsvorgangs, wenn die Druckwellen sich noch als relativ ungestörte Wellenfront (siehe Bild 6.15) ausbreiten.

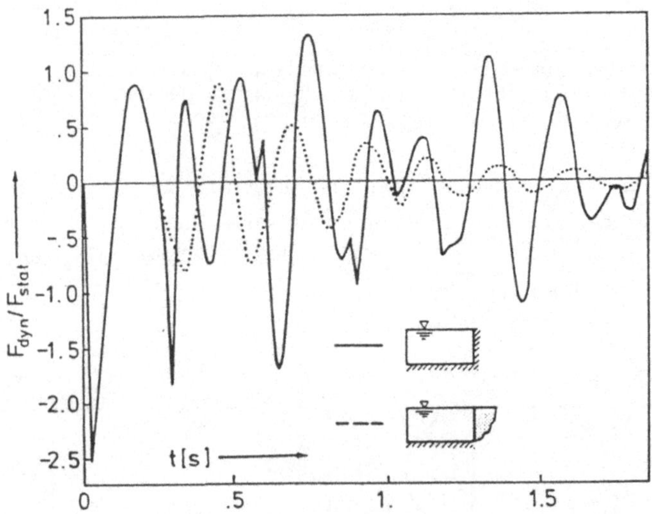

Bild 7.38: Zeitverlauf des relativen hydrodynamischen Gesamtdrucks infolge Horizontalimpuls - bei geschlossenem Becken Abhängigkeit von der Nachgiebigkeit der Rückwand.

Wie wichtig, die genaue Erfassung der konkret vorliegenden topologischen Gegebenheiten ist, zeigt die ergänzende Verifizierung der freien Oberfläche des die Rückwand bildenden Bodens (siehe Bild 7.37b). Im Vergleich zum vorher ermittelten Ergebnis zeigt sich eine doch nicht zu vernachlässigende Änderung im Dämpfungsverhalten. Dieser zwar kräftefreie, aber doch die Energiedissipation behindernde zusätzliche Rand beeinflußt insbesondere das Abklingverhalten des hydrodynamischen Gesamtdrucks auf die Mauer.

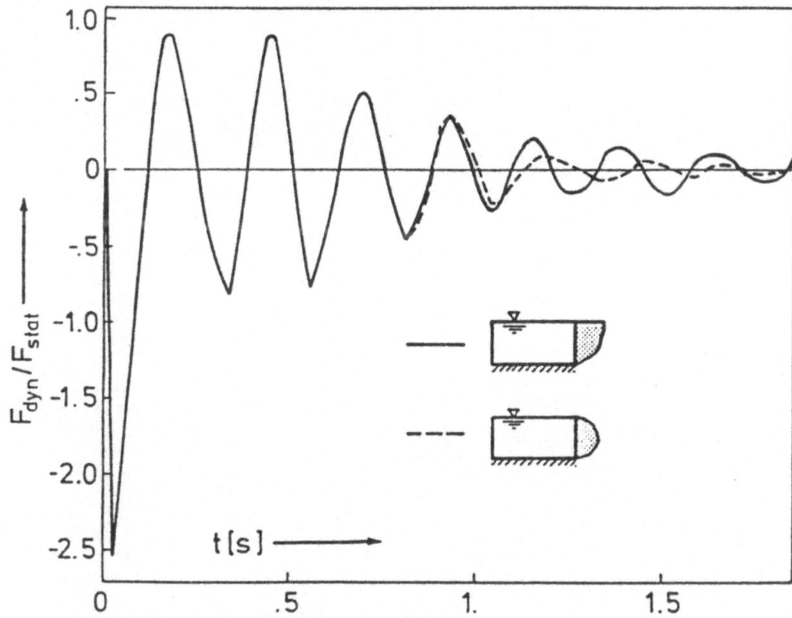

Bild 7.39: Zeitverlauf des relativen hydrodynamischen Gesamtdrucks infolge Horizontalimpuls - bei geschlossenem Becken Einfluß der Topologie der elastischen Rückwand

Dies unterstreicht die Notwendigkeit der 'korrekten', d.h. möglichst genau die aktuellen Verhältnisse nachahmenden Erfassung der dynamischen Interaktion zwischen der Wasserfüllung eines Staubeckens und seiner Umgehung.

LITERATUR

[1] Andersson, T.: The Boundary Element Method Applied to Two-Dimensional Contact Problems, S. 247 - 263 in: Proc. 2nd Int. Seminar on Recent Advances in BEM (Herausg.: Brebbia, C.A.) Southampton 1980

[2] Antes, H.: A Boundary Element Procedure for Transient Wave Propagation in Two-Dimensional Isotropic Elastic Media, Finite Elements in Analysis and Design **1** (1985), S. 315-322

[3] Antes, H.: Dual Complementary Variational Principles in Reissner's Plate Theory, Acta Mechanica **65** (1986) S. 13-25

[4] Antes, H.: Basic Geometrical Singularities in Reissner's Plate Theory, Mech. Res. Comm. **12** (1985) S. 295-302

[5] Antes, H.: A Multiple Grid Boundary Element Procedure for the 2-D Helmholtz Equation, S. 413 - 421 in: The Mathematics of Finite Elements and Applications (MAFELAP) VI, Brunel Univ., U.K. (Herausg.: Whiteman, J.R.), Academic Press, London 1988

[6] Antes, H.: Time Domain Boundary Element Solutions of Hyperbolic Equations for 2-D Transient Wave Propagation, S. 35-42 in: Proc. III. GAMM Seminar "Panel Methods in Fluid Mechanics with Emphasis in Aerodynamics", Kiel (Herausg.: Ballmann, J., Eppler, R., Hackbusch, W.) Notes on Numerical Fluid Mechanics, Bd. 21, Vieweg Verlag, Braunschweig 1988

[7] Antes, H.: Einige nach der Singularitätsmethode hergeleitete Integralgleichungen der Elastodynamik, Z. Angew. Math. u. Mechanik **68** (1988) (in Druck)

[8] Antes, H. und Estorff, O. von: Transient Behavior of Strip Foundations Resting on Different Soil Profiles by a Time Domain BEM, S. 291 - 305 in: Proc. Conf. Soil Dynamics Earthqu. Engng., (Herausg.: Cakmak, A.S.) Princeton 1987

[9] Antes, H. und Estorff, O. von: On Causality in Dynamic Response Analysis by Time-Dependent Boundary Element Methods, Earthqu. Engng. Structural Dynamics **15** (1987) S. 865 - 870

[10] Antes, H. und Estorff, O. von: The Effect of Non-Convex Boundaries on Time Domain Boundary Element Solutions, S. 305-320 in: Mathematical and Computational Aspects, Proc. Conf. Boundary Elemens IX, Bd. 1, (Herausg.: Wendland, W.L; Brebbia, C.A.) Comp. Mech. Publ., Southampton 1987

[11] Antes, H. und Estorff, O. von: Dynamic Response Analysis of Rigid Foundations and of Elastic Structures by Boundary Element Procedures, Soil Dyn. Earthqu. Engng. 1988 (in Druck)

[12] Antes, H. und Estorff, O. von: Erschütterungsausbreitung im Boden und dynamische Interaktionseffekte, Bauingenieur **62** (1987) S. 201-208

[13] Antes, H. und Estorff, O. von: Analysis of Absorption Effects of the Dynamic Response of Dam Reservoir Systems by Boundary Element Methods, Earthqu. Engng. and Struct. Dynamics **15** (1987), S. 1023-1036

[14] Antes, H. und Estorff, O. von: Dynamic Soil-Structure Interaction by BEM in the Time and Frequency Domain, Proc. 8th. European Conf. on Earthqu. Engng. **2** (1986), S. 5.5/33-40, Lab. Nac. Eng. Civil, Lissabon

[15] Antes, H. und Estorff, O. von: Ausbreitung transienter akustischer Wellen - Untersuchungen mit einer Zeitschritt-Randelementmethode, Ingenieur - Archiv (1988) (in Druck)

[16] Antes, H. und Estorff, O. von und Steinfeld, B.: FLUBEM - Ein Randelementprogramm zur Berechnung des Zeitverlaufs der Druckwellenausbreitung in kompressiblen Flüssigkeiten, SFB 151 - Berichte Nr.7, Ruhr - Universität Bochum 1988

[17] Antes, H., Meise, Th. und Wiebe, Th.: Wellenausbreitung in akustischen Medien - Randelementprozeduren im 2-D Frequenzraum und 3-D Zeitbereich, Mitteilungen Nr. 54, Institut für Mechanik der Ruhr - Universität Bochum, 1988

[18] Antes, H. und Steinfeld, B.: Unilateral Contact in Dynamic Soil-Structure Interaction by a Time Domain Boundary Element Method, Proc. 10th Conf. on Boundary Elements (Herausg.: Brebbia, C.A.) Southampton 1988

[19] Banerjee, P.U. und Butterfield, R.: Boundary Element Methods in Engineering Science, McGraw Hill, London 1981

[20] Betti, E.: Teoria dell' elasticita, Il nouvo ciemento **7** (1872) S. 10-18

[21] Brebbia, C.A. (Herausg.): Topics in Boundary Element Research II, Time-Dependent and Vibration Problems, Springer Verlag, Berlin, Heidelberg, New York 1985

[22] Brebbia, C.A. und Telles, J.C.F. und Wrobel, L.C.: Boundary Element Techniques - Theory and Applications in Engineering, Springer Verlag 1984

[23] Brekhovskikh, L. und Goncharov, V.: Mechanics of Continua and Wave Dynamics, Springer Series on Wave Phenomina, Bd. 1, Springer Verlag, Berlin, Heidelberg, New York 1985

[24] Chopra, A.K.: Earthquake Behavior of Reservoir-Dam Systems, J. Engng. Mech. Div., ASCE, **94** (1968), S. 1475-1499

[25] Chopra, A.K. und Hall, J.F.: Hydrodynamic Effects in the Dynamic Response of Concrete Gravity Dams, Engng. Struct. Dyn. **10** (1982), S. 333-345

[26] Clough, R.W. und Chopra, A.K.: Earthquake Stress Analysis in Earth Dams, Proc. ASCE J. Applied Mechanics **92** (1966), S. 197-211

[27] Collatz, L.: Funktionalanalysis und numerische Mathematik, Springer Verlag, Berlin, Heidelberg, New York 1968

[28] Cruse, T. A. und Rizzo, F.J.: Direct Formulation and Numerical Solution of the General Transient Elastodynamic Problem, J. Math. Anal. Appl. **22**, (1968) S. 244-259, S. 341-355

[29] Doyle, J.M.: Integration of the Laplace Transformed Equations of Classical Elastokinetics, J. Math. Anal. Appl. **12** (1966) S. 341-355

[30] Eringen, A.C. und Suhubi, E.S.: Elastodynamics II: Linear Theory, Academic Press, London 1975

[31] Estorff, O. von: Dynamische Steifigkeit von starren Fundamenten unter Berücksichtigung ihrer Einbettungstiefe und ihres Abstandes vom Grundgebirge, Diplom-Arbeit, AG IV, Inst. f. Konstruktiven Ingenieurbau, Ruhr - Universität Bochum 1983

[32] Estorff, O. von und Schmid, G.: Application of the Boundary Element Method to the Analysis of the Vibration Behavior of Strip Foundations on a Soil Layer, Proc. Int. Symp. on Dynamic Soil - Structure Interaction, Minneapolis, S. 19-24 (Herausg.: D.E. Beskos, Th. Krauthammer und I. Vardoulakis) Balkema, Rotterdam 1984

[33] Estorff, O. von: Zur Berechnung der dynamischen Wechselwirkung zwischen Bauwerken und ihrer Umgebung mittels zeitabhängiger Randintegralgleichungen, Dissertation, TWM 86-10, Ruhr - Universität Bochum 1986

[34] Fairweather, G. und Johnston, R.L. : The Method of Fundamental Solutions for Problems in Potential Theory, S. 349-359 in: Treatment of Integral Equations by Numerical Methods (Herausg.: Baker, C.T.H. und Miller, G.F.) Academic Press, London 1982

[35] Fenves, G.: Earthquake Response of Concrete Dam Systems, S. 22-32 in: Computer Aided Simulation of Fluid-Structure Interaction Problems, (Herausg.: Tedesco, J.W.) ASCE, New York 1987

[36] Fenves, G. und Chopra, A.K.: Reservoir Bottom Absorption Effects in Earthquake Response of Concrete Gravity Dams, J. of Structural Engng., ASCE, **111** (1985) S. 545-562

[37] Fok, K.L. und Chopra, A.K.: Hydrodynamic and Foundation Flexibility Effects in Earthquake Response of Arch Dams, J. of Structural Engng., ASCE. **112** (1986) S. 1810-1828

[38] Gazetas, G.: Analysis of Machine Foundation Vibrations: State of the Art, Soil Dynamics Earthqu. Engng. **2** (1983) S. 2-42

[39] Graffi, D.: Über den Reziprozitätssatz in der Dynamik elastischer Körper, Ingenieur Archiv **22** (1954) S. 45-46

[40] Groenenboom, P.H.L.: The Application of Boundary Elements to Steady and Unsteady Potential Fluid Flow Problems in Two and Three Dimensions, in "Boundary Element Methods" (Herausg.: Brebbia, C.A.) Springer-Verlag, Berlin 1981

[41] Hanna, Y.G. und Humar, J.L.: Boundary Elememnt Analysis of Fluid Domain, J. Engng. Mech. Div., ASCE **108** (1982) S. 436-450

[42] Hartmann, F.: The Somigliana Identity on Piecewise Smooth Sufaces, J. of Elasticity **11** (1981) S. 403-423

[43] Hartmann, F.: Methode der Randelemente. - Boundary Elements in der Mechanik auf dem PC, Springer Verlag, Berlin 1987

[44] Haupt, W. (Herausg.): Bodendynamik - Grundlagen und Anwendungen, Vieweg Verlag, Braunschweig 1986

[45] Heise, U.: Formulierung und Ordnung einiger Integralverfahren für Probleme der ebenen und räumlichen Elastostatik unter besonderer Berücksichtigung mechanischer Gesichtspunkte, Mitteilung Nr. 1 des Inst. für Techn. Mechanik der RWTH Aachen 1975

[46] Heise, U.: Application of the Singularity Method for the Formulation of Plane Elastostatical Boundary Value Problems as Integral Equations, Acta Mechanica **31** (1978) S. 33-69

[47] Heise, U.: Numerical Properties of Integral Equations in which the Given Boundary Values and the Sought Solutions are Defined on Different Curves, Computers & Structures **8** (1978) S. 199-205

[48] Heise, U.: The Spectra of Some Integral Operators for Plane Elastostatical Boundary Value Problems, J. of Elasticity **8** (1978) S. 47-79

[49] Höllinger, F.: Time-Harmonic and Non-stationary Stochastic Vibrations of Arch-Damm-Reservoir-Systems, Acta Mechanica **49** (1983) S. 153-167

[50] Höllinger, F.: Eine Lösung für das ebene Schwingungsinteraktionsproblem einer Gewichtsmeuer mit beliebig geformten, gefüllten Becken, Z. Angew. Math. u. Mech. **63** (1983) S. T62-T64

[51] Housner, G.W.: The Behavior of Inverted Pendulum Structures During Earthquakes. Bull. Seism. Soc. Amer. **53** (1963), S. 403-717

[52] Hsiao, G.C. und Mac Camy, R.C: Solution of Boundary Value Problems by Integral Equations of the First Kind, SIAM Review **15** (1973) S. 687 - 705

[53] Hsiao, G.C., Kopp, P. und Wendland, W.L.: Some Applications of a Galerkin-Collocation Method for Boundary Integral Equations of the First Kind, Math. Meth. in the Applied Science **6** (1984) S. 280 - 325

[54] Huh, Y.: Die Anwendung der Randelementmethode zur Berechnung der dynamischen Wechselwirkung zwischen Bauwerk und geschichtetem Baugrund, Dissertation, TWM 86-13, Ruhr-Universität Bochum 1986

[55] Huh, Y. und Schmid, G.: Soil Structure Interaction in Seismic Environment, S. 186-200 in: Recent Applications in Computational Mechanics, Proc. 2nd Session at Structures Congress 86 (Herausg.: Karabalis, D.L.,) ASCE, New York 1986

[56] Iskandarani, M. und Lin, P.L.-F.: Wave Forces on Arrays of Cylindrical Bodies, Proc. Conf. Boundary Elements IX, Bd. 2: Stress Analysis Applications, S. 485 - 496 (Herausg.: Brebbia, C.A., Wendland, W.L., Kuhn, G.) Springer Verlag, Berlin 1982

[57] Jiali Lu und Watson, J.O.: A Quadratic Variation Indirect Boundary Element Method for Traction Boundary-Value Problems of Two-Dimensional Elastostatics, Int. J. for Numer. Analyt. Methods in Geomechanics **12** (1988) S. 183 - 196

[58] Jiang, Y.S.: Half-Plane with Body-Force Problem and its Uses in Geomechanics in BEM, S. 699 - 710 in: Betech 86, Proc. 2nd Boundary Element Technology Conf., M.I.T. (Herausg.: Connor, J.J. und Brebbia, C.A.) Comp. Mech. Publ., Southampton 1986

[59] Kawakami, T. und Kitahara, M.: Analysis of Interaction Problems for Soil - Structure - Fluid Systems by BIE Methods, Proc. Conf. Boundary Elements IX, Bd. 2: Stress Analysis Applications, S. 523 - 533 (Herausg.: Brebbia, C.A., Wendland, W.L. und Kuhn, G.) Springer Verlag, Berlin 1987

[60] Kausel, E. und Roesset, J.M.: Dynamic Stiffness of Circular Foundations, J. Engng. Mech. Div., ASCE **101** (1975) S. 771 - 785

[61] Lighthill, J. : Waves in Fluids, Cambridge Univ. Press 1980

[62] Lofti, V., Roessett, J.M. und Tassoulas, J.L.: A Technique for the Analysis of the Response of Dams to Earthquakes, Earthqu. Engineering and Structural Dynamics **15** (1987) S. 463 - 490

[63] Luco, J.E.: Vibrations of a Rigid Disc on a Layered Viscoelastic Medium, Nuclear Engng. and Design **36** (1976), 325

[64] Mansur, W.J.: A Time Stepping Technique to Solve Wave Propagation Problems Using the Boundary Element Method, Ph. D. Thesis, Univ. of Southampton 1983

[65] Mansur, W.J. und Brebbia, C.A.: Further Developments on the Solution of the Transient Scalar Wave Equation, Chapt. 4 in: Topics in Boundary Element Research (Herausg.: C.A. Brebbia) Bd. 2: Time-Dependent Vibration Problems, Springer Verlag, Berlin, New York 1985

[66] Morse, P.M. und Feshbach, H.: Methods of Theoretical Physics, McGraw Hill, New York 1953

[67] Nath, B.: Hydrodynamic Pressure on Arch Dams - By a Mapping Finite Element Method, Earthqu. Engng. and Structural Dynamics, **9** (1981) S. 117 - 131

[68] Oden J.T. und Reddy, J.N.: On Dual - Complementary Variational Principles in Mathematical Physics, Int. J. Engng. Sci. **12** (1974) S. 1 - 23

[69] Pilkey, W.D.: Some Properties and Applications of Singularity Functions Based on the Theory of Distributions, Franklin Inst. J. **277** (1964) S. 464 - 497

[70] Porter, C.S. und Chopra, A.K.: Dynamic Analysis of Simple Arch Dams Including Hydrodynamic Interaction, Earthqu. and Structural Dynamics, **9** (1981) S. 573-597

[71] Radtke, U.: Ermittlung und Darstellung der Übertragsfunktionen von 3-dimensionalen Maschinenfundamenten in Abhängigkeit von Einbettung und Schichtung - Berechnung mit der Randelementmethode, Diplomarbeit, Interne Mitteilung, AG Theorie der Tragwerke, Ruhr - Universität Bochum 1987

[72] Rieder, G. und Heise, U.: Über die Lösbarkeitseigenschaften von Integral- und Funktionalgleichungen in der Elastizitätstheorie, S. 159-169 in: Neue Wege in der Mechanik (Herausg.: Adomeit, G. und Frieske, E.-J.), VDI-Verlag, Düsseldorf 1981

[73] Schippers, H.: Multigrid Methods for Boundary Integral Equations. Numer. Math. **46** (1985), S. 351-364

[74] Sloan, I.H.: "Qualocation" - An Attempt to Improve upon the Collocation Method, Vortrag auf der Konf. ' Boundary Elements IX', Stuttgart 1987

[75] Sloan, I.H.: A Quadrature - Based Approach to Improving the Collocation Method, Numerische Mathematik (zur Veröffentlichung eingereicht)

[76] Spyrakos, C.C. und Antes, H.: Time Domain Boundary Element Method Approaches in Elastodynamics: A Comparative Study, Computers and Structures **24** (1986) S. 529 - 535

[77] Spyrakos, C.C. und Patel, P.N.: Significance of Foundation-Soil Separation in Dynamic Soil-Structure Interaction, Proc. 53th. Shock and Vibration Symp., Huntsville, Alabama 1987

[78] Tonti, E.: On the Mathematical Structure of a Large Class of Physical Theories, Rend. Accad. Lincei, Clas. Sci. Nat. e. Mat. **52** (1972) S. 46 - 56

[79] Yim, Ch.-S. und Chopra, A.K.: Earthquake Response of Structures with Partial Uplift on Winkler Foundations. Earthqu. Engng. Struct. Dyn. **12** (1984), S. 263 - 281

[80] Waas, G.: Linear Two - Dimensional Analysis of Soil Dynamic Problems in Semi - Infinite Layered Media, Ph.D. Thesis, Univ. of California, Berkley 1972

[81] Wendland, W.L.: On Some Mathematical Aspects of Boundary Element Methods for Elliptic Problems, S. 193 - 227 in: The Mathematics of Finite Elements and Applications (MAFELAP) V, Brunel Univ. (Herausg.: Whiteman, J.R.), Academic Press, London 1985

[82] Wendland, W.L.: Boundary Element Methods and Their Asymptotic Convergence, S. 135 - 216 in: Theoretical Acoustics and Numerical Techniques, (Herausg.: Filippi, P.) CISM Courses and Lectures **277**, Wien - New York 1983

[83] Westergaard, H.M.: Water Pressure on Dams During Earthquake, Transactions ASCE, **98** (1933), S. 418 - 433

[84] Wolf, J.P.: Seismic Response Due to Travelling Shear Wave Including Soil - Structure Interaction with Base Mat Uplift, Earthqu. Engng. Struct. Dyn. **5** (1977) S. 337 - 363

[85] Zamman, M.M.; Desai, C.S. und Drumm, E.C.: Interface Modul for Dynamic Soil-Structure Interaction, ASCE J. of Geotechnical Engng. **110** (1984), S. 1257 - 1273

[86] Zastrow, U.: Basic Geometrical Singularities in Plane-Elasticity and Plate-Bending Problems, Int. J. Solids Structures **21** (1985) S. 1047 - 1067

[87] Ziegler, F.: Instationäre Wellenausbreitung in geschichteten elastischen Körpern, Z. Angew. Math. u. Mech. **65** (1985) S. T15 - T25

[88] Ziegler, F. und Pao, Y.H.: Transient Elastic Waves in a Wedge - Shaped Layer, Acta Mechanica **52** (1986) S. 133 - 163

SACHVERZEICHNIS

Mathematische Methoden in der Technik

Band 1: **Törnig/Gipser/Kaspar, Numerische Lösung von partiellen Differentialgleichungen der Technik**
183 Seiten. DM 36,–

Band 2: **Dutter, Geostatistik**
159 Seiten. DM 34,–

Band 3: **Spellucci/Törnig, Eigenwertberechnung in den Ingenieurwissenschaften**
196 Seiten. DM 36,–

Band 4: **Buchberger/Kutzler/Feilmeier/Kratz/Kulisch/Rump, Rechnerorientierte Verfahren**
281 Seiten. DM 48,–

Band 5: **Babovsky/Beth/Neunzert/Schulz-Reese, Mathematische Methoden in der Systemtheorie: Fourieranalysis**
173 Seiten. DM 36,–

Band 8: **Weiß, Stochastische Modelle für Anwender**
192 Seiten. DM 36,–

Band 9: **Antes, Anwendungen der Methode der Randelemente in der Elastodynamik und der Fluiddynamik**
196 Seiten. DM 36,–

In Vorbereitung

Band 6: **Krüger/Scheiba, Mathematische Methoden in der Systemtheorie: Stochastische Prozesse**

Band 10: **Vogt, Methoden der Statistischen Qualitätskontrolle**

Preisänderungen vorbehalten

B. G. Teubner Stuttgart